乡土西北　高原人居·西北乡村人居环境研究丛书

王　军　靳亦冰　主编

# 西北地区生土营造论

孟祥武　著

中国建筑工业出版社

**图书在版编目（CIP）数据**

西北地区生土营造论 / 孟祥武著 . -- 北京：中国
建筑工业出版社，2024.12. --（乡土西北　高原人居：
西北乡村人居环境研究丛书 / 王军，靳亦冰主编）.
ISBN 978-7-112-30681-7

Ⅰ . TU241.5

中国国家版本馆 CIP 数据核字第 2025VS0799 号

本书以技术哲学理论为指导，基于生土营造技艺的整体性和系统性，运用系统论方法，尝试建构基于历史发展维度的西北地区传统生土营造技艺的区域理论体系。首先，针对研究对象选择有代表性和启示性的类型，遴选出挖余法、夯筑法与土坯砌筑法等典型技艺；其次，根据西北地区传统生土营造在历史上的重要地位，将历史分期的原始社会、奴隶社会、封建社会以及近现代社会时期分别界定为西北地区传统生土营造的创生、定型、转型与反哺阶段，厘清各阶段典型传统生土营造技艺的发展脉络；再者，采用层次分析法以及因果机制事件链的研究方法，揭示传统生土营造在主客耦合关系下以"材料建构"为内生规律的发展逻辑，同时在外部复合生态环境作用下形成了可以转换的动力机制与约束机制；最终，以历时性演进为轴，以显性的典型特征与历史发展脉络为整体基础，以隐性的本体要素与规律机制为系统内涵，建构了西北地区传统生土营造技艺的发展理论体系。

本书得到以下国家自然科学基金项目资助：北茶马古道传统民居建筑谱系与活态发展模式研究（项目编号：51568038）、丝绸之路甘肃段明清古建筑大木营造研究（项目编号：51868043）、陕甘川交界区传统氐羌聚落形态的演进机制研究（项目编号：52068046）。


责任编辑：唐　旭　吴人杰
责任校对：王　烨

乡土西北　高原人居·西北乡村人居环境研究丛书
王　军　靳亦冰　主编

# 西北地区生土营造论
孟祥武　著

\*

中国建筑工业出版社出版、发行（北京海淀三里河路 9 号）
各地新华书店、建筑书店经销
北京雅盈中佳图文设计公司制版
北京中科印刷有限公司印刷

\*

开本：787 毫米 ×1092 毫米　1/16　印张：16$\frac{1}{2}$　字数：311 千字
2025 年 1 月第一版　2025 年 1 月第一次印刷
定价：**68.00** 元
ISBN 978-7-112-30681-7

（43889）

# 总序——西北乡土 高原人居

祖国的西北地域辽阔，资源丰富，民族众多，文化积淀深厚，具有丰厚的中华传统文化历史底蕴和鲜明的民族特征。其中西北地区的陕西、甘肃、宁夏、青海四省（自治区）涵盖了黄土高原与青藏高原大部分地域。这一地区自然生态环境脆弱，城乡布局分散，贫困人口较多。数千年来，在极端的气候和有限的物质资源条件下，这里的先民将地理约束转化为营造智慧，探索出适应气候而经济适用的人居环境系列，建造出各种类型的地域聚落、乡土建筑，成为中华民族优秀文化遗产的组成部分。

在《中华人民共和国国民经济和社会发展第十二个五年规划纲要》中，西北的黄土高原、青藏高原被列为国家的生态安全屏障。西北高原人居环境既有自身的发展需求，又担负着国家生态安全的使命，再次成为举世瞩目的生态高地。

黄土高原位于中国中部偏北，是世界上面积最大、土层最深厚的黄土堆积区。独特的塬、梁、峁地貌与纵横交错的沟壑构成了典型的黄土地貌景观。同时，居住在这里的先民，面对干旱缺水与洪涝灾害的双重压力，激发出卓越的智慧，创造出灿烂的文明，成为中华文明的重要发祥地。当前，该区域仍面临水资源短缺、生态脆弱等挑战，生态修复与可持续发展模式是这一地区亟待解决的问题。

青藏高原是长江、黄河、澜沧江、怒江、雅鲁藏布江等江河的发源地，是我国以及下游东南亚和南亚地区数亿百姓和众多生物赖以为生的源泉，是国家公园、自然保护地聚集的区域，也是我国重要的生态安全屏障。青藏高原一方面有着丰富的多元民族文化，雄伟壮观的高原景观与多彩的人文景观，构成了世界上最重要的旅游资源地。另一方面青藏高原的人居环境面临诸多困境，由于地处高寒缺氧地区，生态环境脆弱，自然灾害频繁，长期以来经济相对落后，城乡建设的现代化进程相对滞后。近年来更是受全球气候变化、人口增长、超载放牧以及地震频发等多种因素的影响，使得高原生态安全屏障面临严峻的挑战。

西北高原地区人居环境所具有的这些特征及面临的挑战，既是自然环境与人类生存智慧长期调适的结果，也是现代化进程中传统与现代技术融合、生态安全与国土空间重置时的新挑战。为此，党中央、国务院先后作出一系列决策与战略部署，积极推动高原生态环境保护与人居环境的可持续发展。从1999年的退耕还林，2003年设立"三江源自然保护区"，到2006年新农村建设作为国家战略，再到2018年中央一号文件，即《中共中央 国务院关于实施乡村振兴战略的意见》，以及2020年国家发展改革委、自然资源部下发的《全国重要生态系统保护和修复重大工程总体规划（2021—2035年）》的重要战略部署。在这期间，为贯彻落实党中央、国务院的有关决策精神，高原地区各省（自治区）相继作出了一系列重要举措。在推进城乡一体化进程及加快新农村建设和生态环境保护的同时，实施了生态环境治理、生态移民、游牧民定居、危旧房改造、传统村落保护等工程。由此，西北高原各民族千百年来的聚落环境发生了前所未有的重大转型与重构。

自21世纪以来，黄土高原、青藏高原人居建设进入了快速发展阶段，特别是乡村人居环境取得了极大的成就，但在此过程中也出现了种种错综复杂的问题。在城乡建设实践中，保护与发展、传统与现代的矛盾日益冲突，反映出西北高原村镇建设理论研究与实践的滞后，由此也导致一些建设性破坏、土地不合理使用、民族特色衰微等现象。在这种形势下，从人与资源环境相互关系的高度，探索和研究高原人居环境，构建以维护国家生态安全为目标的高原绿色社区营建的理论框架，总结前人营造家园的智慧，探索新型的高原生态社区，推进生态宜居的民居示范工程，已成为西北高原迫切的研究课题与历史使命。

本套丛书正是在上述背景下推出的，也是基于这一历史使命，对我国西部乡村普遍具有的生态脆弱、经济落后、基础设施匮乏、风貌特色衰退等特质，进行了广度和深度的整体性研究。自 2000 年以来，西北乡土建筑研究团队，在以往研究的基础上，对黄土高原、青藏高原地区乡村进行系统调查研究，在此期间团队也完成了多项国家级研究课题。在高原人居环境与乡土建筑研究中，一直尝试探索多学科研究体系的路径与有效的组织形式，构建了"问题导向、多学科融合"的研究框架。从当地实情出发，筛选出人居环境中最为关键的现实问题，探索以核心学科（建筑学、城乡规划学、风景园林学）融汇社会学、民族学、景观生态学、文化生态学、流域人类学等相关学科，强化研究领域的拓展与创新。

本丛书立足于西北乡村环境，竭力探索高原绿色人居的有效途径，从两方面进行研究：

首先，对西北地区生存智慧及营造技艺的深层解析研究，探讨西北乡村的生态适应机制。这些深嵌于乡土中的记忆，恰是本土知识体系对全球生态难题的前瞻性回应。

《西北地区生土营造论》：以技术哲学理论为指导，对西北地区生土营造技艺的整体性和系统性进行研究。以及运用系统论方法，对西北地区生土营造技艺的传统智慧、发展规律机制进行研究，建构了西北生土基于时空演变的科学理论框架。

《撒拉族传统民居营建技艺研究》：撒拉族是我国唯一"东迁而来"的少数民族，其传统民居依托青海东部自然资源，适应当地气候特征。以"庄廓—篱笆楼"为代表的撒拉族典型传统民居及其营建技艺，具有悠久的历史和特殊的价值。

《宁南黄土高原景观营建的生态智慧》：宁夏南部黄土高原地区，涵盖以"苦甲天下"而著名的宁夏"西海固"地区。对宁南地区生态治理和景观营建成功案例所蕴含的生态智慧、实践经验进行深入挖掘，运用景观生态学核心理论和科学技术原理对这些智慧进行解析，从而解决乡村景观规划营建的关键问题。

其次，在西北高原人居环境建设中，搭建传统智慧与现代科学的转译融入平台，探索新时期西北乡村环境的空间重构与乡土建筑的创新发展。

《黄土窑居——陕北传统村落保护策略研究》：对陕北传统村落资源禀赋和特色价值进行了全面的、系统的调查与整理，提出乡村聚落景观特征维护和价值延续的保护策略，对当前传统村落保护利用和发展具有现实意义。

《青藏高原乡村聚落空间更新策略研究》：从建筑学视角出发，探索严峻生境条件下高原乡村聚落空间的生态适宜性营建策略、绿色民居营造路径，并在当地展开示范性工程实践。其研究对青藏高原村镇建设具有理论指导与示范作用。

《青海河湟小流域乡村人居生态单元整体管控营建途径》：从流域人类学的视角，基于生态网络等理论，对青海河湟小流域乡村人居生态单元类型，及生态系统空间格局特征的研究，提出契合小流域生态保护的乡村人居生态单元整体营建途径。

《澜沧江上游地区高原乡村聚落空间优化研究》：以澜沧江上游地区乡村聚落作为研究对象，探索多尺度协同优化路径，提出生态承载力约束下的高原乡村聚落空间优化策略，为区域生态安全和乡村高质量发展提供理论支持与实践指导。

《基于旅游发展的乡村聚落空间演化及功能转换研究》：以陕西关中地区乡村旅游聚落样本为例，对基于栖居、游憩视角下的乡村聚落空间演化，旅游产品的开发与乡村聚落空间功能转换，乡村聚落空间营建策略及应用进行研究。

这套丛书作者大多是西北乡土建筑研究团队近年来培养的博士，他们从不同的视角，对黄土高原、青藏高原乡村人居环境的传统智慧以及当今遇到的问题，进行深度解析，竭力探索解决问题的有效途径，在博士论文基础上凝练提升，其中不乏新鲜的观点与见解。作者们力争这套丛书不仅能成为西北传统营造智慧的凝练性档案，更能为西北高原生态安全屏障建设，乡村振兴战略背景下的乡土营建提供理论支持。

西安建筑科技大学的西北乡土建筑研究团队，在西北高原乡村环境与乡土建筑的研究领域，已经历了三代人的积淀。前辈学者足迹踏遍黄土高原的沟沟坎坎，如今青年学者从黄土高原走向青藏高原，他们脚沾泥土，心怀星河，千里高原走，万里乡村行。他们以对自然敬畏的心态，以拓展学科研究领域的学术视野，在西北乡土研究领域中，薪火相传，辛勤耕耘。团队成员深刻地认识到，今日之西北，既是国家生态安全的屏障，亦是乡村振兴的"战场"；既是文化基因的宝库，亦是科学探索的实验室。当前，"双碳"目标与乡村振兴战略的交汇，为西北高原提供了历史性机遇。针对西北乡村出现的新问题，团队在"西北乡土 高原人居·西北乡村人居环境研究丛书"的研究基础上，继续探索，持续深化，续写新篇。

团队的后续研究：将从土地伦理视角重估黄土高原山地聚落的价值，系统解析黄土高原山地聚落营建智慧，为破解生态保护与土地集约化发展的矛盾而进行陕北山地聚落营建策略研究；黄土高原水资源短缺，人水关系矛盾尖锐，从节水、治水和理水历史经验中，探索该地区生存和发展的核心机制而进行人水和谐理念下黄土高原村落营建研究；以人与自然和谐共生理念，引入流域人类学视角，针对三江源自然保护地玛可河流域传统村落整体保护，以及国家公园体制下的人居环境营建进行系统性研究。在铸牢中华民族共同体意识的导引下，针对多民族多元文化交融区传统民居的复杂性与系统性，对甘青川接壤区、青海河湟地区的民族聚落及民居空间形态以及生态修复进行全方位深入研究。当今使命，不仅以生态技术修复高原，更应以文化自信重铸西北乡魂，在高原壮丽的山川景观以及多民族文化的丰厚底蕴中，打造"民宿聚落"，保留农耕肌理守护乡土，构建"乡愁体验区"，创新性地提出乡村民宿与民俗文化融合的课题，进行学术赋能乡土的实践性研究等。

西北乡土建筑研究团队，始终秉持"怀抱梦想，脚踏实地"的情怀，风雨兼程，砥砺前行，新的成果将不断涌现，我们拭目以待。

王　军　靳亦冰

# 自序——从生土建筑到生土营造论

　　生土建筑是西北地区建筑历史发展过程之中的在地类型，不仅让人联想到沟壑纵横的黄土地貌，而且也让陕北信天游回响在人们的耳边。往更远去追溯，中国人居文明也是从这类建筑开始的。众所周知，穴居是人类建筑营造文明发端的重要类型之一，仅就其中的窑洞式建筑而言，最早发现于仰韶文化晚期的甘肃宁县阳坬遗址，而之前还有半窑洞式建筑，之后还存在复合窑洞式建筑；屋顶形式也逐渐从"穹室"到"筒形拱"进行着岁月的更迭，从而形成遍布黄土高原的窑洞聚落。商周时期，夯土建筑成为大兴土木的杰出代表，夯土城墙与高台建筑鳞次栉比，逐渐成为政治权力的象征。然而，回到建筑本身，这种防御性的城墙营造则进一步奠定了中国传统聚落的形制。随着社会生产力的不断发展，人们从石器时代、青铜时代，走向铁器时代，社会的劳作分工也变得细致起来，土坯砌筑工艺从制作到施工都走向了标准化与精细化的进程。从历史遗存来看，虽然很难看到其文明标杆的痕迹，但是纵观历史，生土建筑营造在各个历史时期却从未缺席，创生之早可以奠定区域建筑文明的开端，形成之繁可以生成区域建筑营造的系统，延续之长可以维护区域的生态安全，分布之广可以保全区域众生的安居诉求。

　　生土建筑可谓是人居建设历史发展过程之中的典型，耳熟能详的建筑类型包括窑洞、庄廓院、堡寨、土楼等，这些建筑分布在西北地区以及云贵高原、福建等地区。在西北地区，有黄土高原的窑洞建筑，海东与河西走廊的庄廓院，新疆地区以及其他各地的土坯建筑等。生土建筑是我国西北地区各族人民世代劳动生息的家园，也是他们创造历史文明、展望后世生存发展的主要突破口。从国家的整体战略来看，西北地区不仅是国家的生态安全之屏障，还是脱贫攻坚战的主战场，更是乡村振兴战略的实施地，而且区域文化可持续发展所针对的都集中在生土建筑上。总之，西北大发展必须把生土营造的研究放在一个核心位置上。

生土建筑的提出在我国已近百年。早在 20 世纪 30 年代，中国建筑史学家龙非了教授结合当时的考古发掘资料，写出了《穴居杂考》（1934）的论文。其中对中国窑洞建筑的论述应该算是对国内生土建筑最早的研究，也是国内对于传统民居建筑最早的研究成果。之后，刘敦桢教授在《中国住宅概说》（1957）中以窑洞作为中国住宅的一种特殊类型论述了河南的窑洞民居，直至 1980 年生土建筑学会成立，国内对生土建筑开展系统的研究长达 20 年之久，同时也与传统民居建筑研究相融合，这为之后的传统民居建筑的相关研究工作奠定了重要基础，2012 年陆元鼎先生更是倡议建立"传统民居学"这样一个专业。 进入 21 世纪初叶，传统民居建筑研究全面展开，并逐渐形成热潮。但同时，我们不难看出传统民居研究之中的"生土营造"的众多痕迹，在重形式轻技术的建筑教育与市场的现状背景下，时代不免需要呼唤"营造论"的重要价值所在。

"生土营造论"是以西北地区为研究单元，以生土营造技艺为研究对象，以解决西北地区人居环境的特殊矛盾和揭示普遍营造规律为基本任务，最终落地在生土营造体系研究的建筑学科领域。"生土营造论"的提出首先是基于中国的社会现实。传统生土营造技艺的本体研究普遍以物质客体作为载体，通过物质表象特征来呈现技艺本身的样貌，而对于区域的整体研究，则要通过对于历时性的演进特征，分析其与自然、社会与经济等因素之间的关联性，进而分析本体发展演化的内在规律与作用机制，形成从"是什么"到"为什么是"、"现象"到"本质"、"显性"到"隐性"的完整逻辑。

"本体特征"是研究典型对象（物质客体）"是什么"的问题，是对本体调研分析的高度总结，体现了两个层次：一个是典型个案本体特征，另一个是历史发展特征。"规律机制"阐释是以"内生规律阐述"和"外部机制解释"为研究目标，解决传统生土营造技艺"为什么是"的问题。"体系建构"是前两者的整体与系统总结，是未来发展的理论基础。"发展思辨"是基于传统生土营造技艺体系建构的基础上，结合各层级发展困境进行思辨，予以庖丁解牛，研究当前"如何做"的问题。因此，"本体特征""历史演进""规律机制""体系建构""发展思辨"成为本书的研究核心组成部分，各部分在辩证逻辑关系之中形成关联。其中，"本体特征"是"规律机制"动态过程的静态结果；"规律机制"是"本体特征"的内在法则与外在逻辑；二者通过"历史演进"形成动态连接；"体系建构"则是"本体特征""规律机制"在"历史演进"路径上的组织系统；"发展思辨"则是对于"本体特征"与"规律机制"形成"历史关联"的优势判定下的系统借鉴，最终来应对时下的体系发展路径。这便形成了一个递进式的、动态发展的理论体系构架。

"生土营造论"的提出是基于西北地区人居环境的特殊矛盾。首先，全球在生态安全的大背景下提出可持续发展的理念，但是西北地区"人—地"关系的特殊矛盾，导致了区域生态安全问题尤为突出。由于区域自然环境的脆弱性与弱承载力等特点，加之人类长期不合理的开发，导致西北地区人口、资源、环境和发展极不和谐，人居环境一直面临严重的生态安全威胁。其次，国内东西部经济与文化发展的极度不平衡，造成区域之间发展的特殊矛盾，在当下的信息时代的交融下，导致西北地区成为既要发展经济，同时也要传承区域文化的典型地域。面对西北地区如此特殊的地域环境和人居矛盾，生土营造论所关注的以区域材料介入的人居聚落营造体系，必然要对这种地域性特殊矛盾做出在地性的应答；也必须通过专门研究，才有可能找出历史的智慧，从而探寻解决的方法与途径。世界各大洲虽然覆盖有大量的生土建筑，尤其在文化遗产的保护方面以及对第三世界住居的问题解决方面卓有成效，但是在营造理论以及地域性建筑文化方面皆缺乏系统性的研究与整理工作，生土营造论的提出将有助于改善这种学术研究的现状。

本书是生土营造论体系的初步研究成果，其最重要的贡献是发现了生土营造能够延续千载的秘诀——区域营造的在地性，并提出了动态发展的理论框架。这一发现和理论为生土营造论的研究指出了明确的方向：以材料建构的基本要素的提升为根基，有效利用社会与经济等方面的要素形成推进与限定的发展机制，从而应对不同区域的人居发展诉求。

# 目 录

第 **1** 章

# 构建区域建筑营造理论的背景与意义

# 1.1 多层次的人居环境建设需求

## 1.1.1 营造文明的时代纠葛：全球建筑发展的关键

20 世纪以来，人们注意到科学技术的快速发展给人类不仅带来了幸福生活，同时也带来了一些灾难性的后果：建设开发的无序与资源消耗的无节制，使得人居环境日益恶化，生态危机也进一步加剧。它仿佛在提醒我们：人类所获得的极大物质享受是以生存环境不断恶化为代价的，这种以物质享受为驱动的发展模式严重威胁着包括人类在内的地球上的所有物种的继续生存[①]。然而，如果人类对于自我行为审视不足，技术会给人类膨胀的欲望扮演为虎作伥的角色，其将裹挟人类社会走向另一个极端——科学技术与经济裹挟的"车轮"继续漠视环境生态的不可持续发展。全球气候变暖是最为典型的案例之一，2022 年 IPCC 第六次评估报告显示，建筑业对于温室效应的影响仅次于工业，直接排放占比 17.5%。建筑活动成为引起全球大气中 $CO_2$ 浓度增加的主要人类活动之一。因此，在全球面临生存危机的背景下，建筑业作为人类文明发展的一个重要领域更是责无旁贷，而营造技艺则又是介入其中的关键环节[②]。

因而，在这样一个全球人居环境可持续发展问题重重的当下，建筑学科所肩负的责任重大。国际建筑师协会的关注点则可以代表人类所共同面临的建筑问题方向。通过对以往 27 届会议主题[③]进行分析（表 1-1-1），发现关注建筑发展方向的频次最多，其中明确提出可持续发展目标导向的占比最高，且最近 5 届又是连续提到建筑与能源、技术与文化之间的关系，充分体现了全球建筑发展方向所面临的危机与矛盾实为建筑营造整体的可持续问题。

---

[①] 朱铖等在《大自然在呼救》中陈述："据考证，石器时代，物种灭绝速度为每 1000 年 10 种，工业革命的钢铁时代，物种灭绝达每 4 年 1 种，在当代达到每年 1 种。"此书成于 1984 年，现代比较权威的是中山大学何芳良教授提出的理论：生物灭绝的速率仅约为原来估算的 40%。也就是说，如果人们估计未来生物灭绝速率为每年 1000~10000 种的话，那么现在这个数字要除以 2.5。不过，他强调"这也是一个粗糙的标准"。但即便如此，这个数字也十分具有震慑力了！人类是否能够在这场生物进化的实验之中幸免于难，我想没有谁可以给出肯定的答案。

[②] 人类通过从自然界获得材料，通过科学技术对其进行加工、搭接形成立于自然之中的生产与生活的必需品。

[③] 关注点主要分为以下几个方面：对于建筑师执业方向提出要求；对于建筑的发展方向提出建议，其中，又有明确指出建筑与资源环境之间关系，提出可持续发展的问题；建筑作为人类文明的产物，其与文化、科学技术的关系；由建筑所构筑的城市聚落的发展问题。

国际建筑师协会历届会议主题统计表　　　　表 1-1-1

| 届次 | 年份 | 地点 | 主题 |
|------|------|------|------|
| 第 1 届 | 1948 年 | 瑞士洛桑 | 面向新任务的建筑师 |
| 第 2 届 | 1951 年 | 摩洛哥拉巴特 | 新任务下建筑的选择 |
| 第 3 届 | 1953 年 | 葡萄牙里斯本 | 处在十字路口的建筑 |
| 第 4 届 | 1955 年 | 荷兰海牙 | 建筑学与建筑的演变发展 |
| 第 5 届 | 1958 年 | 苏联莫斯科 | 城市的改造与建设 |
| 第 6 届 | 1961 年 | 英国伦敦 | 新技术与新材料 |
| 第 7 届 | 1963 年 | 古巴哈瓦那 | 发展中国家的建筑 |
| 第 8 届 | 1965 年 | 法国巴黎 | 建筑师的培养 |
| 第 9 届 | 1967 年 | 捷克斯洛伐克布拉格 | 建筑与人类环境 |
| 第 10 届 | 1969 年 | 阿根廷布宜诺斯艾利斯 | 作为社会原动力的建筑 |
| 第 11 届 | 1972 年 | 保加利亚瓦尔纳 | 建筑与娱乐 |
| 第 12 届 | 1975 年 | 西班牙马德里 | 创造与技术 |
| 第 13 届 | 1978 年 | 墨西哥墨西哥城 | 建筑与国家发展 |
| 第 14 届 | 1981 年 | 波兰华沙 | 建筑·人·环境 |
| 第 15 届 | 1985 年 | 埃及开罗 | 建筑师现在与未来的使命 |
| 第 16 届 | 1987 年 | 英国布莱顿 | 住宅与城市——建设明日之城市 |
| 第 17 届 | 1990 年 | 加拿大蒙特利尔 | 文化与技术 |
| 第 18 届 | 1993 年 | 美国芝加哥 | 建筑在十字路口——为可持续的未来设计 |
| 第 19 届 | 1996 年 | 西班牙巴塞罗那 | 城市建筑的现在与未来 |
| 第 20 届 | 1999 年 | 中国北京 | 21 世纪的建筑学 |
| 第 21 届 | 2002 年 | 德国柏林 | 资源建筑 |
| 第 22 届 | 2005 年 | 土耳其伊斯坦布尔 | 城市：多种建筑的大集市 |
| 第 23 届 | 2008 年 | 意大利都灵 | 演变中的建筑 |
| 第 24 届 | 2011 年 | 日本东京 | 设计 2050 |
| 第 25 届 | 2014 年 | 南非德班 | 别样的建筑 |
| 第 26 届 | 2017 年 | 韩国首尔 | 城市的灵魂 |
| 第 27 届 | 2021 年 | 巴西里约热内卢 | 大千世界，万象归一 |

资料来源：作者自制。

## 1.1.2　城乡营造的文化分异：国内建筑发展的矛盾

中国改革开放 40 余年，人们的物质生活水平得到了巨大提升，然而环境生态危机却更加普遍。不仅如此，地区之间的经济发展落差也更趋显著，尤其在城乡之间，不但表现在资源与利益的分配不平衡，而且还在人们思想意识之中产生了重大变革。信息化社会让原本心无杂念的乡村人群再也无法居住在土房子里了，严重的经济差距在无形地拍打着他们质朴而又彷徨的内心。这注定是一个革命性的转型时期，速度之快犹如遍布祖国大江南北的高铁线一般，快节奏的变化不仅拉近了区域之间的距离，同时也提升了人们对于物质享受的欲望。有一句公益广告的宣传语："没有买卖，就没有伤害！"买卖的根本在于需求，如果没有需求就不会有买卖，也就无从谈起伤害。作为需求供应关系提供的房地产建设会不会是"大城市的生与死"的重要因素呢？如果人类的需求是奔着同一性的"以人为本"的狭义生存理念的话，那么其行为莫过于是在进行一种"自我毁灭"的过程。

如今大城市的发展代表了这一导向，而乡村却又在文明的拉扯之中丧失了文化自信，村民不断地运用"拿来主义"植入城市建筑营造的基因，充斥着现时代的各种欲望。一如清末时对于国外先进技术的顶礼膜拜，然而，不仅城市的发展模式正在受到学界的批判，而且发达国家又开始重新审视中国古老的传统生土建筑营造的生态智慧。这种意识流的反差始终让乡村处在一种建筑营造的纠结状态之中。但是，整体经济的快速发展让乡村无暇驻足思量，传统建筑的营造智慧随着老一辈工匠的离去而逐渐消失殆尽。因此，建筑界需要一种"冷思考"的发展审慎态度，目下乡村如火如荼的建造行为真的能够让人们觉得身心富足吗？乡村是不是就一定要与城市的发展走一样的路线呢？乡村普遍存在的传统生土建筑就那么不值得一提吗？这些问题的症结究竟出在哪里？是不是非要让事情发展到无法挽回的阶段才悔之晚矣？这与日本建筑师隈研吾的"基于灾难预期的建筑设计"理论的思维方式不谋而合，如果没有灾难性的事件发生似乎不会让人痛定思痛，粗放式的建造所关注的立足点可谓根基不稳，具有短视的特征。

## 1.1.3 多重目标的人居诉求：地区建筑发展的症结

西北地区是全国自然生态脆弱、经济欠发达的典型区域，相比东部沿海地区，时下正处于建设发展的各种矛盾集中突显的境地。由于存在推行区域广大、政策壁垒坚实、专业人员不足、人们思想固化等种种问题，很多欠发达地区漠视了自我本身所处的生态复合环境的特殊性，致使其直接照搬发达地区所采用的发展方式出现"水土不服"的典型特征。一时间可谓泥沙俱下，其在建设发展方向上还无法找到较为适宜的发展路径。地区发展的现实：一方面是人们伴随经济能力的提升从土房子搬进砖瓦房；另一方面又要解决其区域内部所面临的实际生态、文化与经济共同影响下的人居环境系统问题。其在一定程度上很难做到兼顾，尤其是新型农居的建设一味地照搬城市营造的模式，无论从文化诉求以及适宜发展都失去了依循的根本，难以达到可持续发展的目标。因此，西北地区存在着根据不同目标划定的建筑发展导向，并且在时间维度上进行相互拉扯而使其发展不顺畅。

综上所述，全球已经处在了生态危机的漩涡之中，作为发展中国家的中国，在经济快速发展背景下的乡村营造文化正在发生巨大变化，而作为复合生态系统更加脆弱的西北地区则形成了这个矛盾最为突出的范本（图 1-1-1）。历史上的西北地区，传统生土建筑类型丰富、分布极广。其针对地方的多方面约束，让这个区域的人们似乎还能够过上安居的生活。然而，面对现时代的建筑营造的变革，绝大部分地区的生土营造已经遭到抛弃，不知是不是一种

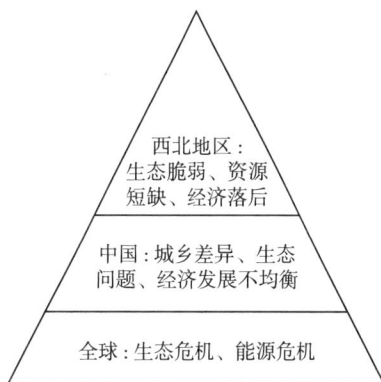

图 1-1-1　西北地区复合生态系统的突出范本层级图

"明智之举"？因此，以传统生土营造技艺这种具有区域技术与文化双重内涵的对象作为切入点，系统梳理西北地区传统生土营造的科学发展规律，很有可能会让这个地区走出一条不同于东部经济发达区域的发展路径。从理想的预期来看，这种发展路径不仅可以解决最底层的"扶贫危改"之"居者有其屋"的物质需求，同时也可以满足"文化复兴"之"重拾文化信心"的精神诉求，更远期则是解决"区域生态安全"的问题[①]以及"区域诗意栖居"的美好梦想，从而以一个区域的技术文化价值系统为自然与社会贡献力量。

---

① 马斯洛理论把人的需求分成生理需求（Physiological needs）、安全需求（Safety needs）、爱和归属感（Love and belonging）、尊重（Esteem）和自我实现（Self-actualization）五类。对应于西北地区乡村人居所面临的既要解决第一层次问题，也要解决第五层次问题，这样难免在层次面上拉开了巨大的鸿沟。因此，整体人本思想位于什么样的层级显得格外重要，而发展模式是要考虑递进上升的，还是考虑满足全方位的需要都是要进行回答的重要问题。

## 1.2    多方面的营造体系研究价值

### 1.2.1    抢救物质本体的现实价值

针对当前乡土社会建设性破坏现象较为严重的背景，需要对传统生土营造技艺的物质本体进行抢救性的调研、记录、分析与总结。

冯骥才教授在2013年提供了一组研究数据："过去十年，中国总共消失了90万个自然村，比较妥当的说法是每一天消失 80~100 个村落。"[①] 随着乡村聚落一起消失的是大量的传统生土建筑，新农居也基本不再使用传统的建筑材料，"皮之不存，毛将焉附"，因此，面临消失的还有逐渐老去的传统匠人及其掌握的营造技艺。[②]

然而，在经济欠发达的西北地区，有一部分传统生土建筑由于尚且适应当地民众的使用需求，仍在继续营造，例如陕北地区的"窑洞"、青海地区的"庄廓院"以及甘宁地区的"高房子"等，这些营造技艺依然是活态的（图 1-2-1）。还有一部分，由于不合理的结构安全问题，使得原有的生土营造技艺得不到继续发展而被全盘否定。[③] 取而代之的是新建的砖瓦房，如此一来，不但存在地域特色

（a）陕北窑洞            （b）青海庄廓院            （c）宁夏高房子

图 1-2-1    西北地区活态应用的典型生土建筑案例图

（来源：王军提供）

---

① 冯骥才．"非遗后时代"的传统村落保护 [J]．世界遗产，2013（04）：79-83.

② 传统的工匠在乡村失去物质载体营造现实的情况下面临着失业，随着老一辈工匠逐渐老龄化，并且手艺很难再找到传承人，从而致使地区传统风貌与地域特色在快速经济发展的过程中逐渐消退，并且逐渐表现为表面化、简单化的非适用性特征。随着"西部大开发"的不断推进，不适宜的"拆村并建工程"只能增添土地的贫瘠，而意识形态的改变让该地区的人们有完全抛弃本来较为适宜的营造技艺与策略的发展趋势。

③ 一种建筑类型与营造技艺的类型存在很多兼容的部分，也就是说一种营造技艺并不是一种建筑类型的全部营造，一个建筑的形成包含多项营造技艺的共同协作才能够完成。而现实当中，由于对一种建筑类型的否定而否定全部营造技艺的事情普遍存在。尤其在快速发展的背景下，这种发展态势显得极为"正常"。

消失的问题，而且没有深入研究的营造模式进一步加快了自然生态的恶化问题。[①]

同时，作为中国非物质文化遗产名录制度，也刚刚起步，国务院先后批准了五批国家级非物质文化遗产名录共计 1557 项。营造技艺主要划归为传统技艺类，也有少部分被归为传统美术类（如雕刻、彩绘）。从数量来看，总共 30 项，占比 1.9%；从内容上看，以典型的民居类型（包括典型乡土建筑类型、少数民族传统民居营造技艺等）以及单项营造技艺类型（如石雕、木雕、砖雕以及彩绘等）为主[②]；从申报方式来看，有强调营造技艺整体性的项目，如香山帮传统建筑营造技艺、官式古建筑营造技艺，也有强调建筑的各工种独特性的项目，如白族民居彩绘、山西民居砖雕艺术等[③]；从地区分布来看，南方较多，北方较少，西北地区则更加稀少，仅窑洞营造技艺（甘肃第二批子项、陕西第三批子项）、关中传统民居营造技艺、固原传统建筑营造技艺、蒙古包营造技艺（青海第五批子项）、甘肃临夏砖雕、甘肃永靖古建修缮技术 6 项（图 1-2-2），而传统生土建筑的营造技艺仅有 1 种。因此，不但相关研究还未得到充分重视，更多服务于大众生产生活的、看似平常的夯土以及土坯砌筑等营造技艺方式更未提及。

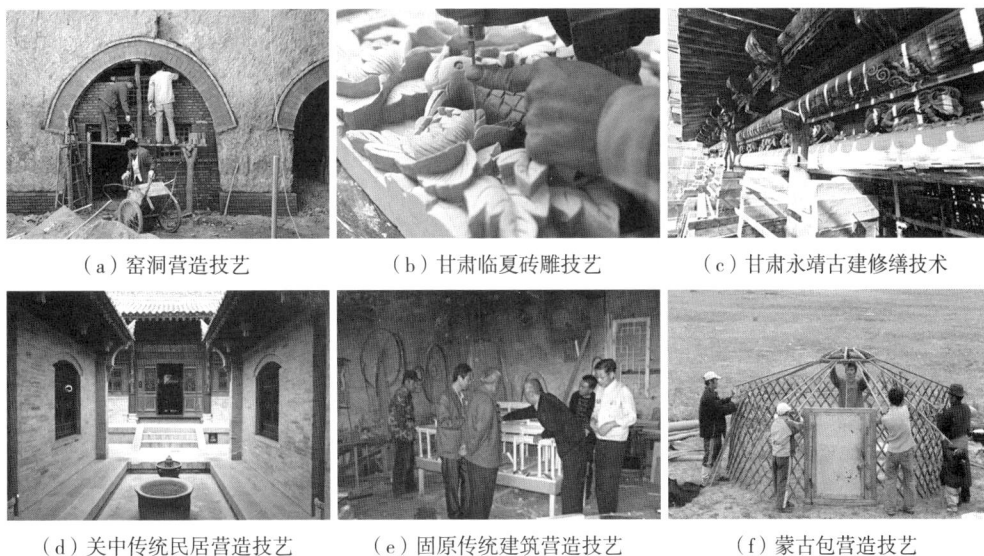

| （a）窑洞营造技艺 | （b）甘肃临夏砖雕技艺 | （c）甘肃永靖古建修缮技术 |

| （d）关中传统民居营造技艺 | （e）固原传统建筑营造技艺 | （f）蒙古包营造技艺 |

图 1-2-2　西北地区技艺类国家级非物质文化遗产类型图
（来源：网络整理）

---

① 李钰．陕甘宁生态脆弱地区乡村人居环境研究 [D]．西安：西安建筑科技大学，2011：1．

② 包括婺州传统民居营造技艺、徽派传统民居营造技艺、闽南传统民居营造技艺、窑洞营造技艺、蒙古包营造技艺、黎族船型屋营造技艺、哈萨克族毡房营造技艺、俄罗斯族民居营造技艺、撒拉族篱笆楼营造技艺、藏族碉楼营造技艺。

③ 王飒，汪江华．传统建筑技艺内涵与当代传承方式简析 [J]．新建筑，2012（01）：136-139．

综上所述，代表西北片区传统建筑技术文化地区性的标本正在快速消失，国家与地方的相关政策还未见到显著成效，如若不加快抢救的步伐，甚至可能导致普适性营造技艺的消失速度进一步加快。因此，现存的以及继续营造的生土建筑是学界分析研究的重要实物载体；还在乡间进行传统乡土营建的匠人是我们记录、优化与传承的最重要的老师。[①] 如果不及时对其进行访谈、记录、整理和分析，那么这些技艺所蕴含的区域生存智慧与古老的建筑营造密码将同时消失，而对于多元文化的中华建筑文明也将是一个不小的缺憾。因此，对于西北地区的传统生土营造技艺的抢救性记录、分析与总结则刻不容缓。

## 1.2.2 借鉴历史的多重启示价值

针对时下区域建筑发展的诸多问题，需要对于西北地区传统生土营造历史发展的规律与机制进行揭示，探寻深层机理，从而达到"以古鉴今"的目的。

西北地区传统生土营造技艺的系统性研究对于当代主要有四个方面的启示意义：其一是对于当前建筑设计回归到"营造"本质的思辨意义；其二是对于建筑遗产保护方面进行修缮方式方法的借鉴意义；其三是对于地域性新乡土建筑的创新设计方法的借鉴意义；其四是通过营造技艺深层理论的探寻对于未来建筑发展的方向的启示意义。

首先，从时下国内建筑业的发展态势来看，建筑设计的发展方向有走偏的危机。在建筑设计的实践现状方面，醉心于"奇特"美学标签的建筑师大有人在，中国市场曾经一度成为这些建筑风格流派的试验场（图1-2-3）。作为市场的风向标，建筑师对于风格的追寻正是形成当前社会建筑大环境杂乱现象的根源所在。而从建筑教育的理论框架而言，作为培育建筑师的摇篮，一直以"美术学"的审美标准引导着建筑学子，反而忽视了建筑在"营造"方面的内涵。其实，国内由建筑高校与建筑市场所形成的供需产业链，促成了当前社会对于建筑发展的共识，从审慎的角度来分析的确存在问题，它有可能驱使建筑的发展方向更加向"虚无"与"形式"等方面倾斜，从而让一个本该脚踏实地的学科沦为一种"玄学"。因此，在这种大趋势形成之前，应该进行"拨乱反正"，"少谈些主义，多做些营造"。传统生土营造技艺的研究刚好提供了这样一个契机，让建筑师走进乡村，与实际营造面对面的交流，不再是二维的图纸与三维的效果，更多的是面

---

① 李浈，冯珊珊.传统营造在石库门建筑形成中的历史调适[J].古建园林技术，2010（04）：38-43.

（a）河北天子大酒店　　　　（b）沈阳方圆大厦　　　　（c）苏州"东方之门"

图 1-2-3　人民网评论的典型"奇葩建筑"案例外观图

（来源：网络整理）

对社会之中建筑的实际营造问题。

其次，科学技术和现代工具逐渐运用到传统建筑遗产的保护修缮与研究工作时，我们才逐渐意识到正在消逝的远比我们所能掌握的多。纵使能以"修旧如旧"的原则①来简化衡量标准，对于当代社会而言仍然是一项严峻的要求，突显了对于传统营造技艺了解不足所造成的困境。②绝大多数的有级别的文物保护建筑还相对处于一种有规可循的状态，而对于非典型的传统生土建筑的营造技艺的深入研究则寥寥无几。仅就西北地区的土长城的营造技艺方法就多达几十种③，更不必说传统住居营造的方式了。近几年来，以保存传统文化为背景遴选了 8155 个中国传统村落。这种政策面的关注反映了当下的"地域化"重拾失地的建筑文化发展趋势。下一步所面临的问题是如何对这些传统乡土建筑进行类型与谱系划分，④再就是对乡土建筑进行适宜保护与修缮的研究问题，这都离不开营造技艺作为保障。如果对其营造技艺不熟悉，那么很有可能会导致"修缮性破坏"的发生。如北京地区避免对传统村落进行大面积建设开发，防止现代风格建筑对历史传统风貌造成破坏，统一北京市传统村落修缮保护工作的内容和技术要求。⑤

---

① "修旧如旧"是中国历史建筑保护修复的核心思想，其确切意义在于，在保护和体现文物价值的前提下，最大限度地保存其所蕴涵的历史信息的真实性。

② 张玉瑜.福建传统大木匠师技艺研究 [M].南京：东南大学出版社，2010：1.

③ 据敦煌研究院裴强强研究员对于甘肃地区土长城的研究，其营造模式要在二十余种之多。

④ 罗德胤.中国传统村落谱系建立刍议 [J].世界建筑，2014（06）：104-107.

⑤ 北京：《北京市传统村落修缮技术导则》发布 [J].城市规划通讯，2018（11）：10.

因此，对于西北地区传统生土营造技艺本身的研究就是对西北地区乡土建筑遗产进行合理化保护与修缮的最有力的技术理论支撑。

再次，时下的设计模式致使建筑设计本身存在过多的功利性，造成国内建筑的"国际化"现象十分严重。近代中国社会发生剧烈变革，新与旧的交融，带来了传统营造技艺演进过程的断层现象。西方的建造技术文化与建筑教育模式的引进，使中国的建筑体系发生了巨大的变革，其与中国传统建筑文化内涵有非常严重的脱钩现象。因此，吴良镛先生强调：必须承认城市建设与建筑文化的地区性有其内在的规律，是多种文化源流的综合构成，必须重视它，正是这些各具特色的地区建筑文化共同呈现了中国传统文化丰富多彩且风格各异的整体特征。[①]然而作为城乡二元化的中国现代建筑发展，乡土社会的建筑文化则更能够代表以农耕文明为主的中国文明的发展历程。因此，更应该积极开展乡村地区建筑文化的研究，而传统生土营造技艺就是承载这一文化的重要组成部分。因此，针对西北地区普遍存在的传统生土建筑，应该以传统村落为线索，探索其中典型生土建筑所蕴含的营造内涵，通过一般到特殊再到一般的实践过程，得到不断提升，从而为建筑创作提供更为纯正的意蕴，使得建筑地区性之脉络得以传承与发展。

最后，对于一个学科理论的深层次理解，始终要针对其未来的实际发展给予启示。作为传统生土营造技艺本身的生成与发展机制的探寻，不但是对其在历史进程之中有哪些沉淀下来的价值进行判定，同时还是对其作为技术科学理论在人类存在的复合生态系统影响下的运行规律的适应性进行深入探寻。通过对于本体自身内涵的科学研究，寻求事物本身的发展逻辑，同时，通过事物间作用关系的分析，寻求系统发展的外部影响机制。这部分其价值也是以营造为核心的集成判定所形成的系统目标。通过对于营造回归及技术文化发展应用在典型建筑文物保护以及现代建筑设计方面的借鉴，从而生成对于未来建筑可持续发展目标的指引（图1-2-4）。

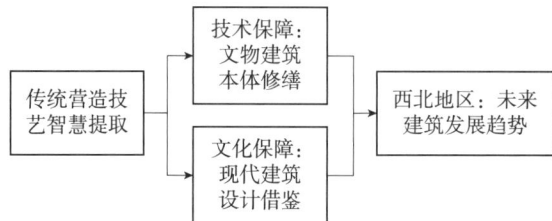

图 1-2-4 西北地区传统生土营造技艺研究意义逻辑趋势图

① 吴良镛. 建筑文化与地区建筑学 [J]. 建筑与文化，2014（07）：32-35.

综上所述，近百年的传统建筑文化复兴从未停歇，从典型的"大屋顶"形式风貌到传统建筑文化内涵的延展，从吴良镛先生提出"广义建筑学"到"人居环境科学"<sup>①</sup>理论的深入人心，建筑学界已经逐步认清：当前应该站在一个复合生态系统的高度来看待建筑设计给周边环境所带来的影响，而不应该单独站在一个狭隘的民族主义的视角来审时度势。传统生土营造技艺在当代的价值可能刚刚显现，因其同时具备技术与文化的双重内涵，它不仅提供了建筑本体的营造智慧，同时还提供了关乎人与自然相处的系统法则。因此，传统生土营造技艺极有可能成为中国当代乃至未来建筑发展的一块基石。

## 1.2.3　构建系统研究的理论价值

基于西北地区整体生成性的理论缺失，对于传统生土营造技艺进行系统探讨，促进对于地方建筑营造理论的再认识，总结西北地区本土的建筑营造方法体系，为中国建筑理论研究注入区域文化的本土精神。

西北地区，时下传统生土建筑的存续矛盾尤为突出，然而区域营造整体性特征却十分明显。行政区划上，虽然划分为五个行政区，但在历史的发展过程中，文化交融却从未间断。从汉代为经济发展拓清的"丝绸之路"，到隋唐富庶无出陇右的"陇右地区"（关陇地区），还有这里面出现的交集区域如"河西走廊"与"北茶马古道"等重要文化线路，清晰地记载了西北地区历史与文化的交融与延续。因此，在传统生土营造理论体系的发展上，微观层面以及宏观层面都存在一些历史演进与传承现象。从微观层面来看，营造技艺所呈现的建构体系理论围绕"土材能成为什么？"的科学问题，从材料到结构的建筑生成体系进行搭建；从宏观层面来看，涉及具体营造系统应对地域复合生态环境而生成的建构机制。这一切都归结于其构成要素的内生规律与对其生成与发展限定的外部影响机制，这些规律与机制共同塑造了西北地区传统生土建筑的"地区性"，并在时间的维度上体现出盛衰演化之变。这就是西北地区建筑文明的发展序列，遗憾的是，却没有一部著作对于西北地区传统生土建筑的历史地位进行定性，从而形成关乎区域理论的总结。

---

① 吴良镛先生针对我国城镇化进程中建设规模大、速度快、涉及面广等特点，创立了人居环境科学及其理论框架。2012 年 2 月 14 日，荣获 2011 年度"国家最高科学技术奖"。这一奖项的获得，充分证明了在国家的发展战略方面对于"人居环境科学"的重视。

从已有的传统营造图书来看，能够留存至今的多是官方且以"木作"为核心的著述，典型如宋代的《营造法式》与清代的《工部工程则例》。以《营造法式》为例，其实是对官式建筑的建造起到一个定量与定额的参考及规范作用，其文本自身的流传则犹如珍稀的古玩。<sup>①</sup>乡土建筑营造的技艺图书则更是以师傅口传身教，难得其理论全貌。由此可见，对于营造理论的系统总结在中国古代社会重视度是不足的，区系研究则只能通过存留下来的建筑范本以及老工匠的研究来完成。窥其现状，建筑范本尚存一些，而老工匠却难以寻觅。<sup>②</sup>匠作流派能够声名远播的也仅限于对于典型官式建筑的营造，而大部分乡土社会之中的生土建筑匠作流派却难见其名。西北地区在历史发展之中渐渐退出了主流文化的舞台，面临席卷而来的"强势"文化，处于"弱势"的地域文化如果缺乏内在的发展动力，将会最终湮没在世界"文化趋同"的大潮中。<sup>③</sup>

综上所述，西北地区传统生土营造技艺的历史发展与建筑理论研究还十分薄弱。西北地区可谓是传统生土建筑发展的核心区域，但又是中国传统木构架建筑发展的非典型建筑区域，因此可以引导大众把目光从精英建筑的研究转移到普通建筑之上，研究区域内作为典型的建筑小系统，从而完善全国的乡土建筑研究的大系统。那么，沿着"大传统"与"小传统"<sup>④</sup>的思维辩证模式，就有了"典型文化区"，也就形成了"非典型文化区"，更有"多元文化交错区"的复杂地带。缺少哪一个方面的研究，对于整个系统的建构就形成了缺环。<sup>⑤</sup>因此，对于西北地区传统生土营造技艺的系统研究，不仅是在广度上对于中国建筑史的基础内容进行补充，更是在深度上洞察该地区建筑营造文明的内涵。

---

① 沈伊瓦. 古代中国建筑技术的文本情境——以《考工记》《营造法式》为例 [J]. 南方建筑, 2013 (02): 35-38.

② 历史之中，生土建筑营造基本是全民皆知的一门手艺，但是也因其普世性、公开性而未能将其形成严谨的理论，也就不够重视，当下时段老匠人越来越少。

③ 吴良镛.《中国建筑文化研究文库》总序（一）：论中国建筑文化的研究与创造 [J]. 华中建筑, 2002 (06): 1-5.

④ 单军. 建筑与城市的地区性：一种人居环境理念的地区建筑学研究 [M]. 北京：中国建筑工业出版社, 2010: 262.

⑤ 孟祥武, 王军, 叶明晖, 靳亦冰. 多元文化交错区传统民居建筑研究思辨 [J]. 建筑学报, 2016 (02): 70-73.

# 1.3　西北地区的界域与范围

## 1.3.1　西北地区的区划分类

自然地理区划上，西北地区是指大兴安岭以西，昆仑山—阿尔金山—祁连山和长城以北，大致包括内蒙古自治区、新疆维吾尔自治区、宁夏回族自治区、甘肃省的西北部。[①] 行政区划上，西北地区则包括陕西、甘肃、青海、宁夏、新疆五个省及自治区，面积共计 304.3 万平方公里，占全国陆地面积的 31.7%。

## 1.3.2　西北地区的区划演进

从历史层面讲，西北一词最早在宋代的文献中即已出现，《元史·地理志》中有"西北地附录"，较正式地将西北作为一个独立的地理区域来划分。入清以后，有关西北的概念运用就更为普遍，道光年间魏源著有《西北边域考》。[②] 纵观历史，西北地区主要是以现在甘肃省为地理核心的历史地理范围演变而来。甘肃在唐代时大致在陇右道领域，是一个范围广大的地域概念，陕、甘、新分省也因此较晚。明代曾废甘肃省，由陕西右布政司、陕西都司及陕西行都司分领省境各地，然而此时针对西北一带的边防政策要求联合藏族防御蒙古，出于军事目的的屯垦实边和茶马贸易加强了青藏高原东北部的安多地区与陇右、河湟及河西地区的联系，逐渐形成了一个有着一定文化认同的难以分割的整体。至清光绪二年（1876 年）陕甘再度明确分省，距今也仅有 140 多年。当时的甘肃省，尚包括今天的新疆维吾尔自治区、青海省东部、宁夏回族自治区及目前属于内蒙古自治区的额济纳旗和阿拉善右旗，总面积超过 300 万平方公里，大于今天甘肃省六倍以上，近占全国面积的 1/3，除略小于唐代的陇右道外，为甘肃建省以来面积最大的时期。清光绪十年（1884 年）由甘肃分出新疆省，至 1928 年，"甘肃省"所辖地域包括现在的甘肃省全境、青海省东部地区、宁夏回族自治区全境以及内蒙古自治区的额济纳旗和阿拉善右旗。

---

① 中华人民共和国中央人民政府网：区域地理 [EB]. [2005-07-27].

② 张萍 . 中国近代经济地理（第八卷）——西北近代经济地理 [M]. 上海：华东师范大学出版社，2015：1.

第 2 章

# 西北地区传统生土营造体系的架构方法

## 2.1 国内外的研究进展

### 2.1.1 生土建筑的研究进展

**（1）国内生土建筑的研究阶段**

国内对于生土建筑的研究历史按照研究成果可以归纳为三个阶段：研究的起步阶段、发展阶段与瓶颈阶段。[①]

第一阶段（20 世纪 30 年代至 60 年代）：20 世纪 30 年代，中国建筑史学家龙非了教授结合当时的考古发掘资料，以及河南、陕西、山西等省的窑洞建筑进行了考察，写出了论文《穴居杂考》（1934）。[②] 其中对中国窑洞建筑的论述应该算是对国内生土建筑最早的研究，也是国内对于传统民居建筑最早的研究成果。因此，生土建筑与民居建筑在内容涵盖上存在一定交集，并且在这个时期，生土建筑的研究是以民居建筑的一个类型而存在的。

新中国成立后，从 1953 年到 1965 年，中国建筑研究室对于国内的传统民居建筑进行了大面积的调查与研究。[③] 刘敦桢教授在《中国住宅概说》（1957）一书中以窑洞为中国住宅的一种特殊类型的观点论述了河南的窑洞民居。1958 年中国建筑理论及历史研究室南京分室的张步骞、傅高乐、杜修均等三位学者撰写了论文《河南窑洞式住宅》，1965 年中国西北建筑设计院的王孚工程师撰写了《陕西省窑洞建筑调查报告》和《陕西宝鸡地区黄土窑洞调查报告》，但上述三篇论文只在内部交流，没有公开发表。[④]

除此之外，值得提及的还有西北地区的学者对于生土建筑的研究。1957 年冶金建科研究院西北黄土建筑研究组在陕西的三原、岐山、汉中，河南的洛阳和甘肃兰州等处作了调查，形成了各地的综合报告。[⑤] 重庆建筑工程学院陈耀东、陈振声、杨开元针对甘肃的兰州民居进行了较为系统的踏勘与研究。[⑥] 崔树稼与韩

---

[①] 孟祥武，王军，叶明晖，李钰 . 国内生土建筑研究历程与思考 [J]. 新筑，2018（01）：114–118.

[②] 陆元鼎 . 中国民居研究五十年 [J]. 建筑学报，2007（11）：66–69.

[③] 陈薇 . "中国建筑研究室"（1953–1965）住宅研究的历史意义和影响 [J]. 建筑学报，2015（04）：30–34.

[④] 李钰，王军 .1934—2008：西北乡土建筑研究回顾与展望 [C]// 第十六届中国民居学术会议论文集（上），2008：140–145.

[⑤] 陈中枢，王福田 . 西北黄土建筑调查 [J]. 建筑学报，1957（12）：10–27.

[⑥] 陈耀东，陈振声，杨开元 . 兰州民居简介 [J]. 土木建筑与环境工程，1957（01）：135–148.

家桐、袁必堃先生也分别对青海东部庄窠民居[①]以及新疆地区的传统民居[②]进行了论述，侯继尧先生又对陕南民居进行了调查研究与整理。此后，研究工作随着"文化大革命"开始而停止。

第二阶段（20 世纪 80 年代至 21 世纪初）：这个时期是国内对生土建筑开始系统地、有组织地研究阶段（表 2-1-1）。1980 年，在兰州成立了中国建筑学会窑洞及生土建筑调研组[③]，它的成立标志着以建筑学专业为主的生土建筑研究开始走向科学化与系统化。在中国建筑学会的大力支持下，分别在陕西延安、河南巩县以及新疆乌鲁木齐召开了三次学术讨论会，拿出了关于窑洞及生土建筑方面的学术论文达百篇以上，还编辑了甘肃、宁夏、河南的窑洞及生土建筑论文专集与中国建筑学会窑洞及生土建筑调研组活动纪实，《建筑师》《建筑学报》《建筑知识》《科技导报》《村镇建设》等期刊分别登载了大量的生土建筑的论文。尤其是在 1981 年 10 月《建筑学报》杂志以"窑洞及生土建筑"专栏的形式，对西北生土建筑进行了专题介绍，标志着生土建筑研究的复兴。[④]

中国建筑学会生土建筑分会活动大事记一览表（1980~2002）　　表 2-1-1

| 时间 | 地点 | 事件 | 事件具体内容与意义 |
| --- | --- | --- | --- |
| 1980 年 12 月 | 甘肃兰州 | 窑洞及生土建筑调研组成立大会 | 生土建筑研究组织成立：六大窑洞区除河北省外，各省、区都成立了研究分会，任震英任大会会长 |
| 1981 年 06 月 | 陕西延安 | 窑洞及生土建筑第 1 次学术讨论会 | 各地区开始针对传统生土建筑进行有目的的研究：50 多人参加，提供了 27 份调查报告、专题论文和探讨性文章 |
| 1982 年 09 月 | 河南巩县 | 窑洞及生土建筑第 2 次学术讨论会 | 研究人员与成果都大幅度增加：70 多人参加，提供了 53 份调查报告和专题论文 |
| 1983 年 04 月 | 甘肃兰州 | 窑洞及生土建筑协调会议 | 建设纲领得到中央重视：37 人参加，传达陈云同志关于"把窑洞搞好了是一项很重要的工作"的重要指示精神 |
| 1984 年 10 月 | 新疆乌鲁木齐 | 窑洞及生土建筑第 3 次学术讨论会 | 采用新型研究记录方法：79 人参加，提供了 32 份专题报告和学术论文，还有 700 多张幻灯片，西安冶金学院为会议提供了一部《中国窑洞》电视录像片 |
| 1985 年 11 月 | 北京 | 国际生土建筑学术会议 | 国内与国际生土研究接轨：174 人参加，编辑了 70 篇论文的"论文选集"，其中中国学者的论文 38 篇 |
| 1986 年 12 月 | 福建福州 | 窑洞及生土建筑科研协调会议 | 总结与规划部署：50 多人参加，会议部署了下一阶段的窑洞及生土建筑调研工作 |

---

① 崔树稼.青海东部民居——庄窠 [J]. 建筑学报，1963（01）：12-14.

② 韩嘉桐，袁必堃.新疆维吾尔族传统建筑的特色 [J]. 建筑学报，1963（01）：17-22.

③ 中国建筑学会窑洞及生土建筑调研组是在改革开放之后西北地区建立的以生土建筑为研究对象的学术组织，也是当时全国生土建筑研究最为权威的学术研究组织。

④ 任震英.中国窑洞建筑的春天——坚定目标、克服困难、聚集力量为发展中国生土建筑学而奋斗——1984~1989 年以来的研究报告 [J]. 地下空间，1989（04）：7-14.

续表

| 时间 | 地点 | 事件 | 事件具体内容与意义 |
|---|---|---|---|
| 1989 年 10 月 | 甘肃兰州 | 窑洞及生土建筑第 4 次学术研讨会 | 学术研究更加系统化：78 人参加，以茶谷正阳先生为首的 11 名日本学者也参加了这次会议，会议通过了《中国建筑学会窑洞及生土建筑分会章程》和全体代表的倡议书 |
| 1994 年 07 月 | 甘肃兰州 | 窑洞及生土建筑协调会议 | 分会组织研究力量进一步壮大：窑洞及生土建筑分会正式更名为生土建筑分会，任震英任理事长 |
| 1999 年 09 月 | 陕西西安 | 第 8 届国际城市地下空间与生土建筑学术研讨会 | 多元化研究成果：侯继尧和王军编著的《中国窑洞》一书出版，举办《中国黄土高原风情与聚居环境》摄影展、《延安枣园村窑居环境及住居模式》研究成果图片展和《清代窑居村落——山西省汾西县师家沟窑村保护与发展规划设计》的毕业设计作品展等 |
| 2000 年 09 月 | 甘肃兰州 | 生土建筑分会第 5 届代表大会暨 2000 年学术年会 | 跨世纪的总结与思考：200 多人参加，产生第 5 届理事会，征集 32 篇学术论文和专题报告，总结了 20 年来生土建筑的研究成果，指出了未来生土建筑研究的发展方向 |
| 2001 年 10 月 | 陇东陕北晋西北 | "21 世纪可持续发展与生土建筑的未来"考察调研活动 | 发现当前传统生土建筑的现状与问题：以分会理事长李祥源为首的专家一行，赴陇东、陕北及晋西北地区进行专题考察 |
| 2002 年 05 月 | 甘肃兰州 | 生土建筑与生态环境学术研讨会 | 生态专项讨论：80 多人参加，学术交流内容从整体上揭示了生土建筑发展的现状与未来 |
| 2002 年 09 月 | 福建龙岩 | 分会学术年会暨福建土楼建筑文化学术研讨会 | 土楼文化专项讨论：80 多人参加，是针对"福建土楼"建筑风格与文化内涵的一项专题会议 |

资料来源：作者根据中国建筑学会官网对于生土建筑分会的介绍内容整理绘制。

1985 年是一个转折点，在北京首次召开国际生土建筑会议，也证明了此时国内的生土建筑研究开始走向国际化的视野（表 2-1-2）。这期间还取得了一些关键的科研成果：荆其敏教授编写的《生态家屋——世界传统民居》（1996）；杨志威和王文焰合作研究的"八五"科研课题《黄土窑洞防水技术研究总结报告》通过部级专家鉴定（1999）；生土建筑分会委托兰州铁道学院工程结构研究所主持完成了以甘肃省技术标准颁发的《甘肃省黄土窑洞设计与施工规章（试行）》（1999）。尤其是由国家自然科学基金会重点资助的科研项目"黄土高原绿色建筑体系与基本聚居单位模式研究"于 2001 年通过验收，并被评定为国际先进水平，该项目由西安建筑科技大学周若祁、王竹、刘加平、王军等众多教授学者完成，由该项目建造的新窑居"枣园新村"已在陕北广泛推广；随后，分会与甘肃省庆阳市西峰区人民政府联合拟建"甘肃庆阳西峰生态窑居示范区"，并与西安建筑科技大学、甘肃工业大学进行纵向科研合作，将此示范区的规划设计纳入"黄土高原沟壑地区人居环境研究"总课题，并列入《建设部 2003 年科学技术项目计划》；兰州理工大学曹凯教授在兰州白塔山进行了生态园新型窑洞建筑的示范，

中国建筑学会生土建筑分会国际交流一览表（1980~2002）　表 2-1-2

| 时间 | 地点 | 国际交流 | 交流具体内容 |
|---|---|---|---|
| 1985 年 11 月 | 北京 | 国际生土建筑学术会议 | 编辑了 70 篇论文的"论文选集"，其中外国学者的论文 32 篇 |
| 1989 年 10 月 | 甘肃兰州 | 窑洞及生土建筑第 4 次学术研讨会 | 以茶谷正阳先生为首的 11 名日本学者也参加 |
| 1981~ 1989 年 | — | — | ·以青木志郎先生为首的日本中国窑洞考察团曾先后 7 次来华考察访问；<br>·美国吉迪思·戈兰尼先生也曾先后 5 次来华进行窑洞建筑的研究；<br>·日本东京工业大学还专门派出研究生到西安建筑科技大学学习窑洞建筑 |
| 1986 年 09 月 | 日本东京 | 日本建筑学会成立 100 周年庆典及生土建筑学术交流会 | 任震英先生受邀，在大会上发表了演说 |
| 1990 年 10 月 | 美国 | 第 6 届生土建筑国际保护会议 | 侯继尧先生受邀，并在大会上宣读了《生土·文化·建筑》为题的论文 |
| 1992 年 09 月 | 北京 | 中日传统民居学术研讨会 | 侯继尧和任侠两位先生参加了会议，在大会上宣读了论文 |
| 1995 年 09 月 | 法国 | 第 6 届地下空间与城市设计国际会议 | 侯继尧先生担任了分会会场主席，并宣读了《中国窑居环境质量的改善与开发》论文，并播放了《中国窑洞民居》电视专题片 |
| 2001 年 06 月 | 中国香港 | — | 学会副理事长王军教授赴香港中文大学讲学，主讲《黄土高原窑洞民居》 |
| 2001 年 06 月 | 陕西 | 中央电视台"东方时空"《直播中国》 | 现场直播陕西米脂县刘家峁姜家大院窑洞庄园，由分会副理事长侯继尧介绍中国传统窑洞民居 |
| 2001 年 08 月 | 陕西 | — | 吴恩融等 4 人同分会副理事长王军赴陕北、榆林、延安、淳化等地考察窑居，并与西安建筑科技大学建筑学院签订联合研究"山地窑洞人居环境"的课题 |

资料来源：作者根据中国建筑学会官网对于生土建筑分会的介绍内容整理绘制。

西安建筑科技大学王军教授在陕县官寨头村进行了新型地坑院建筑模式的示范营造，都取得了一定的学术研究拓展以及社会影响力。

在此期间，中国文物学会传统建筑园林委员会传统民居学术委员会、中国建筑学会建筑史学分会民居专业学术委员会、中国民族建筑研究会相继成立，相应的学术研究也皆有对生土建筑的涉猎。这也是传统生土建筑系统研究逐渐衰退的一个主要原因，生土建筑被分散到民居研究之中，以广大高校师生、设计院所相关研究人员为主体的研究队伍，开始对国内的传统民居建筑进行富有成效的研究工作，并且出版了大量调研报告，中国民居研究开始进入有计划和有组织地进行研究的时期。

第三阶段（21世纪初至今）：2002年之后，生土建筑学会的学术活动受到了一定的影响，直至2014年10月，第6次全体代表会议在兰州召开，并于2015年9月在郑州召开了生土建筑学术年会，大会没有出版论文集。这也许与分会学术活动长时间的间断有一定关系，相比较传统民居方面研究的如火如荼，传统生土建筑的研究态势可谓门庭冷清。然而，就是在这个瓶颈阶段，国内分别涌现出如科班出身的建筑师王澍先生以及民间建筑师任卫中先生等一批关注生土建筑的研究者，无论从学术理论或是落地实验方面都作出了十分重要的探索。西北地区生土建筑方面的研究则主要集中在西安建筑科技大学的刘加平教授、王军教授以及穆钧教授的科研团队，以下对其各自团队在生土建筑方面研究进行简要的概述，以映射国内生土建筑研究工作者从多方面进行探求的现状。

刘加平教授团队的研究方向主要是以绿色建筑技术为核心。在结合西北地区的气候特征的前提下，针对传统民居建筑的室内外环境进行舒适度与节能生态可持续的设计研究，从不同专业角度对传统乡土建筑材料进行优化研究，传统生态经验挖掘逐渐上升到以绿色建筑技术体系为核心的技术文化理论层面，并最终在乡村呈现生土建筑新民居的示范与集成，形成理论与实践之间的因应关系。

王军教授团队的研究方向主要是以凝练西北地区传统生土建筑的营造智慧为核心。以传统乡村聚落与传统民居作为研究对象，基于不同时效的政策背景，使用田野调查以及文献研究为主要研究方法，探索区域性的传统营造智慧，借鉴绿色生态理念与技术体系作为发展与更新模式的支撑，结合建筑学专业对传统民居营造模式进行总结，随后对传统民居的适宜性更新模式进行设计探讨与示范，在新民居以及乡村绿色社区营造方面进行了扎实的研究与探索，为西北地区的建筑地区性理论构建以及区域传统聚落的可持续发展提供了借鉴。

穆钧教授则是现代新型生土建筑研究方面的专家。近年来，受住房和城乡建设部和无止桥慈善基金委托，与西安建筑科技大学周铁钢教授在西部贫困农村地区开展多项农村扶贫建设和示范研究项目。其中，以现代生土绿色建筑设计与营造技术相继完成"毛寺生态实验小学""住建部马鞍桥村灾后重建综合示范"两个项目，并且先后获得两届英国皇家建筑师学会国际建筑奖、两届联合国教科文组织传统创新奖、首届中国建筑传媒奖最佳建筑奖等多个国内外专业奖项。先后于2009年、2014年出版《抗震夯土农宅建造图册》《新型夯土绿色民居》两本夯土建造指导手册。两本指导手册，时隔5年，从传统夯土营建技艺的本体一直到后续的科学实验、技艺整体提升，以绿色可持续的夯土营建模式为生土建筑的发展提供了非常好的范例。其对于传统生土营造技艺的优化与传承，及其所做示范项目的方式方法都值得借鉴。

综上所述，国内对于生土建筑的研究已近百年。无论从传统生土建筑类型到现代生土建筑转型都取得了一些成就。但是，对于区域生土建筑的系统演进与发展研究尚缺乏，同时对于回归建筑营造等细分角度的研究与实践也刚刚起步，作为一种深入研究建筑本体与技术体系的方式方法还没有得到充分的关注。面对未来的生态可持续发展，能够从区域营造技艺体系之中获得什么样的智慧则是一个应该重点关注的科学问题。因此，本书将在西北地区传统生土营造的本体特征与历史演进的研究基础之上，洞察其在历史进程之中的发展规律，从而进一步对于区域生土建筑的可持续发展提供因借。

**（2）国外对生土建筑的研究**

国外最早出现夯实泥土的文字记录是在公元前 1 世纪古罗马历史学家普林尼撰写的《自然历史》中，今天在西班牙仍然能见到汉尼拔时代使用泥土砌成的瞭望塔和山脊上的炮塔，最能体现人类对夯土技术的掌握就是建造城墙[①]；土坯结构不仅使生土结构在人类与自然依赖关系方面达到了较高水平，在美感方面也达到了较高水准，亚洲、非洲、北美洲等一些地区的传统土坯结构已经安全地使用了几百年。虽然生土结构一直存在，但其传承与发展在近代却经历了一段曲折的历程。在 19 世纪的工业化进程中，随着时代进步和社会发展，生土建筑材料逐渐淡出人们的视线，直到 20 世纪 80 年代，全球发生能源危机，人们的生态意识提升，生土结构又凭借自身的优点成为人们回归大自然的一种追求，尤其在法国、美国等一些发达国家已经采用土坯建造了大量的别墅。[②]

由此看来，国外对于生土建筑的研究也是从重拾生土建筑生态价值开始的，并且在整个全球范围内都已经传播开来。这一方面的研究成果主要有 Clarke Snell 的"使用原始材料建造生土建筑"[③]，D Zupancic、V Cristini 的"生土建筑，一种常青的建筑方法"（2012）[④]，Zakari Mustapha、Akani Michae 的"生土建筑：作为

---

① 这一技术，在古代历史时期，无论是东方还是西方都发展了城墙这一生土营造建筑类型，不应是巧合，而是一种对于材料认知历史发展的必然。

② 王毅红，仲继清，石以霞，权登州，岳星朝. 国外生土结构研究综述 [J]. 土木工程学报，2015（06）：81-88.

③ Clarke Snell. BUILDING EARTHEN HOMES: Using the Original DIY Material[J]. Mother Earth News，2012（253）：35-38.

④ D Zupancic，V Cristini. Earthen architecture，an evergreen type of building method[J]. Rammed Earth Conservation，2012.

加纳建筑业的一种解决方法"（2013）[①]，Olumuyiwa Bayode Adegun 等审查了来自 17 个非洲国家的 136 项学术成果，对于非洲生土建筑的可持续发展提出了建议[②]，Lola Ben-Alon、Vivian Loftness 等研究的天然与传统建筑材料的全寿命周期评价（2019）[③]，Ricardo Mateus 对于生土建筑材料的环境生命周期进行分析（2019）[④] 等等，试图从生土建筑营造过程的排碳量到后续使用的全生命周期来为人们展示生土建筑对于生态发展的优势。迄今为止，在世界环境与能源危机的背景下，越来越多的国家开始对于传统生土建筑的价值进行重新评估，在对传统生土建筑营造的研究基础上与现代营造技术相结合，主要表现在对于生土建筑材料性能的提升以及营造模式的改良。

发达国家对于生土建筑的研究着重对于生土建筑的规范化与产业化的效用进行深入研究，并且形成了相应的建造规范与导则作为业态支撑（表 2-1-3）。发展中国家与第三世界国家则是注重其适应性发展的需求。同时，这些国家也都存在一定的共同点：其一，对于建筑材料的提升与改进；其二，对于建筑结构体系的整体抗震安全的提升与改进；其三，对于建筑施工方法的提升与改进。

发达国家生土建筑规范研究进展统计表      表 2-1-3

| 国家 | 时间 | 规范 | 中译文 | 主要价值 |
|---|---|---|---|---|
| 法国 | 1994 年 | 《Earth Construction：A Comprehensive Guide》 | 《生土建造：综合指导》 | 形成了一套仅需调整原土质构成关系，而无需化工改性剂的，具有划时代意义的现代生土材料优化理论体系，其适用于绝大多数土质类型和多种材料用途（如夯土墙、生土砌块、生土粘结材料、生土装饰材料等） |
| | 2009 年 | 《Bâtir en terre》 | 《生土建造》 | |
| 德国 | 1999 年 | 《Leitlinien für die Architektur》 | 《生土建筑导则》 | 对于生土建筑的设计与实践都形成了规范性的条文，成为周边国家制定生土建筑规范的标准 |
| 美国 | 1991 年 | 《New Mexico Adobe and Rammed Earthen building-Code》 | 《新墨西哥州土坯与夯土建筑规范》 | 对于承重生土墙选用何种质量的土、生土构件的制作要求、生土材料应达到的技术指标等作了详细规定，在生土建筑设计构造方面提出量化的指标，克服仅凭经验建造生土建筑的低水平状况 |

① Zakari Mustapha，Akani Michae. Earthen Construction，as a Solution to Building Industries in Ghana[J]. Journal of Economics and Sustainable Development，2013，4（03）：190-198.

② Olumuyiwa Bayode Adegun，Yomi Michael Daisiowa Adedeji. Review of economic and environmental benefits of earthen materials for housing in Africa[J]. Frontiers of Architectural Research，2017，6（12）：519-528.

③ Lola Ben-Alon，Vivian Loftness，Kent A. Harries，Gwen DiPietro，Erica Cochran Hameen. Cradle to site Life Cycle Assessment（LCA）of natural vs conventional building materials：A case study on cob earthen material[J]. Building and Environment，2019，160（08）：1-10.

④ Ricardo Mateus，Jorge Fernandes，Elisabete R. Teixeira. Environmental Life Cycle Analysis of Earthen Building Materials[C]. Reference Module in Materials Science and Materials Engineering，2019.

续表

| 国家 | 时间 | 规范 | 中译文 | 主要价值 |
|---|---|---|---|---|
| 新西兰 | 1998 年 | 《Engineering Design of Earth Buildings》（NZS4297：1998） | 《生土建筑工程设计》（NZS4297：1998） | 生土建筑设计标准，从地震带、材料强度等级、设计方法、房屋高度等方面阐述了设计应遵循的原则 |
| | | 《Materials and Workmanship for Earth Buildings》（NZS4298：1998） | 《生土建筑材料和施工工艺》（NZS4298：1998） | 生土建筑材料以及工艺标准，主要介绍土料选择、确定强度、耐久度等的标准试验方法 |
| | | 《Earth Buildings not Requrring Specific Design》（NZS4299：1998） | 《非专门设计的生土建筑》（NZS4299：1998） | 生土构造设计标准，介绍生土建筑不需具体设计而必须遵循的一些硬性标准，如不同烈度区采用不同的房屋高度限值等 |
| 澳大利亚 | 2002 年 | 《The Australian Earthen building Handbook》[①] | 《澳大利亚生土建筑手册》 | 参考了澳大利亚的一些地方标准，使用未烘烤的土墙建造的单层与双层建筑物的良好做法 |
| 英国 | 2004 年 | 《Rammed Earth Design and Construction Guideline》 | 《夯土设计与构造指南》 | 该指南是对于夯土建筑的具体设计与构造所形成的可供参考的导则性意见 |

资料来源：作者根据相关图书查询并整理绘制。

　　生土建筑材料的提升与改进部分包括物理改性与化学改性，在防水、耐久、抗震等物理特性方面有所突破，形成了符合当代需求的、可推广的现代化生土建筑理论及应用体系。Philbert Nshimiyimana 等人的"石渣稻壳生土建筑材料的化学微结构变化研究"[②]（2019），庆北大学研究人员以及 Kim Jinsung 等人对于红黏土粘结剂环氧乳液用于自填夯土施工的性能进行了研究[③④]（2020），Nagaraj Honne Basanna 等人探讨了夯土施工中水泥、石灰合用增强土壤稳定作用[⑤]（2020），

---

　　① 1952 年建筑师乔治·德尔顿向其建设部门呈交《生土墙建设报告》，并于 1976 年、1981 年以该报告为基础再版生土建筑手册，实质上成为该国的生土建造标准。该手册于 1987 年由国家建筑技术中心出版发行，2002 年澳大利亚国家标准化组织（Standards Australia）专门出版了更为专业系统的手册。

　　② Philbert Nshimiyimana, Adamah Messan, Zengfeng Zhao, Luc Courard. Chemico– microstructural changes in earthen building materials containing calcium carbide residue and rice husk ash[J]. Construction and Building Materials, 2019, 216（08）：622–631.

　　③ Polymer Research, Kyungpook National University Researchers Detail Research in Polymer Research（Performance Evaluation of Red Clay Binder with Epoxy Emulsion for Autonomous Rammed Earth Construction）[J]. Chemicals & Chemistry, 2020：1758.

　　④ Kim Jinsung, Choi Hyeonggi, Yoon KeunByoung, Lee DongEun. Performance Evaluation of Red Clay Binder with Epoxy Emulsion for Autonomous Rammed Earth Construction [J]. Polymers, 2020, 12（9）：2050.

　　⑤ Nagaraj Honne Basanna, Shaivan Hirebelaguly Shivaprakash, Arunkumar Bhimahalli, Prasanna Kumar Parameshwarappa, Jeremie Gaudin. Role of Stabilizers and Gradation of Soil in Rammed Earth Construction [J]. Journal of Materials in Civil Engineering, 2020, 32（05）：0402.

Emeso Beckley Ojo 等人使用富含白云母的土壤和碱活化剂开发免烧土建筑材料[①]，法国生土建筑研究中心在这方面的研究成果最为丰厚，结合现代材料科学的生土材料研究，对传统生土材料的构成机理进行了系统的基础试验与提升研究，较好的生态性做法是仅需调整原土土质的物理构成关系而无需化学改性剂的新型方法，形成具有划时代意义的现代生土材料优化层级理论体系，并且这种营造提升方法适用于绝大多数建筑使用土质类型。

建筑结构体系的整体抗震安全的提升与改进始终围绕着生土建筑的研究，也是生土建筑存在危险的最主要环节——建筑整体安全性。F. De Filippi 等人对于哥伦比亚的乡间土坯建筑的抗震采取可持续改造技术[②]，Juan C. Reyes 等人利用钢板进行既有土结构的抗震改造[③]；Ogawa 等人提出了一种降低传统二层土坯结构房屋在地震中破坏程度的方案，要求建筑在二层采用轻质材料；日本生土结构在抗震方面也同样沿用轻巧的设计原则，并且在生土墙体中设置一定量的荆条，形成泥巴墙的结构形式，泥巴墙重量小，遭受的地震作用较小，同时，荆条使得墙体具有较好的延展性，起到消解地震能量的作用。这里较为突出的成果还有马丁·劳奇（Martin Rauch）的自宅实践，针对生土材料在力学和耐水性能方面固有的局限性，通过一系列富有创造性甚至开创性的构造设计与施工工艺革新，使这些局限性得到了有效的克服或规避，并使生土材料具有生态应用潜力及其相应的建筑语言。[④]

建筑施工方法的提升与改进是一个比较全面的建筑营造体系，著名的美国夯土建筑师 David Easton，在他所著《The Rammed Earth House》一书中提出了"空气压缩稳定泥土（PISE）"的方法，改良夯土建筑营造方式。在使用 PISE 的过程中，使用前载式卡车将土壤和其他物质按一定比例混合后，通过空气压缩机加压，将压缩土壤混合物喷在模板上。如果采用这一套建造方式，施工团队人数可以减少到 6~8 人一组，大大降低了传统夯土建筑的劳动密集程度；澳大利亚和新西兰使用一种新型模板形成固体承重墙的墙体建造系统——Formblock，经过了专

① Emeso Beckley Ojo, Kabiru Mustapha, Ronaldo S. Teixeira, Holmer Savastano. Development of unfired earthen building materials using muscovite rich soils and alkali activators [J]. Case Studies in Construction Materials, 2019, 11（C）: e00262.

② F. De Filippi, R. Pennacchio, L. Restuccia, S. Torres. Towards a Sustainable and Context-based Approach to Anti-seismic Retrofitting Technique for Vernacular Adobe Buildings in Colombia [J]. The International Archives of the Photogrammetry, Remote Sensing and Spatial Information Sciences, 2020,（XLIV-M-1-2020）: 1089-1096.

③ Juan C. Reyes, Raul Rincon, Luis E. Yamin, Juan F. Correal, Christiam C. Angel. Seismic retrofitting of existing earthen structures using steel plates[J]. Construction and Building Materials, 2020, 230（C）: 117039.

④ 马丁·劳奇, 尚晋. 劳奇自宅, 施林斯, 奥地利 [J]. 世界建筑, 2017（01）: 52-59.

业人士、建筑师和业主建筑商的彻底测试。埃及建筑师哈桑·法赛用灰泥与土坯代替了水泥，他请泥工特制了含稻草多的轻型砖，用扁斧进行砌筑。在哈桑·法赛的生土实践中，经常通过土坯建造连续拱顶或穹顶来塑造空间的层次感，分隔空间属性。建造上则采用村民、设计师、匠人平等的协同工作方式，不仅让当地居民掌握了土坯营建的技术，让工程造价减少一半以上，更让生土技术深入人心，从而做到自发传续。

以联合国教科文组织为主的生土建筑研究，是以人类共同的文化遗产为背景，对于世界各地存在的生土建筑遗产进行研究与修缮。Beria Bayizitlioğlu 阐释了生土建筑的保护和维护的历史发展过程[1]，整体关注的是生土建筑的本体保护。这一点也可以从历届生土建筑遗产的研究与保护的国际会议之中窥见，可以看到该组织对于生土建筑遗产营造的研究与实际应用的大量成果。[2] 国外对于生土建筑的研究相比较来说更加成熟，不仅在第三世界的发展中国家，在欧美发达国家也备受关注。通过全世界范围的研究与交流，形成了具有广泛应用价值的现代生土材料优化、应用理论以及建造技术体系，结合实际的工程情况，逐渐使生土建筑的营造在规范化、程序化以及标准化等方面取得长足进展。这方面的成果主要有 AJ Swan 等人对于北美生土建筑中基于可持续性的土和稻草的建造规范与实践的研究（2011）[3]；Horst Schroeder 对于生土建筑的规划、设计与施工系统规范的研究（2016）[4]；Scoggins 对于如何营造生土建筑形成了指导性的手册。国外研究学者对生土结构的材料质性、材料改性、施工方法、抗震性能等方面进行了大量的研究。如 Juan C. Reyes 等人对于使用钢提高生土建筑的性能进行了研究[5]；Rute Eires 等人用生石灰与油结合提高生土建筑的耐水性[6]。

综上所述，国外对于传统生土建筑的研究主要是立足于当代的持续使用。亚非拉等发展中国家由于经济受限选择适宜的生土建筑，欧美等发达国家则对于

---

① Beria Bayizitlioğlu. Conservation and Maintenance of Earth Constructions：Yesterday and Today [J]. The Historic Environment：Policy & Practice，2017，8（04）：323–354.

② 自 1972 年以来组织了 12 场生土建筑遗产研究与保护的国际会议，近年来，其发掘文化遗产和保护与可持续发展的问题将被认为是同等重要的，并在 2016 年第十二届会议上宣布要以同样的方式对待。

③ AJ Swan，A Rteil，G Lovegrove. Sustainable Earthen and Straw Bale Construction in North American Buildings：Codes and Practice[J]. Journal of Materials in Civil Engineering，2011，23（06）：866–872.

④ Horst Schroeder. Earthen Structures–Planning, Building and Construction Supervision[J]. Sustainable Building with Earth，2016：255–391.

⑤ Juan C. Reyes，Luis E. Yamin，Cristian D. Gonzalez and Juan David Sandoval. Seismic retrofit of historical earthen buildings using steel [J]. ce/papers，2017，1（02）：4542–4549.

⑥ Rute Eires，Aires Camões，Said Jalali. Enhancing water resistance of earthen buildings with quicklime and oil[J]. Journal of Cleaner Production，2017（142）：3281–3292.

生土建筑走向工厂化、艺术化以及生态化等技术与艺术并存的研究与发展，以及从材料的配给到结构的营造都形成了比较完善的系统发展模式。反观国内的情况，兼具二者之间的共性，西北地区属于中国经济欠发达区域，传统生土建筑有其适宜的一面，但在实际营造方面处于下降趋势；同时以先锋建筑师为代表的生土建筑专家已经将现代生土营造技术引介到国内，在城市与乡村皆有示范。但是，总体来讲却始终是在一种"点"的层面上的发展，并没有得到社会的整体认同，进而形成"面"的层面上的发展态势。这就使得西北地区传统生土建筑的发展矛盾愈加突出，在当下文化与经济共融的背景下交集也过多，难以形成客观、科学的发展框架。因此，对于国外传统生土建筑发展的研究更明确了国内传统生土建筑发展问题的复杂性与矛盾性。其根源并不在于某个点，而是在于建筑系统的发展。因此，不仅需要对其营造本体进行整体归纳，同时还要对其发展机理进行深入的剖析，更要对区域发展的整体框架给予辩证发展的多途径建议。

## 2.1.2　营造技艺的研究进展

### （1）国内营造技艺的研究阶段

中国对于建筑营造技艺的研究自古有之，按照时间与研究内容主要可以大略分为四个阶段：第一阶段是中国古代木构架体系下的营造技术体系的自身演进与传承；第二阶段是民国时期到新中国成立之前民族建筑风格复兴对于已有古建筑营造技艺文献资料的解读、诠释以及对于古建筑的勘察与测绘认知；第三阶段是在文物建筑保护修缮背景下对传统官式建筑营建技术分门别类的总结；第四阶段是在新型建筑体系之下对于传统建筑营造技艺的再现、注重在现时代背景下对于优秀营造技艺的保护、传承与优化，以及对于匠师流派、匠诀与工具等类别的具体地方体系研究。

第一阶段：传统营造技艺的自然演变历程（20世纪20年代之前）

中国古代有关建筑营造技艺的历史书籍与文献大多可以分为两类：一是对官式建筑的定额、做法以及营造原则的解释，回答了"当时的建筑用料标准是什么？"的问题，同时也从侧面展示出了官式建筑的样式。较为著名的有春秋时期《考工记·匠人》（春秋时期齐国官书）、北宋的《营造法式》（北宋李诚编修）以及清代的《工程工部则例》。另一类是著名匠人编撰的，应该属于专家类的著述，如五代时期《木经》（五代末北宋初喻浩撰写）、明朝的《园冶》（明朝计成著）

等，此类著述涉及具体如何营造的方式与方法，即回答了"当时建筑如何是？"的科学问题。

这个历史发展阶段所处的社会背景是以封建社会为主的帝王统治阶段，对应于以木结构建筑体系为主的传统营造技艺自身发展与演进的过程。因为此时是传统营造技艺体系的普适性应用阶段，所以属于从发生、生长到衰败的自然演变阶段。对于中国古代传统营造技艺部分的传承方式，一般多由民间工匠师徒口授相传，多无文字记载资料传世，虽有一些手抄本流传，但因匠人文化水平较低，多不识字，因而多半损废之后也就无法传承至今了。

第二阶段：传统营造技艺的民族复兴认知历程（20 世纪 30 年代至 50 年代）

近代国内对传统营造技艺的研究始于 20 世纪 30 年代的"中国营造学社"，主要是从文献和实物调查两个方面进行。文献部的成果主要包括编纂《营造词汇》，再次校订《营造法式》，收集整理《营造算例》，收集整理出版各类重要建筑古籍，编辑工匠资料形成《哲匠录》等工作。其中汇刊中载有的"哲匠录"是对匠师与匠艺的初步整理研究，而法式部的成果则是以勘察测绘为主的实践认知与集成。初期以北京地区官式建筑测绘的资料为基础，梁思成先生亲自访求了当时许多健在的清宫老匠师，整理而成《清式营造则例》一书，成为从建筑角度对清代"官式"建筑做法、清式营造原则的第一本现代著作。1959 年由姚承祖先生原著、张至刚先生增编的《营造法原》[①] 一书，全书按各部位做法，系统地阐述了江南传统建筑的形制、构造、配料、工限等内容，兼及江南园林建筑的布局和构造，其内部关于营造技艺之材料十分丰富。

这一时期处于新民主主义革命激起国民"救国"的意识之中，大批的学者、志士仁人已经不满足于全盘接受西方建筑文化思想，他们抱着救国救民的目的，要研究中国的建筑传统，寻求中华民族独立的新文化。[②] 对于传统营造技艺部分的研究只是浩瀚传统建筑文化研究之中的一个微小部分，但是却从学术研究的角度画上了浓重的一笔。

---

① 《营造法原》是苏州民间香山帮名师姚承祖的著作。姚承祖在 20 世纪 20 年代在苏工专执教授课时，根据家藏秘笈和图册，编绘讲稿，1929 年委托刘敦桢帮助整理成书稿。刘敦桢于 1932 年将书稿推荐给中国营造学社，社长朱启钤亲自校阅，但由于书中所用术语与北京官式建筑不同，其他图说难解之处也多。之后交给了张至刚，至 1937 年夏脱稿。直至新中国成立之后，张至刚再次对该书加以整理，于 1959 年由中国建筑工业出版社出版。

② 林洙．中国营造学社史略 [M]．天津：百花文艺出版社，2008：190．

发端于朱启钤先生个人对于传统建筑营建的独立视角①，整合于以梁思成、刘敦桢等诸位先生的专业智慧，成为研究传统营造技艺的开端，也成为那个时代背景下，民族文化复兴的开端。从建筑营造体系的发展来说，当初也正处于从传统以木结构建筑体系向现代建筑结构体系变革的过渡期，对于传统营造技艺的研究是处于中国经受自鸦片战争以来百年屈辱史，中国传统文化走向以传统建筑终结为特征的衰退阶段。在历史格局的背景下，这个阶段是对于中国传统建筑的抢救性研究阶段，建筑营造体系的变革是促成该阶段形成的主要原因。同时，该阶段也是对传统营造技艺研究的一个初始阶段。

第三阶段：传统营造技艺的研究拓展历程（20世纪60年代至20世纪末）

这个阶段里的传统营造技艺研究开始以两条路线并行发展：其一，是与现代建筑设计相结合的研究；其二，是与文物建筑保护相结合的研究。两者具有一个共同的特点，是为这些工作提供借鉴与参考，属于前期的准备工作。

第一条线路发端于1953年由上海华东建筑设计公司和南京工学院（现东南大学）合作创办的新中国第一个研究中国建筑的学术机构——中国建筑研究室。最初的目的是为当时创作民族形式提供参考资料，随后以调查民居为工作重点，不仅从历史观点想知道它的发展过程，更重要的是从现实意义出发，希望了解它的式样、结构、材料、施工等方面的优点和缺点，为改进当时农村中的居住情况，与建设社会主义新农村以及其他建筑创作提供一些参考资料。其注重如何对现代建筑设计较直接地提供借鉴。1953~1965年的12年间，中国建筑研究室进行了关于住宅和民居的调查研究并对地方建筑研究有所推动。

其时，正值新中国成立后第一个"五年计划"伊始，是民族风格创作发展的鼎盛时期。一方面，中国建筑界倡导"民族形式"的创作思想，以上海华东建筑设计公司收集的古建筑素材及1949年以前已建成的"中西结合式"建筑案例资料作为参考，但仍然认为中国传统建筑知识缺乏；另一方面，新中国成立之初正处于经济发展较为薄弱的阶段，而国家又需要进行大量的恢复性与生产性的建设活动，因此，1952年7月中央在设计会议上提出"适用、安全，并在国家经济条件许可下照顾美观"的方针。但是，作为当时建筑设计引领的上海华东建筑设计公司，金瓯卜、赵深、陈植等著名建筑师提出"'美观'则是巧妙构思，有地方、民族特色和创新及注意整体效果与环境协调等"的观点。可见，这是一次重要的

---

① 当时的情况是，学术界对于建筑的研究，不过是到《日下旧闻考》及《春明梦录》之类的古籍中去查找考证而已。但朱启钤先生则常与了解北京掌故的老人交谈，与老匠师相交往，从他们那里知道了很多北京城的发展源流及匠人世代口授的操作秘诀，这些都是名不见经传的材料，为当时士大夫所不屑一顾。

转向——从"大宅形制"到"乡土风格"的转向。结合《中国住宅概说》前言中的陈述："感觉以往只注意宫殿陵寝庙宇而忘却广大人民的住宅建筑是一件错误事情。"[①] 以这条路线进行的研究，奠定了大量以地方民居研究为线索的专著诞生，形成了传统民居研究的大发展时期，在各种关于民居建筑的论著中大都含有对传统营造技艺的相关论述，但一般不作为主线来研究。涉及此类研究的多是对技术的研究，而对工艺的研究则较少。

另一条线路则发端于 1961 年国务院公布第一批全国重点文物保护名单的开始。随后在各省市建立了专门的古建筑维修队和文物保管所，以便对重要的古建筑进行维修。经过 20~30 年的实践、研究与总结，20 世纪 80 年代至 90 年代出版了大量的研究成果。这些研究成果有对中国古建筑的营造技术历史的系统总结，如中国科学院自然科学史研究所在 1985 年编撰的《中国古代建筑技术史》，也有按照古建筑的不同匠作而总结的成果（表 2-1-4）。除此之外，还有《古建园林技术》以及《科技史文集》等相关杂志对传统营造技艺有所记载。

此条路线的研究背景可谓坎坷，这个时期经历了"文化大革命"的"破四旧"的影响，古建筑其时又作为"封建旧文化"的代表而成为主要被批判与革除

20 世纪 80~90 年代关于传统营造技艺研究的著述统计表　　表 2-1-4

| 类别 | 著作 | 作者 | 出版时间 |
|---|---|---|---|
| 木作 | 《中国古建筑修缮技术》 | 杜仙洲 | 1983 年 |
| | 《清式大木作操作工艺》 | 井庆升 | 1985 年 |
| | 《中国建筑类型及结构》 | 刘致平 | 1987 年 |
| | 《巧构奇筑》 | 刘天华 | 1990 年 |
| | 《中国古建筑木作营造技术》 | 马炳坚 | 1991 年 |
| | 《中日古代建筑尺寸设计研究》 | 金其鑫 | 1992 年 |
| 瓦石作 | 《中国古建筑琉璃技术》 | 李全庆、刘建业 | 1987 年 |
| | 《中国古建筑瓦石营法》 | 刘大可 | 1993 年 |
| | 《古代瓦当》 | 戈父 | 1997 年 |
| 彩画作 | 《中国古建彩画》 | 马瑞田 | 1996 年 |
| | 《清代古建筑油漆工艺》 | 赵立德、赵梦文 | 1999 年 |

资料来源：作者根据吴庆洲 . 中国建筑史学近 20 年的发展及今后展望 [J]. 华中建筑 . 2005（03）：126–133. 整理绘制。

---

① 陈薇 ."中国建筑研究室"（1953–1965）住宅研究的历史意义和影响 [J]. 建筑学报，2015（04）：30–34.

的对象，因此，在运动结束之后，当时尚存的古建筑可谓千疮百孔、满目疮痍。因此，专业研究人员恢复到学术研究的岗位，投入了研究的激情。以文物建筑保护修缮为研究主线，面对的主要是国内古代的官式建筑，对各个工种进行了卓有成效的研究，并且成果也十分丰富，奠定了后期古建筑营造与修缮研究的格局。

第四阶段：传统营造技艺的深化研究阶段（21世纪初至今）

这个时期有关营造技艺的成果逐渐深入到系统的内部，就某一项因素进行研究，厘清营造系统的发展，成果较为显著。2004年东南大学张十庆教授在《中国古代建筑大木技术的源流与变迁》之中深入分析了中国古代建筑技术的发展及其在建筑文化上的反映。[①] 同济大学李浈教授针对传统建筑营建工具的细致研究，著有《中国传统建筑木作工具》（2004）与《中国传统建筑形制与工艺》（2006）；宾慧中的《中国白族传统民居营造技艺》（2006）；张玉瑜的《福建传统大木匠师技艺研究》（2010）；孟琳的《"香山帮"研究》（2013）、马全宝的《江南木构架营造技艺比较研究》（2013）、《中国传统建筑营造技艺丛书》（十册，2013）、范霄鹏等人的《中国传统民居建造技术：石砌》（2021）以及王军等人的《中国传统民居建筑建造技术：窑洞》（2021）。

这个时期是在前期传统民居建筑全面研究的基础上，逐渐向纵深方向延伸，并且将传统营造技艺视为形成建筑地区性的一种重要因素进行系统研究。同时，在非物质文化遗产方面的关注影响了这种研究格局，从2003年开始在营造技艺方面尤其注重了乡土建筑的营造技艺的研究，并且结合当前非物质文化遗产保护与传承的要求对技艺的传承人进行了深入的访谈、记录与归档。对重要的传统营造技艺进行层级式的保护，迄今为止，已经有30项传统营造技艺进入国家级非物质文化遗产名录。从营造技艺的研究角度可谓是更加专注，并且在研究的题目之中即以"营造技艺"与"营建技艺"为核心词，可以说现在关于营造技艺的研究正在逐渐成为一个研究的细分门类，并且由其所延伸出来的研究问题会层出不穷。

**（2）国外营造技艺的研究**

国外营造技艺的历史发展与国内有些许相似，作为建筑构成的一部分，取决于不同国家对于建筑的一种态度。在国内，建筑营造是由社会底层的人所从事的，统称为匠人，整体归为"百工"，是手工业从事者。虽然在历史之中也流传下来一些有名的工匠的姓名与事迹，但是整体社会地位不高，这与国外在建筑设计这个方面很早就与艺术相挂钩的发展体系有很大的区别。在国外近代建筑流派

---

① 高静. 建筑技术文化的研究 [D]. 西安：西安建筑科技大学，2005.

与风格的演进之中就曾经出现过工艺美术运动①这样以重视手工艺为标志的建筑风潮。它对欧洲的艺术产生了强大的影响，直到 20 世纪 30 年代被现代主义所取代，它的影响一直在手工业者、设计师和城市规划者中持续了很久。②但是，如果是普通百姓所使用的建筑则与国内的情况就比较相似了。这一类应该归类于乡土建筑类型。这类建筑的营造人员一般都是不受任何设计方面的培训，主要都是受当地建立的一系列惯例的指导，很少注意可能流行的东西。建筑的功能将是主导因素，美学的考虑虽然在一定程度上是存在的，但相当微小。当地材料当然会被使用，其他材料的选择和进口则是相当例外的事情。而相对于学术界对于普世的营造技艺的研究则依然是对于乡土建筑研究的基础之上所开展的。当地的环境和它所能提供的建筑材料，支配着当地建筑的许多方面。树木丰富的地区会发展出木制的营造技艺，而没有大量木材的地区则会使用泥土或石头。"建构"文化形成于 19 世纪德国建筑理论家的一系列学术研究，在当时建筑技术飞速发展的背景下，建筑理论也同时得到了更为系统化的发展。"建构"一词源于古希腊，最初的希腊文是"tecton"，指的是木匠或建造者。在荷马史诗中，"建构"一词指一般意义上的建造技艺。女诗人萨福的诗篇中，木匠扮演着诗人的角色，从而赋予"建构"诗性的含义。公元前 5 世纪，"建构"的含义得到进一步拓展，不再仅仅是木工技艺，而是泛指一般的所有工艺，并与诗性相关。③在近代更是涌现出了如弗兰姆普敦这样的建构巨匠，其著作《建构文化研究：论 19 世纪和 20 世纪建筑中的建造诗学》对于建造文化的影响可谓巨大。将建筑视为一种建造的技艺，它向迷恋后现代主义艺术的主流思想提出有力的挑战，展现出一条令人信服且别开生面的建筑道路。确实，弗兰姆普敦据理力争的观点就是——现代建筑不仅与空间和抽象形式息息相关，而且也在同样至关重要的程度上与结构和建造血肉相连。在弗兰姆普敦看来，积极主动地挖掘建构传统对于未来建筑形式的发展具有至关重要的意义，同时也可以为现代性和"先锋派"历史地位的讨论提供全新的批判性视角。

---

① 工艺美术运动是一种装饰艺术和美术的国际性运动，始于英国，大约在 1880~1920 年间在欧洲和北美蓬勃发展，20 世纪 20 年代在日本兴起（明惠运动）。它代表传统工艺，使用简单的形式，经常使用中世纪浪漫主义或民间风格的装饰。它提倡经济和社会改革，本质上是反工业的。

② Fiona MacCarthy, Anarchy and Beauty: William Morris and his Legacy 1860–1960, London: National Portrait Gallery, 2014.

③ 肯尼思·弗兰姆普敦. 建构文化研究：论 19 世纪和 20 世纪建筑中的建造诗学 [M]. 王骏阳，译. 北京：中国建筑工业出版社，2007: 3.

综上所述，国内外的营造技艺研究存在很多相似之处。首先，关注的焦点逐渐从官式建筑转到乡土建筑，逐渐拓展传统乡土建筑的营造技艺研究；其次，基于传统文化的复兴，大量的一地一艺的基础研究出现了。随着营造技艺被归入非物质文化遗产的序列之中，对于传承传统营造技艺的实际方法有所涉猎。再者，除了对传统营造技艺的本体给予关注，同时对于其文化性给予更多的挖掘。最后，营造技艺的整体研究成果还是较为零散，尤其像系统的营造技艺体系的研究成果还十分缺乏。

## 2.2　营造技艺的要义分析

### 2.2.1　内涵发展演进

关于"营造技艺"的内涵，先后出现了几个含义相近的词汇，分别是"建筑技艺""营建技艺"和"建造技艺"。从使用先后顺序来讲，"建筑技艺"（郑琦，1997）使用最早，随后是"营造技艺"（张玉瑜、朱光亚，2005）、"营建技艺"（宾慧中，2008）、"建造技艺"（陈新洋、陈新建，2014）。

近些年的使用词频之中，"营造技艺"得到了学界的认可，整体处于上升的趋势，2010年发文量突破10篇，2021年达到30篇，建筑学科发文总量达到300余篇（图2-2-1）。但是，比较几个相关词汇的内涵，并没有本质上的区别，通过

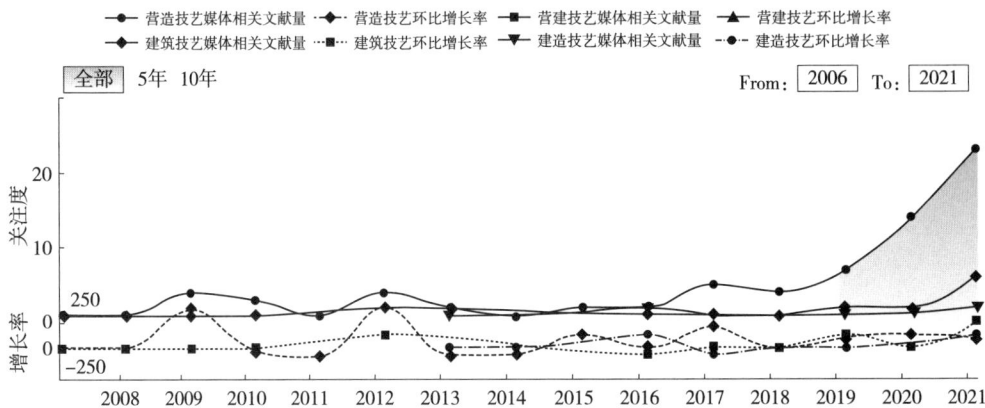

图 2-2-1　2006—2021年"营造技艺"相关概念媒体相关研究论文数量变化对比图
（来源：作者自制）

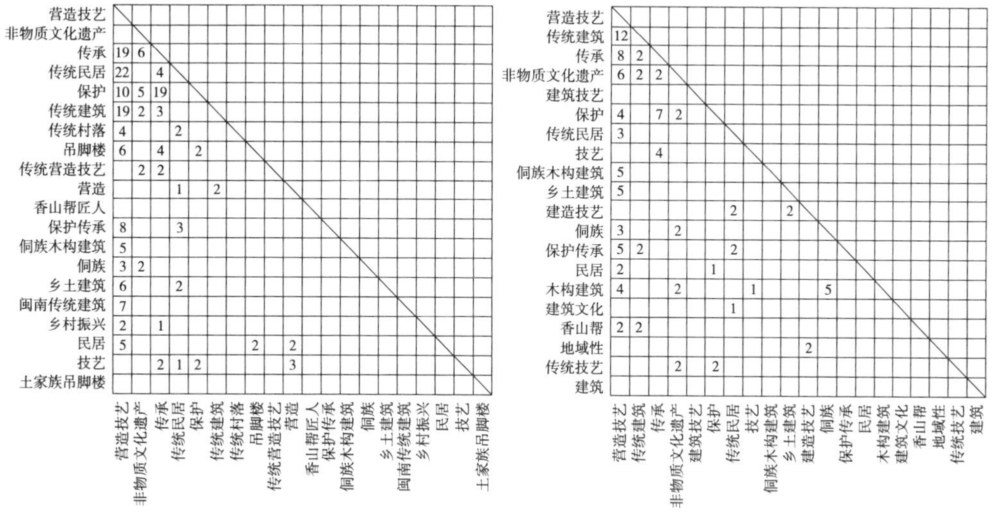

（a）"营造技艺"关键词共现矩阵分析图　　（b）"建筑技艺"关键词共现矩阵分析图

**图 2-2-2　"营造技艺"与"建筑技艺"关键词共现矩阵比较分析图**

（来源：中国知网知识元分析）

对于关注度最高的两个主题词——"营造技艺"与"建筑技艺"的共现矩阵的分析比较（图 2-2-2），其核心皆为"营造技艺"，而从层级来看，以"营造技艺"为核心构建的分支情况最多，并且形成了以"非物质文化遗产"与"传承""保护"的次一级核心，链接着"传统民居""传统建筑"与"传统村落"等研究对象，可以对"营造技艺"相关研究逻辑窥见一斑。因此，除了以"营造技艺"为直接关键词的文献，其他几个相关主题的文献一并放入到了综述研究的体系架构之中。

## 2.2.2　研究区域判识

对"营造技艺"直接相关的研究文献作进一步分析，有明确区域记载的文献总共 185 篇，其中以省域为单位的研究文献 174 篇（图 2-2-3），跨省域研究的文献 11 篇，占比 5.9%。从单个省域的研究来看，在江苏（香山帮）、福建（土楼）、云南（少数民族）、湖北（吊脚楼）等地最多，而其他地区还基本没有形成特别突出的研究类型。

在跨省域的研究论文之中，研究江南地区的论文 6 篇：吴尧、朱蓉从建筑分类学角度梳理分析审视当前关于江南传统建筑构造与技术问题的研究成果，提出

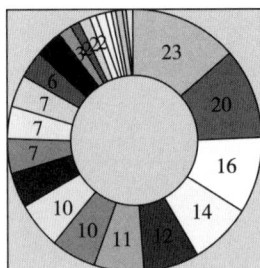

图 2-2-3 "营造技艺"省域研究分布图

了系统研究的重要性[①]（2015）；华亦雄通过对现存相关典籍的研究以及技艺实例的分析，对明清江南地区工巧传统的生成原因进行了探究[②]（2015）；李浈提出从传统营造的视角，把泛江南地域的乡土建筑作为一个整体的研究对象，关注其系统性和关联性，关注其历史的演化规律[③]（2016）；随后通过对尺系、手风、匠派、形制等多方面比较和深入挖掘，横向上完善南方乡土建筑研究的整体性和系统性，纵向上深层揭示南方营造技艺的源流、变迁及其对官式建筑的影响[④]（2018）；高洁则是通过对云南和江南合院民居的大木构架营造技艺的系统归纳，探索两个区域的营造技艺发展规律的系统性、关联性[⑤]（2020）；李汀珅、张明皓对于黄淮文化交汇区乡土石砌民居的研究，以历史资料和实地走访为基础，系统梳理该区域乡土石砌民居的建构特征和营造技艺[⑥]（2021）。研究黄土高原地区的论文2篇：杨宏博针对黄土高原地区独立式窑洞营建技艺的优化与传承进行了系统研究（2017）；师立华等人针对黄土高原窑居建筑营的建造模式、拱券建造、艺术表达三个方面，研究其间蕴含的营造技艺演进与优化过程[⑦]（2018）。其他区域包括：任丹妮从移民的视角对赣鄂交会地区传统民居的木作技艺的传承与演变进行

---

① 吴尧，朱蓉.江南传统建筑构造与技术研究综述[J].创意与设计，2015（01）：55-58.

② 华亦雄.明清江南地区工巧传统成因分析[J].古建园林技术，2015（04）：22-25.

③ 李浈.营造意为贵，匠艺能者师——泛江南地域乡土建筑营造技艺整体性研究的意义、思路与方法[J].建筑学报，2016（02）：78-83.

④ 李浈，雷冬霞.中国南方传统营造技艺区划与谱系研究——对传播学理论与方法的借鉴[J].建筑遗产，2018（03）：16-21.

⑤ 高洁.云南与江南传统民居大木作营造技艺的流变关系[J].古建园林技术，2020（06）：52-56+67.

⑥ 李汀珅，张明皓.黄淮交汇文化区乡土石砌民居营造技艺与保护发展研究[J].中国名城，2021（05）：44-48.

⑦ 师立华，靳亦冰，孟祥武，房琳栋.从减法到加法——黄土高原地区传统窑居建筑营造技艺演进研究[J].古建园林技术，2018（01）：67-74.

研究<sup>①</sup>（2010）；陈顺和对明清闽台地区传统民居空间衍化与营造技艺之传承脉络与因由进行了探讨<sup>②</sup>（2016）；李旭平对浙闽地区传统木拱廊桥的保护技术进行了探索<sup>③</sup>（2016）；吴昶对两湖地区的咸丰与永顺两地土家吊脚楼营造技艺因传承形态的差异而形成了分异进行研究<sup>④</sup>（2017）。

整体来看，区域性的研究成果凤毛麟角，这对于区域整体建筑营造文化体系的建立十分不利。营造技艺作为建筑文化的形成与建筑脉络的关系具有重要的研究意义，但是学术研究的区域整体性、系统性研究确实显得羸弱。

## 2.2.3　研究内涵聚焦

传统营造技艺的研究内容主要集中在以下几个方面：其一是官式与乡土营造技艺的区分；其二是少数民族建筑的营造技艺；其三是类型主体以及建筑构成部分的营造技艺；其四是匠作部分的深化研究；其五是营造技艺的发展问题，包括保护、优化以及传承等发展策略与方法的研究。

### （1）官式与乡土的分异

官式建筑营造技艺的系统研究要早于乡土建筑，并且一直作为研究的主要关注点，近年来才开始逐渐转向乡土建筑营造技艺的深层次研究。从营造技艺的研究历程总结可以发现，作为官式的营造技艺已经形成了卓有成效的研究成果，并且多数以著述形式广为传播，尤其是明清时期的官式营造技艺基本都按照匠作的形式完成了深耕，现在的研究则是在这些成果的基础上对于历史远期以及区域之间的关联进行深入研究。典型代表张十庆先生提出本土《营造法式》既反映了宋代南北建筑技术的交流与融合，同时也表现了唐宋以来南北建筑地域特色的不同倾向。<sup>⑤</sup>并且在更大的范围提出东亚建筑的技术源流与样式谱系源于中国的木构建筑成为东亚共享的建筑技术体系，东亚古代建筑的发展表现出多样性和一体化的特色<sup>⑥</sup>（2015）。受到官式建筑营造技艺的影响，乡土建筑研究也多是从大木构

---

① 任丹妮 . 赣西北、鄂东南地区传统民居空间形制与木作技艺的传承与演变 [D]. 武汉：华中科技大学，2010：5.

② 陈顺和 . 匠心独运——析闽台传统民居空间衍化与营造技艺之传承 [J]. 艺术评论，2016（10）：61–65.

③ 李旭平 . 浙闽木拱廊桥保护技术初探 [J]. 四川建材，2016（07）：53–54.

④ 吴昶 . 浅析咸丰、永顺两地土家吊脚楼营造技艺及传承形态的同与异 [J]. 内蒙古大学艺术学院学报，2017（04）：50–57.

⑤ 张十庆 .《营造法式》的技术源流及其与江南建筑的关联探析 [J]. 美术大观，2015（04）：78–83.

⑥ 张十庆 . 东亚建筑的技术源流与样式谱系 [J]. 美术大观，2015（07）：103–105.

架的研究开始，或者是对于一种民居类型进行系统研究。

官式建筑营造技艺的研究主要从木构的某个节点（如斗栱的构造技艺），到一种建筑类型的木构技艺，再到一个地区的大木营造技艺皆有，大多聚焦于一种建筑类型的大木营造技艺的本体研究（图 2-2-4）。乡土民居类型的研究多为硕博论文，建筑学科总共有 222 篇（2006~2021 年），其中博士论文不足 20 篇。硕士论文基本是对于一个区域内的一种传统民居建筑类型的营造技艺本体的研究，大多兼顾其后续的发展，因为在"非物质文化遗产"保护的理论支撑下，传统营造技艺的传承基本归于此条路径，再者是对于传统营造技艺的提升与改进（图 2-2-5）。博士论文则是在一个更大的范围内，对于某个区域、某个时段、某个民族或者某种类型的传统营造技艺进行整体与系统研究。典型的有马全宝对于江南地区传统木构架营造的做法进行比较研究，理清不同地区及帮派营造工艺的异同，从而总结出江南营造技艺的地域特征与历史特征。[①] 刘翠林以江浙民间传统建筑屋面为研究对象，探讨其营造工艺，屋面提栈，施工、构造地区特色差异等问题。[②] 寿焘通过类型学方法，系统梳理了徽州乡土建筑的建构类型及其逻辑系统。[③]

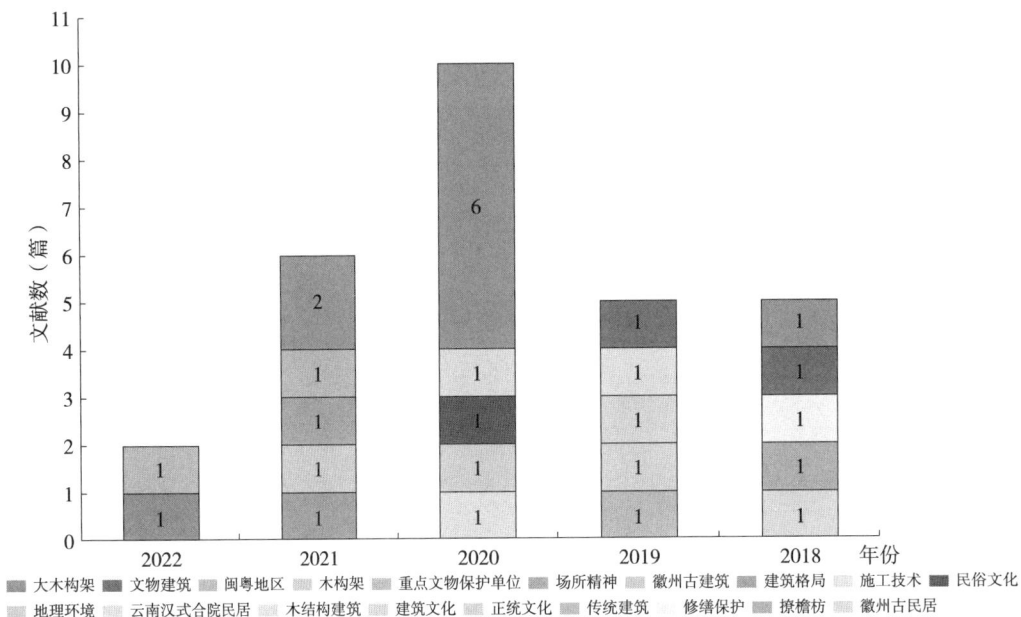

**图 2-2-4　近五年来官式建筑营造技艺主题年度交叉统计分析图**
（来源：中国知网知识元分析）

---

① 马全宝. 江南木构架营造技艺比较研究 [D]. 北京：中国艺术研究院，2013：5.

② 刘翠林. 江浙民间传统建筑瓦屋面营造工艺研究 [D]. 南京：东南大学，2017：5.

③ 寿焘. 徽州乡土建筑的建构体系研究 [D]. 南京：东南大学，2020：5.

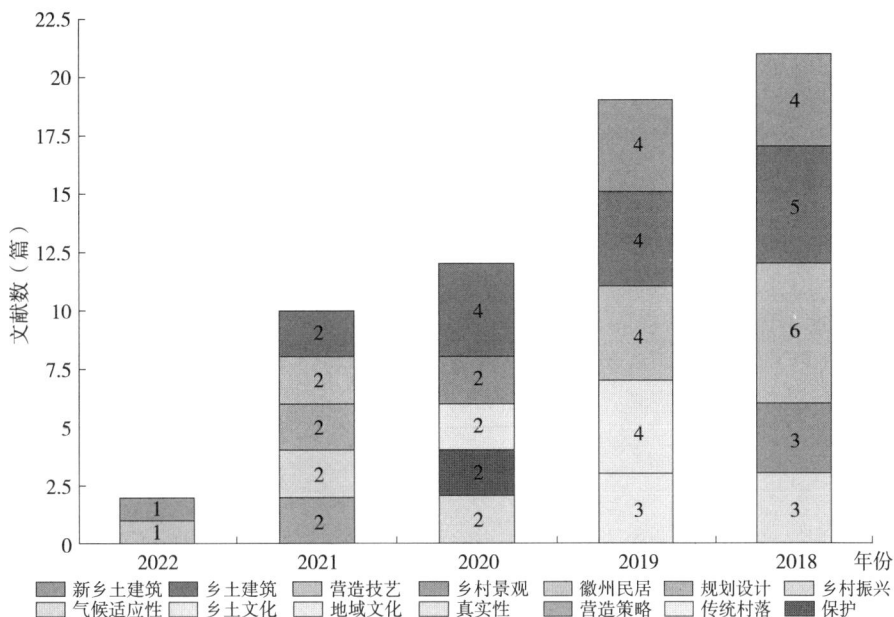

**图 2-2-5　近五年来乡土建筑营造技艺主题年度交叉统计分析图**
（来源：中国知网知识元分析）

王颢霖从中国传统营造技艺系统性保护的角度出发，对保护体系构建中存在的问题以及策略进行探讨。[1]

**（2）少数民族的营造特征**

传统民居的营造技艺之中，始终有一个独特的体系——某个少数民族传统民居营造技艺的研究，并且也会形成同一民族不同地区相同类型不同技艺的情况。比如针对土家族的研究主要集中在湖北、湖南等两湖地区的吊脚楼；侗族的研究主要集中在广西的风雨桥、贵州的鼓楼；藏族的研究主要集中在青海的庄廓、西藏的碉房以及甘肃甘南地区的传统民居；云南作为多民族最为综合的区域，研究主要涉及白族的传统四合院、基诺族的传统民居等（图 2-2-6）。从图中可以看出，各地少数民族的传统建筑营造技艺的研究是较为集中的，并且从文献的角度来看，有些地区的研究也是有所区别的，如广西地区的侗族风雨桥的研究较为分散，而湖北土家族的吊脚楼研究是较为集中的，但是整体上少数民族地区的营造技艺的研究成果依然是较为分散的。

---

① 王颢霖. 中国传统营造技艺保护体系研究 [D]. 北京：中国艺术研究院，2021：5.

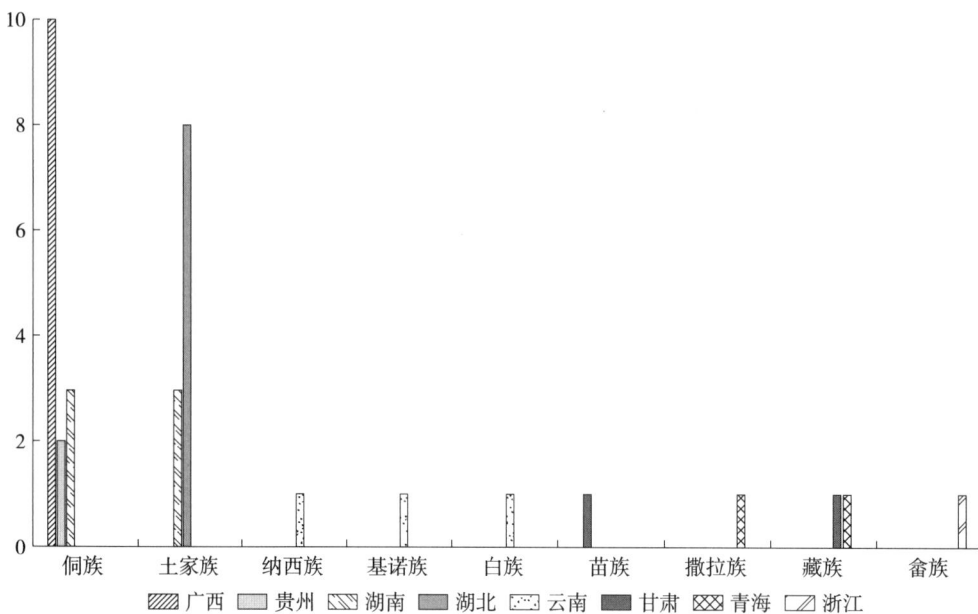

图 2-2-6 近年来少数民族传统民居的营造技艺研究论文统计分析图

**（3）整体与部分的差异**

传统建筑营造技艺的本体研究，包含一种建筑类型整体技艺的研究与构成部分研究技艺的区分。研究以整体性居多，部分性较少。整体性是对一种建筑类型的整体研究，成果较多；部分性成果则是对于建筑的某个部位的研究，成果较少，主要围绕在建筑墙体营造方面，如郭新志对于客家围龙屋的夯土墙、泥砖墙营造技艺进行抢救性的记录与研究[①]（2011），周俊义则对于徽州古民居建筑墙体的建造过程进行了解，分析墙体工程的砌筑工艺和构造方法[②]（2014）；谢佳艺寻求川西林盘地区传统民居墙体的传统材料、技艺、文化的构成形态所表达的乡土气息规律和特点[③]（2016）；侯琪玮针对皖南古村落建筑外墙材料的选择、构造的方式，再到其艺术的表现进行了系统分析[④]（2019）。这也说明了墙体对于传统乡土建筑营造的重要性。

---

① 郭新志. 客家围龙屋夯土墙、泥砖墙营造技艺之研究 [J]. 客家文博，2011（01）：71-79.
② 周俊义. 徽州古建筑墙体营造技艺及改善保护 [D]. 合肥：合肥工业大学，2014：5.
③ 谢佳艺. 川西林盘地区传统民居墙体营造研究 [D]. 成都：西南交通大学，2016：5.
④ 侯琪玮. 皖南古村落建筑外墙立面营造技艺的分析——以查济古村为例 [J]. 长沙大学学报，2019（04）：114-117.

**（4）匠作部分的研究**

匠作部分是营造技艺的一个重要组成部分，也是其传承发展的关键所在。主要内容包括对于匠帮匠派的系统总结，尤其有对于个别传承人的采访与技艺的记录，而在营造工具方面的研究则以同济大学李浈教授的相关学术研究成果最为典型（表 2-2-1），其对石作、木作等的相应工具都有研究，尤其对于木作工具进行了系统的研究，在 2004 年出版专著《中国传统建筑木作工具》一书，从而揭开了学界对于营造匠作之中更深层次的研究。如可以通过营造工具的追溯来获取对于建筑类型出现的考证，杜卓对于豫西清代土工营造尺的构造与刻度单元及其在地坑院建造过程中所起的重要作用进行研究[①]（2016）即是一例。

近年来同济大学李浈教授对于营造工具研究的统计分析表　　表 2-2-1

| 论文名称 | 发表期刊名称 | 发表年 |
| --- | --- | --- |
| "整数尺"手法在乡土营造中的应用再探——兼论嘉定孔庙大成殿"减尺定侧"方式的可能性 | 建筑史学刊 | 2020 年 |
| 从表形达意到人生哲理——试析营造之器的历史本原和文化意义 | 新建筑 | 2016 年 |
| 营造意为贵，匠艺能者师——泛江南地域乡土建筑营造技艺整体性研究的意义、思路与方法 | 建筑学报 | 2016 年 |
| 官尺·营造尺·乡尺——古代营造实践中用尺制度再探 | 建筑师 | 2014 年 |
| 我国南北朝及以前的建筑石作工艺探析 | 自然科学史研究 | 2006 年 |
| 杉木在古代建筑实践中的应用 | 华中建筑 | 2004 年 |
| 试论框锯的发明与建筑木作制材 | 自然科学史研究 | 2002 年 |
| 杉木在古代建筑实践中的应用 | 古建园林技术 | 2002 年 |
| 近世传统建筑木作工具的地域比较 | 古建园林技术 | 2002 年 |
| 大木作与小木作工具的比较 | 古建园林技术 | 2002 年 |
| 中国早期木构建筑的制材工具及相关技术初探 | 自然科学史研究 | 2001 年 |
| 铇与平推铇 | 文物 | 2001 年 |
| 近世建筑木作加工工具的分类与特色 | 古建园林技术 | 2000 年 |

资料来源：作者根据中国知网数据库查询统计分析整理绘制。

匠帮系统方面的研究主要分为南方、北方两个大的区域：在北方，有学者对三晋匠作的探讨，也有对北京一带以清代《工程做法》为主的官式技术、工艺的整理研究，如祈英涛、杜仙洲、柴泽俊、马炳坚、刘大可、蒋广全、马瑞田等先生的著作。在南方，有关于香山帮、徽派、绍甫派、岭南派、溪底派等匠帮为

---

① 杜卓. 豫西地坑院土工营造尺的发现及其价值 [J]. 中原文物，2016（03）：112-117.

主的工艺总结，如过汉泉的《古建筑木工》（2004）、刘一鸣的《古建筑砖细工》（2004）等一系列的古建筑营造工艺系列丛书。[①] 尤其以"香山帮"的研究成果最多，并且从技艺本体、传承体系等全方位进行了系统的研究（图2-2-7）。

匠人个体方面的相关研究，营造学社曾经在对一些历史文献的研究基础之上形成《哲匠录》[②]（2005），所录诸匠，肇自唐虞，迄于近代；不论其人为圣为凡，为创为述，上而王侯将相，降而梓匠轮舆，凡于工艺上曾着一事，传一艺，显一技，立个言若，以其于人类文化有所贡献。[③] 张钦楠先生曾出版过专著《中国古代建筑师》（2008），对历史之中的一些有名的匠师以及官方匠作官员多有涉猎。个人的研究数量则不多，而对匠作体系内部的匠场、手风的系统理论研究要属同济大学杨立峰的博士论文《匠作·匠场·手风》（2006），其收集整理了大量第一手资料，原汁原味地反映出滇南"一颗印"民居大木匠作的程序、做法、仪式、禁忌以及匠师的匠技、匠意、手风等从匠作实践到营造文化的全面内容，并从人类学角度揭示了工匠技艺——手风的传承与磨砺机制，从社会学角度提出传统民居营造匠场从兴盛到衰落直至解体的必然趋势。[④]

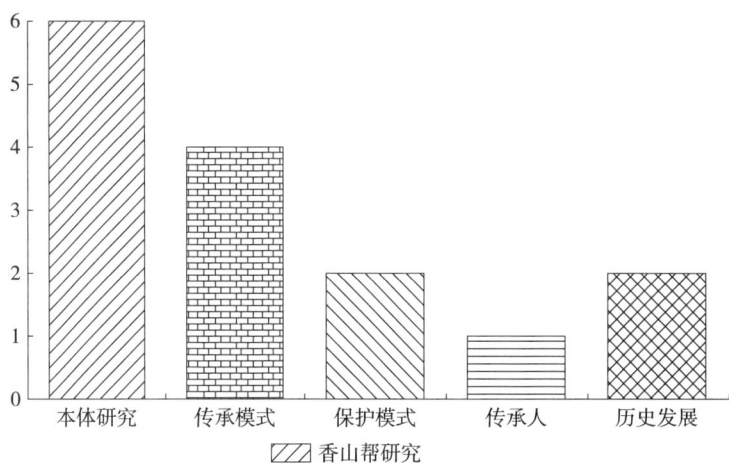

图2-2-7　近年来有关"香山帮"研究内容的统计分析图

① 李浈. 关于传统建筑工艺遗产保护的应用体系的思考[J]. 同济大学学报（社会科学版），2008（05）：27–32.

② 本编分十四类：营造、叠山、锻冶、陶瓷、髹饰、雕塑、仪象、攻具、机巧、攻玉石、攻木、刻竹、细书画异画、女红，每类之中又分子目。其奄有众长者则连类互见。营造是作为其中一编而存在，此书是涵盖中国古代传统手工艺匠人最为全面的研究论著。

③ 杨永生. 哲匠录[M]. 北京：中国建筑工业出版社，2005：序言.

④ 杨立峰. 匠作·匠场·手风[D]. 上海：同济大学，2006：摘要.

**（5）营造技艺的发展模式**

归纳这些传统营造技艺的研究时限，大部分内容是针对营造技艺本体的当下现状以及历史过往的研究，而发展则是以当下背景面对未来的研究。而大多数的本体研究的成果之中都会谈到发展模式这一问题，并且主要包括对于传统营造技艺的优化、保护、传承等事项。从关键词矩阵分析比较图之中可以看出，传承作为关键词在营造技艺的搜索之中要多于保护与优化。它的概念要基本大于前面几个概念，优化与保护其实代表了传承的两种不同方式：对偏于非物质文化遗产类别的态度多是采用保护传承的方式；而对偏于普世的营造技艺多是采用优化传承的方式。在保护传承的方式之中，按照非物质文化遗产保护的路线进行系统完善是当前的研究重点，这方面的研究成果也主要集中在近五年。其中，刘托（2012）与李浈（2016）先后强调了营造技艺要进行"整体保护"的重要性[1][2]，这种整体性既包括本体分布的区域整体性，同时也包括本体自身的整体性。郭璇则利用十几年的实践，借鉴日韩两国的非物质文化遗产保护工作的经验，提出传统手工艺必须适应时代变化、满足时代需求方能保持持续生命力、活化新生的发展目标。而传统营造技艺的发展策略有两方面，一方面通过现代建筑设计理论与方法对传统营造技艺进行科学化、现代化的研究与分析，分离出有价值的传统因素来进行传承与创新；另一方面传统营造工艺结合现代建筑技艺特点，融入现代建造结构体系之中。传统营造技艺的保护与传承不仅需要保护工作者以发展的视角来进行研究，同时需要结合实际，落实到当代的建筑实践中。[3][4]从优化传承角度的研究则多为对传统营造技艺优劣的评判，对传承方式方法进行创新。[5] 除此之外，还有利用现代的科学技术在当前的环境下进行有针对性的调整，如穆钧教授针对传统夯土营造技艺的调研在 2009 年完成了《抗震夯土农宅建造图册》，经过 5 年的实践研究在 2014 年完成了《新型夯土绿色民居建造技术指导图册》。

---

① 刘托 . 中国传统建筑营造技艺的整体保护 [J]. 中国文物科学研究，2012（04）：54–58.

② 李浈 . 营造意为贵，匠艺能者师——泛江南地域乡土建筑营造技艺整体性研究的意义、思路与方法[J]. 建筑学报，2016（02）：78–83.

③ 郭璇，冯百权 . 传统营造技艺保存的发展现状及未来策略 [J]. 新建筑，2012（01）：140–143.

④ 郭璇，於振亚 . 传统营造技艺的保护发展与现代化策略 [J]. 建筑与文化，2017（12）：206–208.

⑤ 王旭，黄春华，高宜生 . 中国传统建筑营造技艺的保护与传承方法 [J]. 中外建筑，2017（04）：57–60.

## 2.2.4 研究问题评述

通过对于国内外有关营造技艺研究的要义分析，发现当前仍然存在一些亟待解决的研究问题：

（1）从研究区域的角度讲，对于营造技艺的深入研究刚刚起步，尚在摸索阶段，更多的是以"一地一艺""一类一艺"的模式开展基础研究，对于区系的整体与系统研究不足。对于传统生土营造技艺的传承与发展问题始终停留在"点"的层面，缺乏针对发展问题的系统研究，以致发展的系统原则与策略如无根之木。

（2）从研究内容的角度讲，对于营造技艺的历史发展主要集中在官式建筑的木构架体系，对于乡土建筑的匠作体系的研究主要散落在传统民居相关的研究之中，并且对于"中国传统建筑不只是木"为代表的其他材料建构体系涉猎较为缺乏，整体很难成为体系。

（3）从研究类型的角度讲，对于营造技艺已经归入到非物质文化遗产目录的典型研究较多，但是对于当下普适性的营造技艺类型的研究涉及较少。对于传统生土营造技艺的当前发展主要集中在夯筑法的研究，其他如挖余法与土坯砌筑法等相较研究较少，示范性也较为缺乏。

（4）从研究层次的角度讲，对于营造技艺的研究大多限定在关于"是什么？"的本体特征方面，而对于"为什么是？"的深层原因以及内涵性的科学规律探究明显匮乏。对于传统生土营造技艺的研究多流于"术"的研究，缺乏对于"论"的哲学与理论层面的相关研究，未对区域建筑文化的重要地位予以肯定。

综上所述，国内外当前的研究在以传统建筑类型为主体的营造技艺皆有探索，且形成了较多门类，但是缺少对于区域性营造技艺体系的系统架构。尤其在西北地区，传统生土营造技艺体系的整体架构还未提及，这样对于从更深层次去了解区域建筑营造文化十分不利。在理论研究层面而言，则更加忽视了以建筑材料要素作为切入点进行区域化营造体系形成与发展的系统研究，进而缺失了对于传统建筑发展历史的客观性与辩证性的思考。就未来发展趋势而言，也就难以形成客观、科学且具有指导性的发展框架。因此，针对以上问题进行整合，尝试对西北地区传统生土营造技艺进行系统研究与整体建构，是明晰区域建筑营造历史与发展传续的最好支撑。

## 2.3　营造技艺的研究启示

### 2.3.1　本体特征

　　传统营造技艺的本体特征研究主要是将营造技艺尽可能地进行全面总结。研究视角则是分为从建筑客体以及工匠主体两个角度进行研究。从建筑客体角度来看，其具有自然科学的特性；从工匠主体的角度来看，其又具有社会科学的内涵，因此，对传统生土营造技艺的研究从一开始就具备了双重属性。已有的研究对于营造技艺所限定的建筑类型多是较为典型的建筑类型，以生土建筑类型来进行营造技艺研究也不例外，但是却没有将生土营造作为重点，从而对于宏观的区系特征分析归纳较为零散破碎，在整体性与系统性方面明显不足。因此，本体特征研究借鉴了大多数关于营造技艺的典型研究方法，对于传统生土建筑营造的典型"土作"进行专项分析，总结传统生土营造类型的本体特征。而不同之处，主要在于西北地区的典型传统生土营造技艺是基于"生土"的特性存在区系的宏观体系建构，这也正是面对西北地区所要总结出来的关于区系[①]的营造体系建构的重要基石。相关研究对西北地区传统生土营造技艺本体特征分析的启示为：

　　（1）研究对象的典型性：西北地区传统生土营造技艺的类型多元，需要对营造技艺的类型进行典型化的判识，针对典型营造技艺进行专项研究，这样既可以做到宏观上对于西北地区的总体覆盖，同时也可以做到微观上对于营造技艺本体特征的深入归纳与总结。

　　（2）研究区域的整体性：营造技艺的研究缺少关于区系整体性的研究，这对于判别地区性建筑理论的形成有失偏颇。西北地区作为传统生土建筑普遍存在的典型地区，尤其要对其生土营造技艺的整体进行分析总结。不但可以突出西北地区的建造系统特性，而且可以进一步厘清西北地区建筑区划的生成机理。

　　（3）研究层面的系统性：营造技艺的研究多是对一种建筑类型营造过程的整体研究，而在相对广阔的区域内对于以一种建筑材料营造的系统层级与内在关联却罕有，西北地区的传统生土营造则突显了这样的系统特征。因此，相同建筑类型营造技艺的类比以及生土营造本身的系统层级研究就显得十分必要，这样可以洞察生土营造历史演进的脉络与更深层次的系统发展规律。

---

　　① 学界对于区系整体部分的研究也得到了如常青、李浈与刘托等学者的相关理论观点的有力支撑。

## 2.3.2　历史演进

　　历史演进代表着西北地区传统生土营造技艺在时间节点上的断面特征，以及由多个断面节点所形成的生土营造的特征链条。但是有很多已经消失，需要通过考古学的不断发现，通过多个相似案例的分析与辨识来完善这一演进过程。西北地区传统生土营造技艺经历了多个历史发展阶段，远的可以追溯到史前时期，近的处于鸦片战争后的近现代时期。对于不同的历史时期的研究需要采用不同的研究方法：远期的结合考古发掘、遗址现状与文献分析的方法；近期的结合实物考察、匠作访谈与文献分析的方法，从而形成对于西北地区传统生土营造技艺历史演进研究的启示：

　　（1）西北地区传统生土营造技艺发展脉络的节点性归纳：对于西北地区传统生土营造技艺发展脉络的研究，需要关注到不同时期生土营造的典型特性与分异，不仅是对于典型营造技艺历史发展特征的系统总结，也是确定"生土营造"对于西北地区建筑文明历史地位的重要环节，还是揭示区域建筑营造演变规律的佐证。

　　（2）西北地区传统生土营造技艺系统发展影响要素的推演：对于西北地区传统营造技艺典型发展阶段的界定，将会明晰各类型的发展特征以及系统之间的关联，从而进一步探寻其背后所隐藏的科学发展机理。因此，在历史演进特征分析的基础上，推演对其历史演进影响的要素组成，则是对于规律与机制研究的基础。

## 2.3.3　规律机制

　　规律与机制分别代表着事物的内生发展规律与外部影响机制。以自然科学研究为主导的研究，对于物质世界的认识论的框架形成具有决定性的作用，对于规律的探寻是其重点研究目标。以社会学为主导的理论研究，开启了对于机制解释的科学探索。这些在建筑发展进程的研究之中是一种缺失，它促使时下对于建筑的相关研究成果难以形成深邃的指导价值，尤其作为历史研究的目标——"以史为鉴"的研究价值没有得到充分挖掘。传统生土营造技艺所具有的自然与社会双重属性使其在发生与发展过程中形成了关乎自然科学的内生规律与关乎社会科学的影响机制。对于自然科学与社会科学方法的综合运用与分析，形成了对于西北地区传统生土营造技艺历史演进的内生规律阐述与影响机制解释的启示：

（1）内生规律的阐述：对于自然科学内生规律的研究，是揭示隐藏在系统内部的发生原点与发展路径。其内部存在以建筑材料物性特征发端的系统建构，回答的问题是一种建筑材料客体在科学主体认知的背景下能够成为什么的基本物质发展规律。这一规律的认知、遵循、拓展构成了传统生土营造技艺内在发展的基本序列图谱。

（2）影响机制的解释：对于社会科学影响机制的解释，是揭示系统应对外部环境的因果机制。其在发展过程中呈现出应对外部众多因素影响的变化特征，回答的问题是物质系统如何应对外部影响，从而形成当前显性特征的作用机制。这一影响机制的推动、约束、转换作用构成了传统生土营造技艺外在发展的基本路径。

## 2.3.4　体系建构

传统生土营造技艺相关方面的研究，无论是什么层面、什么内容，最终目标还是回到现实与未来的人居环境之中。理论来自于历史的总结，同时也可以指导现代的实践。然而，在当前的发展问题上，也确实存在多个方面的体系问题，多数研究始终关注的是具体的点，致使就于某个点来说无法达成目标的一致。究其根源，还是未认清明晰传统生土营造的整体性与系统性的价值所在。因此，在西北地区整体与系统研究的基础上建构传统生土营造技艺的体系，结合体系的各个组成部分所生发的问题作出分析与应对，从而做到有的放矢、各个击破。对西北地区传统生土营造技艺的发展有以下建议：

（1）体系建构：从系统论的角度来对西北地区传统生土营造技艺的研究做一次整体的归纳与总结，形成传统生土营造体系的多个组成方面；随后揭示多个组成方面存在的密切关联，或为因果，或为质象。其内涵是对整体各组成部分的深入总结，同时也是生成系统的关键，更是后续发展的根本理论基础。

（2）发展建议："以史为鉴"是研究系统的根本目的所在，通过对于传统生土营造技艺体系的系统建构，生成了关乎区域传统生土营造技艺发展的基本理论。以此为基础，结合当前发展的现状分析，判识理论框架的可控性。同时，以充分利用框架发展的系统性与整体性内涵为依托，探讨当代传统生土营造技艺较为科学合理发展的可行性，从而避免发展策略的以偏概全。

## 2.4　营造技艺的研究架构

### 2.4.1　研究路径

**（1）研究的基本路径："是什么"（物质表征）→"为什么"（内在本质）**

传统生土营造技艺的本体研究普遍以物质客体作为载体，通过物质表象特征来呈现技艺本身的高低，而对于区域的整体研究，则要通过对于历时性的演进特征，分析其与自然、社会与经济等因素之间的关联性，进而分析本体发展演化的内在规律与作用机制，形成从"是什么到为什么""现象到本质""显性到隐性"的基本逻辑。因此，本体物质特征以及历史演进过程变成了传统营造技艺体系研究的基本内容。其中，物质本体的分析注重对于作为物质客体从无到有的完整生成过程，一个是对物质本体组成部分的特征总结，另一个则是历时性演进过程形成的特征规律研究，注重技艺类型的发展节点以及相互之间的谱系传续内容，形成了区域整体与类型部分之间的层级性。在这些研究的基础上，进行规律机制的解释则要依靠技术科学、社会学、经济学、政治学等相关理论作为支撑，对传统营造技艺的内在本质属性以及其发展机制进行充分的论证。

**（2）研究路径设计："本体特征"→"历史演进"→"规律机制"→"体系建构"→"发展思辨"**

传统生土营造技艺的研究要遵循历史研究的逻辑，"以史为鉴"，以传统生土营造技艺本体与历史演进研究作为整体显性特征，以演进规律与机制作为系统隐性内涵，从而建构起西北地区传统生土营造技艺的体系，进而指导未来的可持续发展。从而最终确定本书的研究路径为："本体特征"[①]→"历史演进"→"规律机制"→"体系建构"→"发展思辨"。"本体特征"是研究典型对象（物质客体）"是什么"的问题，是对本体调研分析的高度总结，体现了两个层次：一个是典型个案本体特征，另一个是历史发展特征。"规律机制"阐释是以"内生规律阐述"和"外部机制解释"为研究目标，解决传统生土营造技艺"为什么是"的问题。"体系建构"是前两者的整体与系统总结，是未来发展的理论基础。"发展思辨"是基于传统生土营造技艺体系建构的基础上，结合各层级发展困境进行思辨，

---

① 本体分析部分存在一个类型遴选问题，由于传统生土营造技艺类型多样，因此，对于传统生土营造技艺的类型典型化要进行研究，确定重点研究的对象。

予以庖丁解牛，研究当前"如何做"的问题。因此，"本体特征""历史演进""规律机制""体系建构""发展思辨"成为本书研究内容的核心组成部分，各部分在辩证逻辑关系之中形成关联。其中，"本体特征"是"规律机制"动态过程的静态结果；"规律机制"是"本体特征"的内在法则与外在逻辑；二者通过"历史演进"形成动态连接；"体系建构"则是"本体特征""规律机制"在"历史演进"路径上的组织系统；"发展思辨"则是对于"本体特征"与"规律机制"形成"历史关联"的优势判定下的系统借鉴，最终来应对时下的体系发展路径。这便形成了一个递进式的、动态发展的理论体系构架。

基于此研究路径的确定，本书的研究架构已经十分清晰，主要研究过程分为"显性整体分析框架""隐性系统解释框架""理论体系建构框架"。

## 2.4.2 显性整体分析

### （1）理论引介：建构学

建构学的发展由来已久（表2-4-1），时下，重提"建构"必须注意到它其实是一个历史上的概念，只有联系其所处时代背景才能正确地理解"建构"的历史含义。当下在全球化高度发展的大背景下，建筑的地域性特征正在逐渐消失，国际化导致建筑风貌越来越像，地区之间的可识别性与差异性日渐降低。而"建构"的概念提倡建筑的地域性差别，通过保留丰富多彩的地方传统材料和建造工艺来保留地域的建筑文化，其对于建筑从物质材料到建筑整体的完成都融入了区域化的情感。重提"建构"理论意味着建筑师不仅要吸收科学技术发展所带来的好处，还要重视继承传统文化内涵的重要性。今天的"建构"概念要求结合特定的地域文化，适宜地对建造逻辑进行表现。特定的地域文化背景，包括不同族群生活习惯上的差异，以及不同地区人们的不同思维模式——审美观、世界观、价值观等等。对传统建筑文化的继承，绝不仅仅是表面的形式或符号以一种复古布景化的方式表现出来，而是要立足于建筑本体，在新时代以创新的方式来继承和体现传统文化，这才是建筑设计的正确方向。[①]

那么，在本体研究之中引入"建构学"的理论，主要可以分为两个方面：其一是要以"建构学"本质论的角度去分析与总结西北地区传统生土建筑营造的原型技艺特征，关注本体营造物质客体与人本主体形成的建构本质特征；其二是将

---

[①] 郑小东.建构语境下当代中国建筑中传统材料的使用策略研究[D].北京：清华大学，2012：35-36.

"建构"理论主要发展脉络的统计分析表　　　　表 2-4-1

| 人物 | 年代 | 著作 | 观点分析 | 研究启示 |
|---|---|---|---|---|
| 卡尔·奥特弗里德·穆勒 | 1830 年 | 《艺术考古学手册》 | 穆勒首次提出"建构"的概念：一系列与艺术相关的制造活动即是"建构"，建筑的建造是最高代表。"建构"的形成与发展不仅具有实用功能，还要与情感和艺术取得共鸣 | 穆勒的"建构"概念的初创不是单纯的建筑物质本体营造，而是夹杂着人的味道。对于传统生土营造的"物质本体"与"匠作本体"联结所形成的文化意匠当属"建构"之内涵 |
| 卡尔·博提舍 | 1843~1852 年 | 《希腊人的建构》 | 博提舍将建筑的形式分为"核心形式"与"艺术形式"。至今仍然是"建构"文化的重要组成，推动了"建构"理论的发展 | 博提舍的"建构"使建筑学区别于其他艺术，形成"营造主体"与"装饰主体"，其启示本书回归营造本体的"材料"到"构造"的主体 |
| 戈特弗里德·森佩尔 | 1913 年 | 《建筑四要素》《技术与建构艺术中的风格》 | 森佩尔的建筑四要素理论：基座、火炉、框架/屋面、围合。将技艺分为两种基本模式：轻质线性构件组合而成的框架建构和厚重的由砖石重复砌筑而成的实心墙体 | 森佩尔的主张从理论上具有了原型意义，并且拓宽了建构的视野，建立了完整的体系。其启示研究本体的典型选择、细部组成以及对于以生土营造为主的系统建构的关注 |
| 爱德华·塞克勒 | 1963 年 | 《结构、构造与建构》 | 塞克勒提出了"非建构"的概念：认为"建构"并不是建筑的全部，在某些情形下，为了追求建筑的视觉效果，需要隐藏建筑的"建构"特征，掩盖视觉上建筑的支持体系间具有表现力的相互关系 | 塞克勒的理论说明了时下建筑营造的现实：长久的艺术追求使得建筑装饰为主的层面对于建筑的支持体系形成了掩盖，建筑师也变得无视。其启示论文研究本体对于基本营造主体的进一步关注，从而对建筑设计现状进行批判 |
| 肯尼思·弗兰姆普敦 | 1995 年 | 《建构文化研究》 | 弗兰姆普敦认为"建构"在技术和文化两个方面都具有意义，"建构"是"诗意的建造"，是建筑构造有逻辑地呈现在建造的过程中，是对结构、材料和构造的综合解释 | 弗兰姆普敦的"建构"理论将建造视为联系物质与精神的纽带，以更文化的方法展现"建构"的艺术性，而不仅仅是技术问题。其启示本书研究本体特征是意匠与文化解读的重要基础 |
| 冯纪忠 | 2001 年 | "关于'建构'的访谈"《A+D》 | 冯纪忠认为"建构"的本意是研究木头、石头等材料如何结合的问题。"建构"既包含建筑的构造与材料，还要考虑加工技术等人为的因素，也就是说在建筑的细部处理中要融入人的情感 | 冯纪忠的这种说法可以说是揭示了"建构"的本质，基本涵盖了"建构"的主要内容。又一次地强调了人关乎建造之中的重要性。其启示本书研究之中一定要注意对于物质客体与人本主体要素的充分关注 |

资料来源：作者根据百度学术以及人物相关著作整理绘制。

西北地区传统生土营造技艺体系作为一种区域化的系统看待，分析西北地区传统生土营造技艺发展的建构科学规律。

**（2）归纳层级："本体特征"＋"历史演进"**

依循"建构学"所呈现的基础原型科学理论，建立从材料、构造到结构的完整体系，回应西北地区传统生土营造技艺的物质建构体系，并且重点关注西北地区以"土"材为主的建构内涵，关注"生土"营造体系的完整性。基于对组成要素的解读，对于典型传统生土营造技艺类型的特征进行重点分析，关注挖余法、夯筑法、土坯砌筑法的"土体建构"理论层级关系。而在每一种建筑类型发展的历史过程中，由于都融入了历史的影响因素，因此形成了不同时期的类型特征，这就突出了在材料建构逻辑之中的外界众多影响要素。随着重要历史发展节点的主要营造特征的呈现，从而突出西北地区传统生土营造体系历时性的区域特色与内涵。

**（3）"显性整体"体系架构**

基于对"类型遴选""物质本体""演进特征"逻辑分析的基础上，首先对于西北地区传统生土营造技艺的典型代表进行判识，其次对典型的"物质本体"与"演进特征"进行分析、归纳与总结，从而构建出西北地区传统生土营造技艺显性整体分析的体系构架（图 2-4-1）。

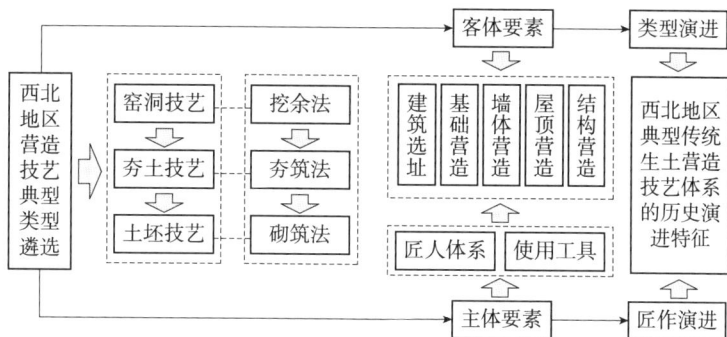

图 2-4-1 西北地区传统生土营造技艺显性整体分析的体系构架图

## 2.4.3 隐性系统解释

**（1）理论的引介：社会机制**

社会机制指的是连接起始条件与最终结果之间的一系列因果关联的事件与过程。从实质性来讲，社会机制能够有效地呈现出解释项是通过何种路径与层级达到被解释项的。以社会机制为核心的解释具有以下几方面的基本特征：首先，机制解释是指存在于解释项与被解释项之间的事件过程，但应明确这一过程是反复发生的，能够运用到不同的经验情境之中。机制解释是关于事件反复发生过程的因果性的一般性陈述。其次，机制解释中的因果结构是多元的。机制解释强调给定条件下，在经验事实中反复发生的因果关联过程，但是在这一过程中，事件之间的组合关系是存在多种形态的。也就是说，机制解释中的因果机制是多元的。最后，社会学中的方法论强调对社会现象的解释必须落实到个体行动者和行动上，是个体行动者的行动及其互动促使了集体性现象的发生。寻找宏观现象的微观基础这样一种立场也与机制解释相契合。[①] 西北地区传统生土营造技艺的演进过程达成的本体特征也是一种社会现象，符合社会机制的研究范围，使用机制解释方法论对于区系之中营造体系发生、发展过程的因果进行研究，不仅可以有效判定影响要素的作用机制，同时可以从多元层级总结出西北地区传统生土营造技艺的系统演进与发展机理。

从方法论来讲（表2-4-2），密尔逻辑是对经验归纳的严格定义。密尔逻辑保留了休谟因果定义中的必然性，指出了必然性因果推论的条件，即其他因素不变。只有控制了其他因素，才能从错综复杂、纷乱的具体经验现象中隔离、抽象出简单的、一般性的因果规律。只有控制其他因素，我们才能确保经验观察的可

"因果关系"理论主要发展脉络的统计分析表　　　　　　表2-4-2

| 人物 | 年代 | 理论 | 观点分析 | 研究启示 |
|---|---|---|---|---|
| 休谟 | 18世纪 | 休谟定义 | 休谟认为一方面，因果联系一定来自经验；不能通过分析原因事件的特性而推导出它的结果。另一方面，内外感官都不能直接观察到事物之间的联系 | 其理论核心是因果概念只有一个来源，对经验关联现象的重复观察。其启示本文之中传统生土营造技艺在历史发展演进过程中存在关系的必然性 |
| 密尔 | 19世纪 | 密尔逻辑 | 密尔逻辑认为其重要性在于指出了因果归纳的限制性条件。提出了四种方法：求同法、求异法、剩余法，以及共变法。其中，前两种方法应用广泛，剩余法用途有限，而共变法是求同法和求异法的结合 | 从方法论的角度总结了因果归纳的基本逻辑。其启示本文之中对于传统生土营造技艺的研究要借鉴求同法、求异法以及共变法的方法论的整合使用，从而为阐释规律与机制搭设了平台 |

资料来源：作者根据百度学术以及人物相关著作整理绘制。

---

① 魏海涛. 社会学中的机制解释——兼评《儒法国家：中国历史的新理论》[J]. 社会学评论, 2017（06）: 88-95.

重复性，从有限经验观察，归纳出普遍结论。个案比较方法在社会科学中应用十分广泛，但不满足密尔逻辑的基本条件，因而不能从经验上论证因果。许多质性研究转向事件过程的叙述，即利用现有理论，从因果机制上解释具体的事件发生链。对具体因果链的解释，是理论演绎和经验分析的反复碰撞。[①]

**（2）解释层级："自组织演进"（内因）+"外部影响机制"（外因）**

基于传统营造技艺在历时性的演进过程中所呈现出来的体系变化与个案营造的显性特征。从自然科学的"建构逻辑"阐述建筑客体本身进化的普适性演进规律；从社会科学的"社会机制论"解释营造技艺客体演进的外部影响机制。通过两个方面的分析与阐释，建立传统生土营造本体建构的隐性内生规律（自组织体系）以及传统生土营造技艺演进的影响（外部影响体系）机制的解释体系。因此，"自组织演进"与"外部影响机制"的分析成为构成规律与机制构建的核心，那么对于"内部要素"与"外部要素"的判识就成为研究此层级的基础。

"内部要素"方面，美国普林斯顿大学的卡雷斯·瓦洪拉特认为建构学有 3 个基本的决定性要点：重力、材料与构造。[②③] 因此，将建构要素总结为物质本体的材料要素、构造要素以及匠作本体的工匠要素与工具要素。充分注重了传统生土营造技艺的建构基质以物质材料为主的自然科学性特征，对于利用自然科学方法揭示其在人本认知规律下的内部发生之规律大有裨益。

"外部要素"方面，生态建筑学的理论发展架构提供了生土建筑可持续发展的一个根基——复合环境系统。其包括自然环境、社会环境、经济环境三个大的方面。[④] 将三个大的影响要素结合实际案例进行"密尔逻辑"式的分析与归纳，同时总结影响因素之间的耦合关系，并且最终形成传统营造技艺发展的外部影响机制的科学解释。

**（3）"隐性系统"体系构建**

基于解释层级分析的基础上，首先应该以传统生土营造技艺本体的历时性特征为研究基础。其次对于历时性发展进程之中建筑本体发展的内因进行分析，对其基本发展路径与层级路径分析，获得普适性的自然科学规律。再者对于历时性

---

① 彭玉生. 社会科学中的因果分析 [J]. 社会学研究，2011（03）：1–33.

② 三个方面包括：重力，我们所有的建造都受到重力影响，主要的目的就是用来抵抗重力，重力影响着我们的建筑和地面；材料，我们从自然界获取或制造出来的材料拥有怎样的属性，这些属性影响建造；构造，我们怎样将材料装配成一个整体。材料连接的方式，对建筑物的外形有着直接的影响。

③ 卡雷斯·瓦洪拉特，邓敬. 对建构学的思考——在技艺的呈现与隐匿之间 [J]. 时代建筑，2009（05）：132–139.

④ 荆其敏. 生态建筑学 [J]. 建筑学报，2000（07）：6–11.

发展所沉淀下来的地理分布空间进行断面式的影响机理的切入，从单一要素与多元要素耦合分别进行分析，从而获得典型性的复合环境系统影响下的"因果机制"。在此基础上，最终确立西北地区传统生土营造技艺的隐性系统解释的体系架构（图 2-4-2）。

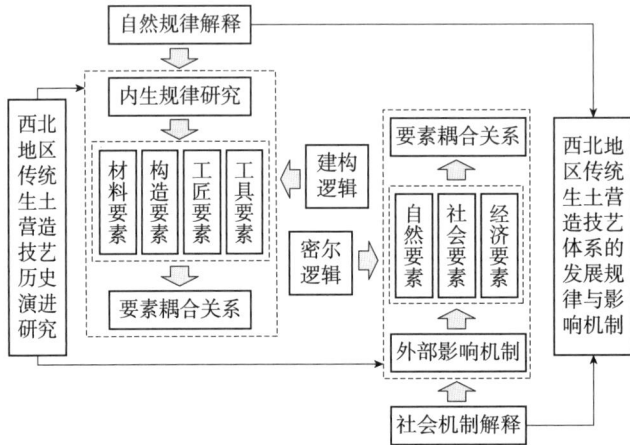

图 2-4-2　西北地区传统生土营造技艺的隐性系统解释的体系架构图

## 2.4.4　理论体系架构

**（1）理论引介：技术哲学**

技术哲学以技术的整体作为研究对象，是关于技术的物质本体、本质内涵、发展规律及其创造方法的哲学学说。技术哲学发端于 19 世纪后半叶，其并不是一般哲学研究的自然延伸，而是技术研究向哲学层面提升的产物（表 2-4-3）。[①]

技术哲学理论主要发展脉络的统计分析表　　　　　　表 2-4-3

| 人物 | 年代 | 著作 | 观点分析 | 研究启示 |
|---|---|---|---|---|
| 卡尔·马克思 | 19 世纪40 年代 | 《1844 年的经济学——哲学手稿》《资本论》 | 分析了资本主义应用技术的社会条件和社会后果，提出了技术在生产力之中的作用以及技术发展是为了劳动的人本身等重要观点 | 揭示了技术存在与发展受到社会背景的影响，更重要的来自于人的影响 |

---

① 常立农. 技术哲学 [M]. 长沙：湖南大学出版社，2003：1.

续表

| 人物 | 年代 | 著作 | 观点分析 | 研究启示 |
| --- | --- | --- | --- | --- |
| 恩斯特·卡普 | 1877 年 | 《技术哲学纲要：用新的观点考察文化的产生史》 | 首次提出"技术哲学"的概念，把技术看作一种类似人体器官的客体，认为技术发明是"想象的物化"，技术活动是"人体器官投影"，技术设备的形状和功能，本质上是人体器官的形状和功能的延伸和强化 | 最主要的观点应该是关于技术哲学的"系统论"。其启示研究将人与技术结合形成物化与人本的系统组成，强调了理论架构的系统性基础 |
| 艾伯哈特·齐默尔 | 1913 年 | 《技术哲学》 | 提出了技术是"物质自由"的新黑格尔主义解释，把技术看作"实体的自由权"，因为技术的目的就在于人类通过驾驭物质摆脱自然的限制并从而获得自由。其在遵守自然法则的限度内由人类自由所决定的调节自然界的过程 | 这个主张成为技术决定论的思想基础。其启示研究进一步链接在人的欲望与技术发展的整体结合之中，明确了要素关系，为解释技术的规律与机制提供了支持 |
| 德索尔 | 20 世纪早期 | 《技术文化》《技术的核心问题》《关于技术的争议》 | 技术发明必须是"来自思想中的真实存在"。人们通过执着与技术发明能够建立与"物自体"的积极接触并逐渐认识事物本质的不同方面 | 其启示论文将营造技艺发展回归到人本认知自然物质的科学规律层面，奠定了一种唯物主义的典型观点 |
| 海德格尔 | 20 世纪20~30 年代 | 《技术的追问》 | 人生的主要内容就是认识和在认识指导下的科学技术及生产实践；生活就是要认识自然，揭示它的规律，揭示它的内容，找出它的客观性，进一步按我们人类的需要对它加以改造和利用 | 说明了人的需求与自然的关系在结合之中发生的变化。其启示论文更具人类视角的主体需求智慧，"诗意栖居"则成为时代背景下的远期发展目标 |

资料来源：作者根据常立农《技术哲学》与许良《技术哲学》相关内容整理绘制。

国内对于技术哲学的系统研究起源于 20 世纪 80 年代，随着技术哲学向哲学中心的进一步靠拢，在一定程度上弥补了传统哲学只重视对事物"是什么""怎么样"的存在论的规定与认识论的探讨。并且技术系统是多种要素相互渗透、交叉与综合的结果，是与自然、社会、经济组成的复合系统高度协调适应的结果，因而时代要求对于技术的考察必须要适应当代发展的大背景。

**（2）架构层级：显性整体（表象）+ 隐性系统（内质）**

针对"技术哲学"所呈现的透过表象看本质的科学研究内涵，建立从显性整体到隐性系统的完整体系，回应西北地区传统生土营造技艺的理论体系建构，并且重点关注西北地区历史演进过程中所凝练出的体系内涵，关注西北地区传统生土营造体系的完整性与系统性。基于对本体特征以及历史演进的归纳，对于西北地区典型传统生土营造技艺的共时性与历时性特征进行重点总结。基于对演进规律以及影响机制的解释，在每一种影响要素发展的历史过程中，注重表象遮蔽下的事物发展内质。不仅要总结其内在规律模型的运行模式，而且要总结外部影响机制的变化态势。只有将两者统一结合在一起，才能还原西北地区传统生土营造技艺体系的发展规律。同时，也只有对整体框架的系统发展进行统筹安排，才可以为当代乃至未来生土营造的延展提供准绳。

**（3）"理论体系"构建**

传统生土营造技艺隶属于广义技术的生产类技术；而匠作意匠则又充分地体现了其精神技术的内涵。[①] 从整体与系统的角度来审视西北地区传统生土营造技艺，其完全符合技术哲学的本质属性架构。因此，针对西北地区的区域整体进行研究，首先应对其进行横向本体类型特征认知以及纵向的历史演进脉络的总结；其次应该对其演进发展的影响要素组成以及规律机制进行分析阐释。这样就形成了区域传统生土营造技艺体系的整体研究框架，不仅对于系统整体的显性特征予以归纳总结，同时也对系统发展的深刻内涵予以揭示。至此，完成了对于西北地区传统生土营造技艺的理论体系建构（图2-4-3）。

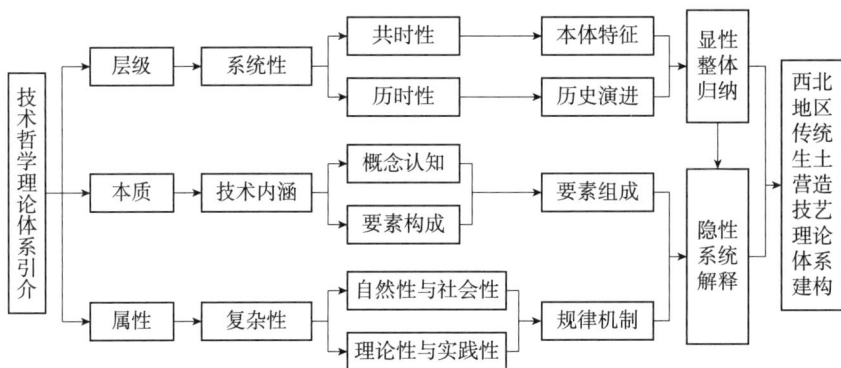

图2-4-3 以"技术哲学"为理论引介的传统生土营造技艺的理论体系架构图

---

① 许良《技术哲学》将广义技术分为以下三类不同内容：其一，制造工具、机器、各种用途的货物和日常用品的生产技术，即与物质性、经济性的生产相关的技术。其二，建立并规定社会关系和组织关系的组织技术或者社会技术，如法律等。其三，精神技术，在专门的科学部门，在哲学、语言和艺术创作中都会用到这些技术，他们给我们提供处理问题的模式，借助于这种技术，我们才能够对世界、对人类以及我们自身有所了解，才能够把握其间的意义和价值。

# 2.5　小结

　　生土建筑与营造技艺的相关研究脉络与进展可谓取得了进一步的拓展，国内相较国外而言，生土营造研究还处于相对落后的阶段，是一种较为边缘的学术研究。营造技艺在国内依然是一个较新的研究方向，并且在研究区域的分布上较为零散，缺少系统化的研究成果。尤其对于西北地区而言，该地区有着浓厚的生土营造技艺文化，然而当下却矛盾突出，学术研究跟进不够。因此，对于西北地区传统生土营造技艺的体系建构的系统研究显得格外重要。

　　传统生土营造技艺体系的研究通过对组成部分的逻辑启示性进行梳理，分别获得了本体特征、历史演进、规律机制、体系建构的研究启示。本体特征需要在典型性、系统性与整体性的原则上架构；历史演进则需要对于区域生土营造的历史脉络与影响要素着重分析；规律机制则需要对于要素的耦合变化，结合本体演进形成理论模型；技艺体系建构则需要综合显性特征以及隐性机制的由表及里的研究过程，从而形成严密的体系纲要。

　　传统生土营造技艺体系的整体研究路径需要借助多元理论进行架构：本体特征分析利用"建构学"理论；历史演进利用"建筑考古学"理论；规律机制研究利用"社会机制"研究理论；整个体系的建构则是在"技术哲学"的理论架构下进行统筹。通过对于相关理论的引介与融贯，明晰本书各部分具体的研究技术路线的同时，形成研究架构为"本体特征—历史演进—规律机制—体系建构—发展思辨"的整体逻辑。

第 3 章

# 西北地区典型传统生土营造技艺的本体特征

# 3.1 西北地区的典型传统生土营造技艺

## 3.1.1 应用广泛

传统生土建筑是世界范围之内应用历史最为悠久且分布最广泛的建筑形式（图 3-1-1）。据联合国于 21 世纪初的统计数据，全球仍有超过 20 亿人口居住在各种各样形式的生土建筑之中。

图 3-1-1　全球典型区域的传统生土建筑样式集成图
（来源：作者根据"国外生土建筑——新疆报告"改绘）

中国当下的传统生土建筑分布仍然十分广泛。2010~2011 年，住房和城乡建设部在全国农村开展了新中国成立后最大规模的农房现状抽样调查。实际调查结果显示，传统生土材料在农房建设中的应用遍及各个省份。尤其在中西部的 12 个省份，以生土作为房屋主体结构材料的既有农房比例平均超过 20%，在甘肃、云南、西藏等省、自治区的部分地区，该比例甚至超过 60%。[①] 这一数据说明西部地区是生土建筑的重要区域，从某种意义上讲，长时间、多范围以及占有率都决定了西部地区生土建筑存在的普世价值。

---

① 穆钧. 现代生土建造技术与我国农村房屋建设 [J/OL].[2017-06-14].

## 3.1.2　类型多样

传统生土建筑的类型多样，荆其敏先生在《生土建筑》（1994）之中将中国生土建筑分为窑洞建筑、夯土建筑以及土坯建筑三大类型。[①]李万鹏在《西北地区典型生土民居的构建研究——秦岭山地民居》（2010）之中对于西北地区传统生土建筑的类型进行了细致分类：一种称为原土生土建筑，也可以看作建筑减法营造模式的建筑类型，主要是指在未扰动的原状土中挖凿而成的靠崖窑、地坑院、地穴、土窑等。另一种可称之为土筑生土建筑，也就是建筑加法营造模式的建筑，主要是指除了挖凿洞穴以外的，以生土为建筑材料人工建造的地上建筑。[②]这是第一层级分类，直接将原土结构建筑类型区分出来，强调了原始土窑洞建筑在营造方式上的独特性。第二层级分类，将土筑生土建筑按空间结构形式进一步分为两大类：一种是拱结构房屋，又称之为砌筑式窑洞的掩土式房屋，按照砌拱材料的不同还分为土坯拱、砖拱和石拱。非掩土的土坯起拱，拱上并不覆土，直接抹面的拱房屋和新疆的土坯穹隆建筑。另一种是土木结构房屋，指的是建筑的承重和围护结构是生土、砖石和木构件共同组成的，而承重墙和隔断墙主要是夯土或土坯砖砌筑的（图 3-1-2）。虽然第三层级的分类不够严谨，但从分类所根据的材料、屋顶、墙体等形态、做法等多元性来看，西北地区传统生土建筑的发展不仅逐渐走向了因应区域的特性要素，同时也显示出多元归一的基础营造内涵。

西北地区以大陆性季风气候以及高原气候为主，由东向西跨越了夏热冬冷、寒冷与严寒等三个气候区，并且寒冷、严寒地区与气候区划叠合关系紧密，成为西北地区主要的建筑气候分区，这注定了区域内冬夏季节之间的差异巨大，局部气候呈现立体多变的情况。西北地区年降雨量沿胡焕庸线呈现明显的差异，以400mm 降雨量线为界向东南到陇南、陕南地区增至 800mm、1500mm；而向西北到河西地区、新疆地区则锐减为 200mm、50mm。年降水量与年日照时数分布存在密切的关系，降水越少日照时数则越高，多数聚落位于年降水量 50~800mm，年日照时数 12~28 千时的区域。因此，西北地区自然气候整体的变化促使西北地区形成了以旱作农业为主的传统农耕方式，新疆干旱地区与河西地区则形成了绿洲农业，而黄土高原则依靠引水形成了灌溉农业。住居模式则遵循农耕生产

① 荆其敏.生土建筑[J].建筑学报，1994（05）：43–47.
② 李万鹏.西北地区典型生土民居的建构研究——秦岭山地民居[D].西安：西安建筑科技大学，2010：13.

西北生土建筑
- 原土生土建筑（原土窑洞）
  - 崖窑式窑洞
  - 下沉式窑洞
- 土筑生土建筑
  - 拱结构
    - 平顶
    - 拱顶
    - 瓦屋顶
      - 双坡
      - 四坡
      - 锯齿形
    - 土坯拱
    - 砖石拱
    - 土基拱
    - 二层窑
    - 下窑上房
    - 窑上窑
  - 土木结构
    - 木构架承重
      - 简单木构架
      - 穿斗木构架
      - 抬梁木构架
      - 抬梁穿斗结合木构架
      - 密梁平屋顶木构架
      - 夯土
      - 土坯
      - 湿筑土墙
      - 插坯墙
      - 编芭墙
      - 木架外露
      - 木架在内侧
      - 木架在墙内
    - 墙体承重
      - 土墙承重
        - 夯土墙体
          - 有木筋
            - 横向木筋
            - 竖向木骨
          - 无木筋
        - 土坯墙体
        - 夯土土坯混合墙体
        - 湿筑土墙
      - 砖（石）土混合墙体承重
        - 外砖内土坯混合墙
        - 砖（石）包边土坯填芯墙体
      - 砖（石）墙土墙体混合承重
      - 砖墙承重内衬砌土坯
      - 木构架（砖柱）与墙体混合承重
        - 土墙砖柱混合承重
        - 土墙木构架混合承重
          - 土墙山墙承重
          - 土墙山墙檐墙承重
    - 平屋顶
    - 坡屋顶
    - 纵墙承重
    - 横墙承重
    - 纵横墙承重
    - 硬山搁檩
    - 屋架搁檩
    - 加入草筋或石灰的生土墙
    - 无添加物的生土墙
- 其他
  - 土混结构
  - ……

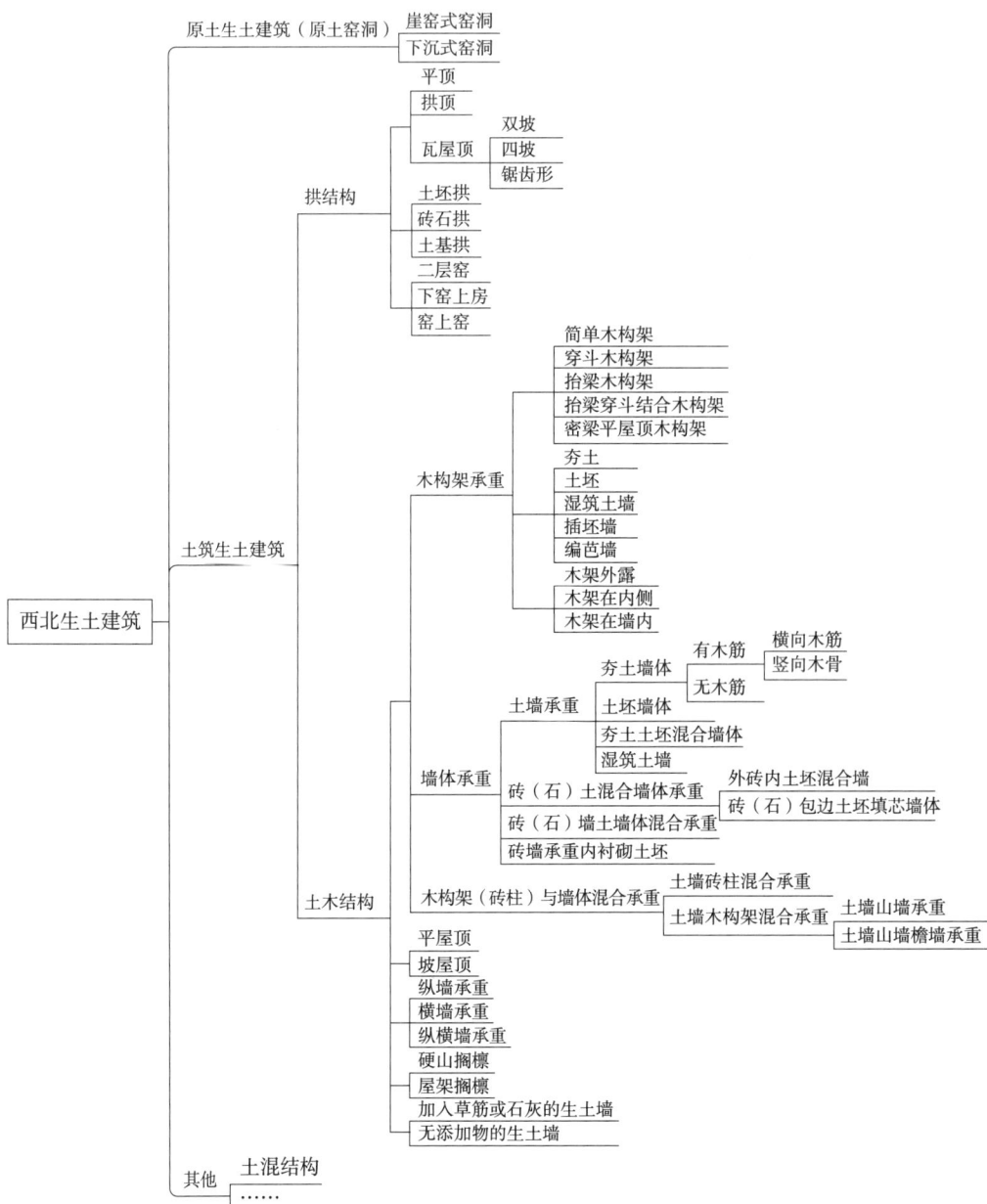

**图 3-1-2　西北地区传统生土建筑分类图**
（来源：李万鹏.西北地区典型生土民居的建构研究——秦岭山地民居 [D].
西安：西安建筑科技大学，2010：22.）

方式，建筑营造与实际地形地貌发生了紧密关系，因而西北地区传统生土营造从东向西发展也逐渐形成了区划性的空间差异：生土墙体的厚度越来越厚，以应对冬季寒风以及夏季高温的渐变特征；密闭情况越来越好，以应对潮湿与干燥的渐变特征；屋顶坡度越来越缓，以应对降雨量的多寡之变。

西北地区的传统生土营造是在不断应对自然条件的背景下所形成的，因此形成了与自然区划特征相类似的地区特性。在此基础上，有机地融入区域人文与经济发展的特征，形成了多元的生土营造建筑类型（图 3-1-3），并进一步根据不同的营造方式形成建筑文化的地区性。西北地区黄土高原形成了以窑洞建筑为典型类型的建筑文化，宁夏与陇中地区则形成了如高房子以夯土与土坯相结合的生土建筑文化，河西地区与青海地区形成了庄廓院以及堡寨建筑文化，新疆地区由于气候与文化的独特性形成了独有的拥有夏冬室之分的生土建筑文化。

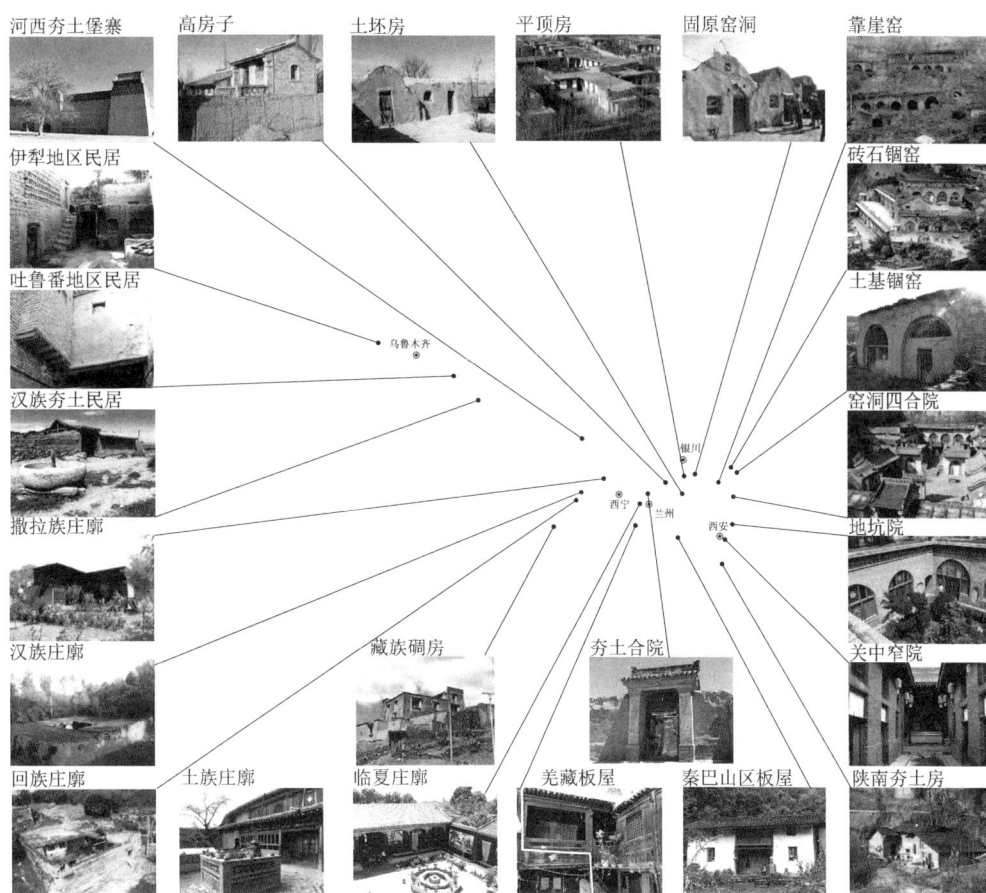

河西夯土堡寨　高房子　土坯房　平顶房　固原窑洞　靠崖窑

伊犁地区民居

吐鲁番地区民居

乌鲁木齐

砖石锢窑

土基锢窑

汉族夯土民居

银川

窑洞四合院

撒拉族庄廓

西宁　兰州　西安

地坑院

汉族庄廓

藏族碉房　夯土合院

关中窄院

回族庄廓　土族庄廓　临夏庄廓　羌藏板屋　秦巴山区板屋　陕南夯土房

图 3-1-3　西北地区传统生土建筑类型分布集成示意图

## 3.1.3　典型遴选

传统生土建筑类型多样，相对应的营造技艺的类别也多样，权威机构CRATerre 将生土营造方法分为了三个大类，共约 18 种具体的营造方式（图 3-1-4）。

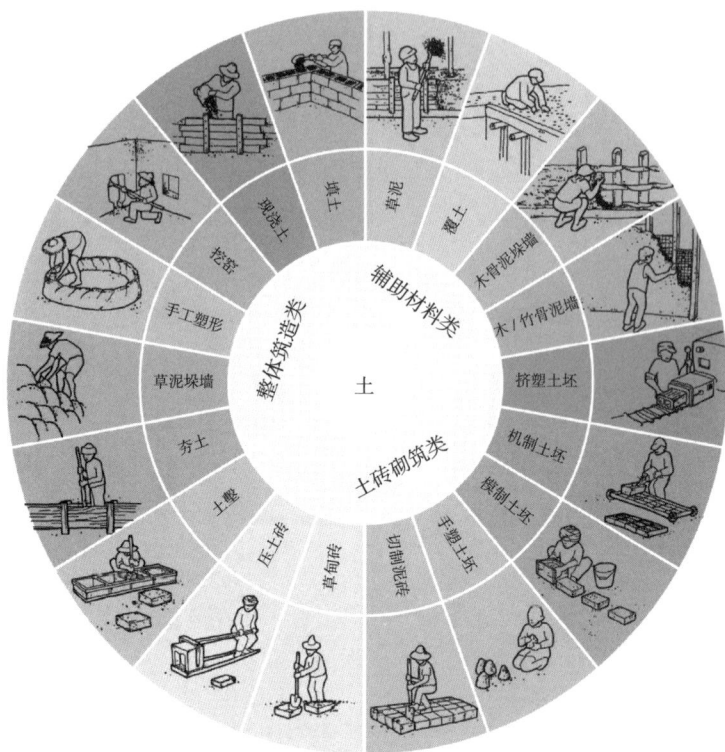

**图 3-1-4　生土营造技艺类型图**
（来源：张雯. 土生土长 [D]. 杭州：中国美术学院，2013：42.）

这种分类方式包括传统生土营造以及现代生土营造。

西北地区的传统生土建筑所对应的营造技艺的类别，按照建筑材料—构造—结构体系的建构方法不同可以划分为几个层级（图 3-1-5）：第一层级为原土挖余法与土筑法；第二层级则在土筑法内部继续划分为夯筑法、垛泥法、砌筑法、堆筑法；第三层级则是在每一种方法之下又可以按照自身的营造特性不同继续划分

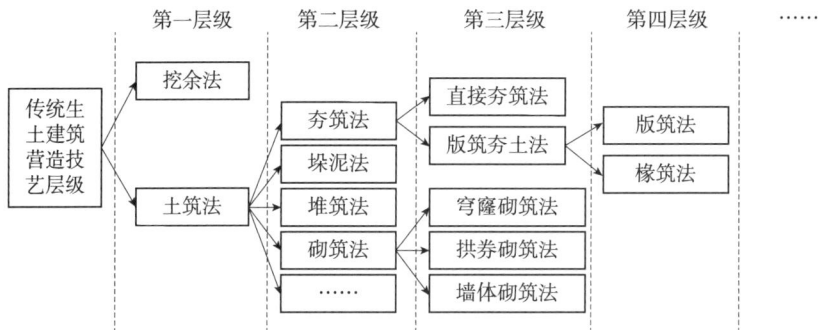

**图 3-1-5　传统生土营造技艺层级图**

成多种类型。这种分类方法可以从历史演进过程之中看出营造技艺的发展脉络，具有历时性的特征。而对于传统生土营造来讲，第一层级与第二层级的类别则更加具有对比性。

西北地区的传统建筑类型大多都应用了生土营造技艺。若要从已有的传统建筑当中凝练出典型的生土营造技艺，需要对于现存的生土建筑与营造技艺方式进行类型排比分析与归纳总结。通过对于 2014 年《中国传统民居类型全集》中传统民居建筑与所使用的生土营造技艺的排比分析（图 3-1-6），西北地区的传统乡土建筑类型大多使用了夯筑法、砌筑法、挖余法与垛泥法，继续通过实际调研比对，利用挖余法建成的窑洞建筑分布区域十分广泛，而垛泥法则相对独处在新疆地区。因此，最终遴选出三类典型营造技艺，分别为挖余法、夯筑法、土坯砌筑法。

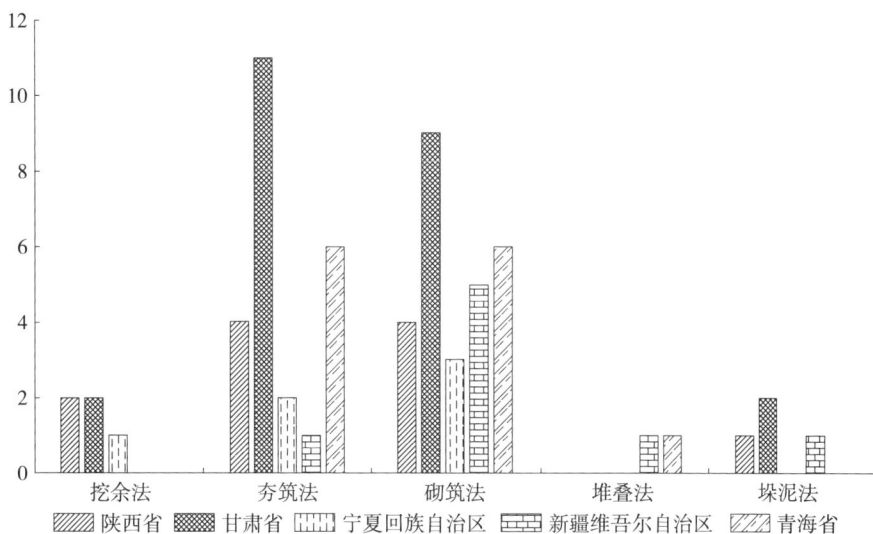

图 3-1-6　西北地区传统生土营造技艺类型统计分析
（来源：根据《中国民居类型全集》（下）西北地区传统民居类型统计分析整理绘制）

## 3.2　挖余法

### 3.2.1　地理分布

西北地区传统挖余法主要是对应于原土窑洞的靠崖窑以及下沉式窑院等两种建筑形式。其主要分布在黄土高原所属的甘肃、陕西和宁夏地区：其一在陇东南地区与陕西接壤的庆阳、平凉、天水地区等黄土高原一带，兰州、定西也有少量分布；其二在秦岭以北大半个陕西省，具体包括渭北、陕北以及关中地区；其三在宁夏回族自治区中东部的固原、西吉和同心县以东的黄土塬区。

## 3.2.2　选址营造：地形地貌限定

挖余法是在自然土体里挖掘而成，对于土体本身的厚度以及物理性能要求极为严格。首先，必须有较厚的黄土层，黄土高原地区是挖余法施行的主要区域。陕西中北部的洛川塬、甘肃东部的董志塬，这些地区的土层厚度达到 50~80m；其次，用于施行挖掘的土质颗粒要均匀细密，便于挖掘；这些土质本身的性状优点为挖余法得以产生与发展创造了必要的物质条件。[①] 除此之外，土体形成的地形地貌是挖余法所主要遵循的基本营造原则。黄土高原是一个积累了至少 2200 万年基本连续的黄土地层结构实验室，风尘沉积（黄土和古土壤）逐渐形成了黄土高原的峁、梁、塬等自然形态地貌（图 3-2-1）。[②]

挖余法根据地形地貌的特性营造不同的窑洞建筑：在沿河谷阶地和冲沟两岸，多辟为靠崖式窑洞或靠崖的下沉式窑洞；在塬的边缘则开挖半敞式窑院；在平坦的丘陵、黄土台塬地上，没有沟崖利用时，但土层较厚，则可开挖下沉式窑洞。因此，挖余法所形成的组团与聚落空间会在整体上形成立体分布，如陕北地区的杨家沟村（图 3-2-2）以及常家庄园（图 3-2-3）皆体现出这种立体多元的空间布局。

利用挖余法建成的靠崖窑主要分布在第一阶地与第二阶地的沟谷之中的边缘地带，地坑院则分布在第二阶地与第三阶地的土塬地带。除了对于自然地形地貌的尊重，更重要的是土体本身的结构稳定性。这主要取决于挖窑地层黄土的类别及其自身的特性。以黄土高原为例，其地层土质构成包括古黄土、老黄土、新黄土与现代黄土（表 3-2-1）。

从土体工程地质特性分析，离石黄土层比马兰黄土层更具有显著的稳定性，因此传统挖余法尽可能选择离石黄土层作为窑址，这主要是因为离石黄土层之中富含料姜石的缘故，同时土壤层的物理特性对窑洞有利，它的抗压、抗剪强度较之黄土母层高（图 3-2-4）。

---

① 张豪，吴雪 . 陕甘两地窑洞民居建筑保护的现实意义研究 [J]. 室内设计与装修，2016（05）：206.
② 刘东生 . 黄土与环境 [J]. 科技和产业，2002（11）：29-35.

1 塬　　　　　　　　2 台塬　　　　　　　　3 梁

4 峁　　　　　　　5 基岩山地　　　　　　6 河谷

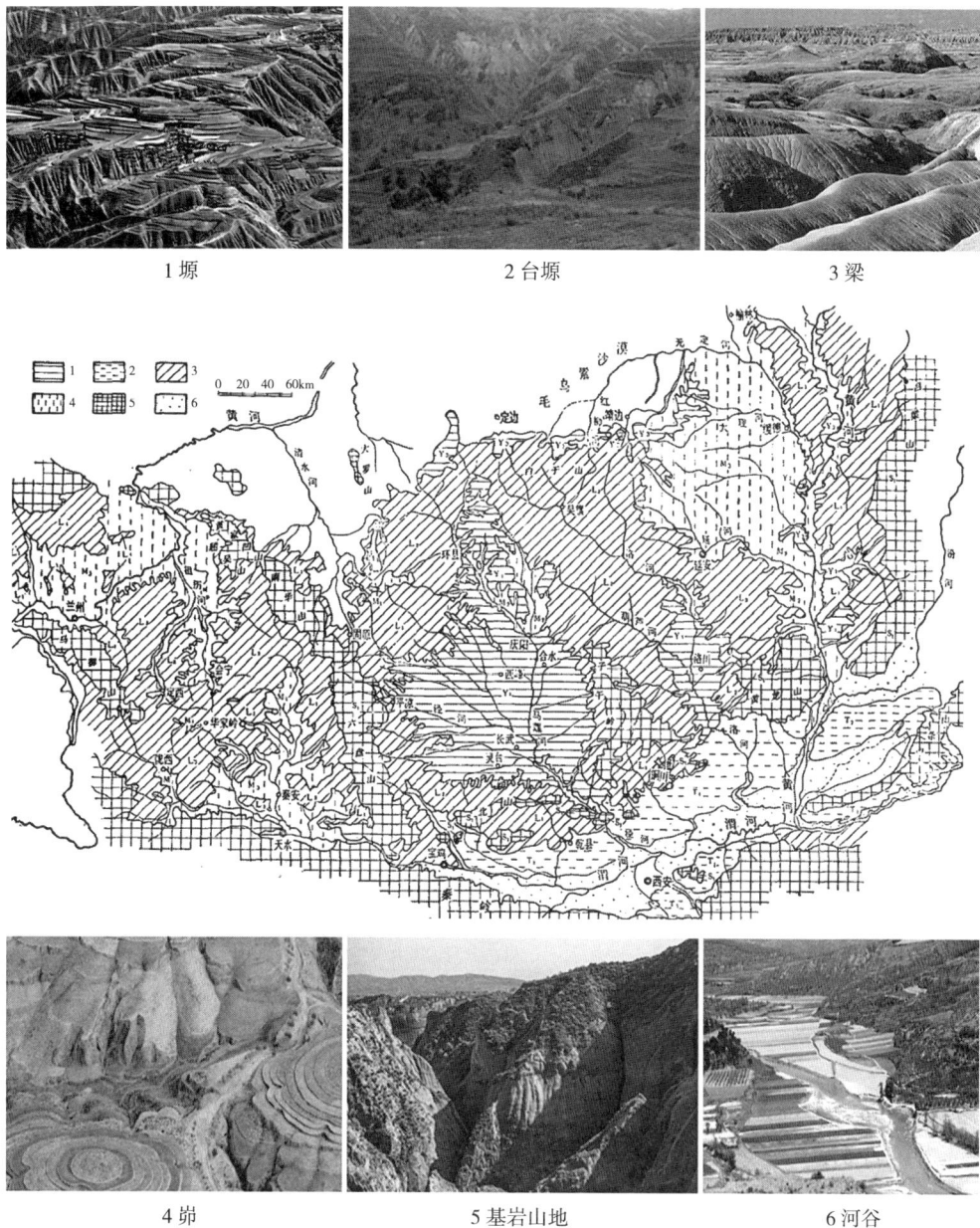

图 3-2-1　黄土高原地形地貌分布图

备注：1—塬；2—台塬；3—梁；4—峁；5—基岩山地；6—河谷；y₁—古盆地堆积经侵蚀形成的塬；y₂—河流高阶地经侵蚀形成的塬；y₃—山前倾斜平原经侵蚀形成的塬；T₁—冲洪积倾斜平原形成的台塬；T₂—宽谷低阶地形成的台塬；L₁—古冲积扇经侵蚀形成的梁；L₂—塬被侵蚀形成的梁；L₃—古梁状地形形成的梁；M₁—梁被侵蚀后形成的峁；M₂—河谷阶地被侵蚀形成的峁；M₃—古丘陵地形形成的峁；S₁—山地。

（来源：作者根据张宗祜 . 我国黄土高原区域地质地貌特征及现代侵蚀作用 [J]. 地质报，
1981（04）：308–320+326 改绘）

图 3-2-2　陕北榆林杨家沟村沿土峁整体空间布局图
（来源：王军 摄）

图 3-2-3　陕北常氏庄园在山腰处的立体空间布局图
（来源：王军 摄）

<h2>黄土层的分类表　　　　　表 3-2-1</h2>

| 黄土名称 | 现代黄土 | 新黄土 | 老黄土 | | 古黄土 |
|---|---|---|---|---|---|
| 地质年代 | 全新世（Q$_4$） | 晚更新世（Q$_3$） | 中更新世上部（Q$_2^1$） | 中更新世下部（Q$_2^2$） | 早更新世（Q$_1$） |
| 地层 | 次生黄土 | 马兰黄土 | 离石黄土上层 | 离石黄土下层 | 午城黄土 |
| 料姜石含量 | 不含料姜石 | 不含料姜石 | 料姜石小而少，在古土壤下层分布 | 料姜石大而多，料径大分布于古土壤下层 | 成片连接，多呈钙质胶结层分布 |
| 湿陷性 | 强烈 | 一般 | 轻微 | 无 | 无 |
| 古土壤层数 | 无 | 偶有 | 有 4~5 层，层间距 3~4m | 有 10 余层，有时连续分布 | 古土壤层密集，界线不清晰 |

资料来源：童丽萍，韩翠萍．黄土材料和黄土窑洞构造 [J]．施工技术，2008（02）：107-108.

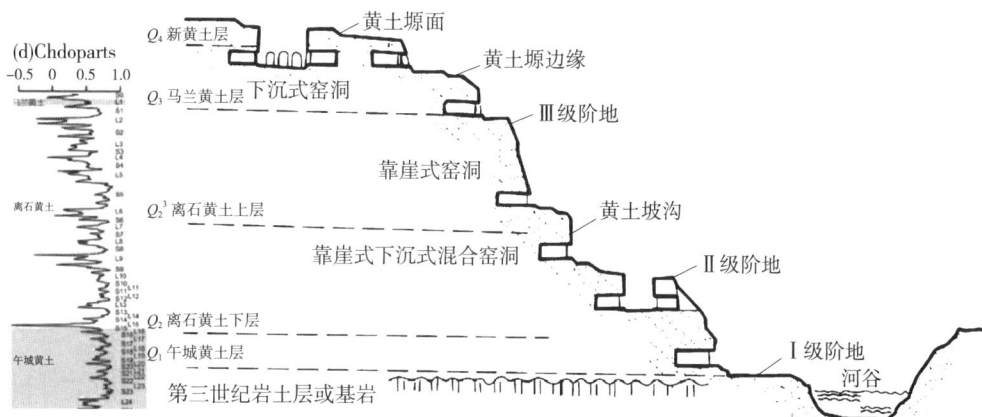

图 3-2-4　传统窑洞建筑与地形地貌的关系图

（来源：作者根据侯继尧，王军 . 中国窑洞 [M]. 郑州：河南科学技术出版社，1999：11 及赵宜芊 .
传统生土营建经验与土质特性的关联性研究 [D]. 西安：西安建筑科技大学，2018：138 改绘）

挖余法将窑洞的土拱部分选择在料姜石层下部，把料姜石层当作一道门洞上方的过梁（图 3-2-5），这根过梁改变了没有料姜石层的土体传力结构，将水平应力以及主应力都集中在这一层上，会大大减少窑腿的受力，从而提高窑顶的坚固性，增大窑洞的跨度。[①] 实际上，传统工匠确实凭着营造经验在窑洞营造基址的选择上发现了"料姜石"层[②]，巧妙地利用了黄土沉积的这种特性，修建了一层层

图 3-2-5　窑洞挖掘之中拱矢的料姜石层分布图

（来源：王军 摄）

---

[①] 童丽萍，韩翠萍 . 黄土材料和黄土窑洞构造 [J]. 施工技术，2008（02）：107-108.

[②] 地质学称料姜石层为"石灰质结核层"，主要成分是碳酸钙，由方解石、石英、黏土矿物等胶合而成，是黄土沉积过程中经长期雨淋残余下来的物质，非常细腻又坚硬，适于作窑洞的顶层，看上去就像天然的天花板；挖去"料姜石"层下黄土，又出现一层红土，这层红土地质学叫"古土壤层"，正好用作地面层。

的窑洞。[①] 同时，新的研究发现料姜石分布位于窑腿处，可以提升窑腿受力性能3~7倍，尤其是位于窑腿处有0.45m厚的料姜石层影响最佳。[②] 这是窑洞选址时针对材料特性总结出的营造智慧，在传统营造之中体现了"因地制宜"与"因材制用"的原则。

### 3.2.3 墙体营造：土体扰动机理

挖余法是利用原状土体自身作为承重与围护结构的。窑洞后壁的厚度基本趋于无限大值；与窑脸垂直的两面墙体称为"窑腿"，根据其位置不同又可以分为"中桩"与"边桩"。窑腿是支撑拱身的关键部位，负责将拱身的荷载传递到基础。土体开挖过程中各部分有哪些具体力学性质的变化，是形成不同地区窑洞结构的核心问题所在。传统窑洞建筑为了保证原状土体力学性能的稳固性，窑腿要有较宽的尺寸，主要是窑洞开挖对于土体的扰动会对两侧形成推力，因此，在开挖时要特别注意孔洞间的安全距离。区域间也存在差异：陇东地区有"窑宽一丈，窑深二丈，窑高一丈，窑腿九尺"之说；陕西地区，窑腿宽度以2.5~3m者居多（表3-2-2）。

传统窑洞建筑各主要组成部分尺寸区间统计分析表　　表3-2-2

| 窑洞类型 | 基础深度 | 洞跨宽度 | 洞高度 | 窑腿高度 | 边桩宽度 | 中桩宽度 |
|---|---|---|---|---|---|---|
| 靠山式窑洞 | 0~1m | 3~4m | 3.3m | 2m | 2.5~3m | 1.2~2m |
| 下沉式窑洞 | 无 | 2.8~3.2m | 3~3.6m | 1.5m | 1.5~2m | 1.5m |

| | |
|---|---|
| 窑洞建筑各部位名称图示 | 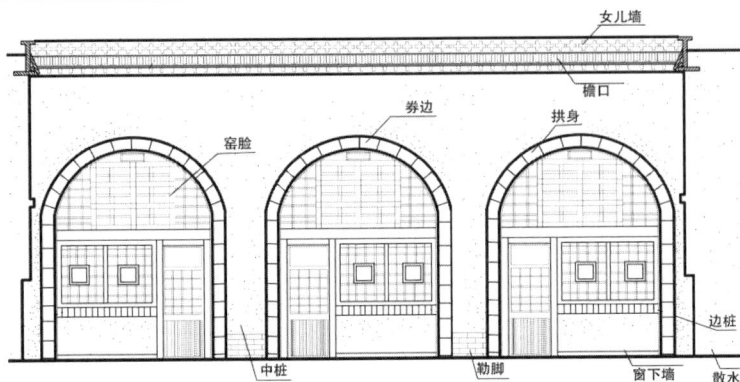 |

资料来源：作者自制。

① 李军环. 黄土高原窑洞民居 [J]. 国土资源，2006（03）：58-61.
② 王亚博. 料姜石对豫西生土窑洞结构性能影响研究 [D]. 郑州：郑州大学，2017：132.

　　窑洞两侧的"中桩与边桩"的实际稳定性是建筑安全的重要保证。此处仅以靠崖窑挖掘过程中的力学性能变化为例，展示窑洞在开挖后的整体应力变化状况。靠崖窑洞开挖之后，其周围土体会出现应力释放，窑洞拱券顶部和窑洞底面附近的土体主压应力水平相比同一高程处远离窑洞的土体主压应力要大。窑洞上覆土体自重经拱券结构传递给侧墙，侧墙竖向的主压应力相比窑洞其他部位要高，其中侧墙根部主压应力最大，从拱脚到拱顶的主压应力逐步递减，拱顶主压应力最小，接近于零，窑洞顶部同时出现较小主拉应力，这是窑洞发生局部坍塌的诱因，此主拉应力会随着窑洞跨径的增大而增大，因而大跨窑洞极易因拱顶受拉破坏而导致窑洞坍塌[①]（表 3-2-3）。

传统靠崖窑力学性能模拟统计分析表　　　　　　　　　表 3-2-3

| 窑洞实验模型 | 窑洞实验模型位移、应力云图 |
|---|---|
| 跨度：3.4m，<br>侧墙高度：1.8m，<br>拱矢高：1.7m，<br>进深：8.0m，<br>上覆土层厚度：6.0m。<br><br>土体模型：43.4m×<br>48m×29.5m | <br>a—整体模型 X 向位移云图·m；b—整体模型 Y 向位移云图·m；c—整体模型主拉应力云图·MPa；d—整体模型主压应力云图·MPa；e—窑洞附近 X 向位移云图·m；f—窑洞附近 Y 向位移云图·m；g—窑洞附近主拉应力云图·MPa；h—窑洞附近主压应力云图·MPa。 |

　　资料来源：作者根据杨焜，张风亮，朱武卫，薛建阳，刘帅，戴梦轩．靠崖式黄土窑洞结构传力机制研究 [J]．工业建筑，2019（01）：31–38 整理绘制。

　　通过对于窑洞开挖过程中"重要的节点位移变化随着各个自变要素的变化"进行分析与观察，从而得出靠崖窑在挖掘过程中较为科学的实验性数据（表 3-2-4）。

## 3.2.4　屋顶营造：关键生态智慧

　　窑顶的营造，在内部起到室内屋面的作用，在外部还提供了开阔平整的场地作为重要的生活空间场所；农闲时可作为院落使用，农忙时可以作为打麦场来使用（图 3-2-6）。因此，窑顶空间形成了一个重力活荷载区域。相比较而言，靠崖窑窑顶的厚度最大，下沉式窑洞窑顶厚度大概在 1~4m 之间，不宜过厚。

--------

　　① 杨焜，张风亮，朱武卫，薛建阳，刘帅，戴梦轩．靠崖式黄土窑洞结构传力机制研究 [J]．工业建筑，2019，49（01）：31–38.

传统窑洞建筑各主要组成部分尺寸区间统计分析表　　表 3-2-4

| 节点位移沿进深方向的变化 | 节点主压应力随覆土厚度的变化 | 节点位移随窑洞跨度的变化 | 节点位移随拱矢高的变化 | 节点位移随侧墙高度的变化 |
|---|---|---|---|---|
|  |  |  |  |  |
|  |  |  |  |  |
| **节点主压应力沿进深方向的变化** | **节点主压应力随覆土厚度的变化** | **节点主压应力随窑洞跨度的变化** | **节点主压应力随拱矢高的变化** | **节点主压应力随侧墙高度的变化** |
|  |  |  |  |  |

结论：

①靠崖式窑洞通过拱券体系将上覆土压力传递给窑腿（侧墙），窑洞周围土体基本处于受压状态，有效利用了黄土抗压强度高的优点，保证了窑洞结构的稳定性。

②开挖窑洞会造成土体扰动、荷载释放，窑洞周围土体会发生应力、位移变化。

③窑洞覆土厚度越大，窑洞周围土体的位移和主压应力也随之增大，其中位移增大不利于结构稳定，而主压应力增大则有利于结构稳定。因此，对于窑洞覆土厚度的选择要综合考虑上述两个方面。窑洞跨度、拱矢高以及侧墙高度对窑洞周围土体应力和位移的影响较之覆土厚度要小，三者中某单一参数增大均会导致窑洞周围土体位移的增大。

④多孔窑洞之间存在相互协同作用，多孔窑洞的主压应力水平和 X 向、Y 向位移均显著大于单孔窑洞。特别当窑腿宽度过小时，窑洞周围土体的位移很大，严重影响窑洞安全性，而当窑腿宽度较大时，窑洞间的相互协同作用减弱，窑洞周围土体的位移大大减小。因此，在建造多孔窑洞时，应当合理设置窑腿宽度，确保窑洞结构的稳定性。

资料来源：作者根据杨焜，张风亮，朱武卫，薛建阳，刘帅，戴梦轩.靠崖式黄土窑洞结构传力机制研究 [J]. 工业建筑，2019（01）：31-38 整理绘制。

（a）窑顶作为村内交通空间　　　（b）窑顶作为村内公共空间　　　（c）窑顶作为户内院落空间

图 3-2-6　窑顶空间图（下层的窑顶是上一层窑洞的院落）

（来源：团队提供）

黄土窑洞的破坏事故，有 80% 是由水害致使窑顶坍塌破坏。由于黄土本身为多孔材料，窑顶上的黄土暴露于空气中，常年风化作用加剧了孔隙的增大，一旦降雨，若不及时排走雨水，土壤层中的含水量便急剧增加，当土层中含水量达 20% 以上，窑顶的抗剪性能便大大降低，甚至丧失承载力，从而造成屋顶坍塌的危害。因此，做好窑顶的排水处理是提高窑洞民居耐久性能的最主要构造措施。传统窑顶营造的经验智慧（表 3-2-5）包括：首先，窑顶不作为农田耕种，更不敢种植高大乔木，一般种植浅根灌木（如千头柏、迎春花、酸枣等），这些植物的根不但可以加固窑顶土壤以免水土流失，而且可以吸收土壤水分使土壤干燥。其次，窑顶不准设置厕所，堆放粪便，放牧牛、羊、猪等。最后，应该将窑顶碾平压光，做成缓坡和排水沟，坡度约为 2%~5%，在屋檐处设置排水管，一般排水口要超出屋檐 40~50cm，预留足够的距离以保证雨水自由下落不会溅湿窑脸。

传统窑顶营造经验统计表　　　　　　表 3-2-5

| 方法名称 | 种植浅根灌木 | 窑顶碾平压光 | 屋檐处设排水管 |
|---|---|---|---|
| 窑洞类型 | 靠崖式窑洞 | 下沉式窑洞 | 靠崖式、下沉式窑洞 |
| 实际案例图示 |  |  |  |

资料来源：作者根据陕甘地区调研图片整理绘制。

## 3.2.5　结构营造：自然拱线分异

挖余法的独特之处主要表现在建筑结构营造方面，这一点使得窑洞建筑与中国传统木构架的建筑体系截然分开——其使用的是土拱结构。虽然窑洞建筑采用的都是土拱结构，但是根据地区土质整体的差异却是窑洞拱身形态的分异。拱身主要是将窑顶的荷载经窑腿传递给基础或者地基的结构部分，这样一个传导应力的过程使得窑洞的墙体与拱身形成了"结构一体化"。因而，也就形成了因不同土体类型影响下的拱身结构的不同，其主要体现在拱线结构的形态上。黄土窑洞的拱身所使用材料主要还是黄土，拱身的形态也是多种多样：有单心圆拱、双心拱、三心拱、平头三心拱、抛物线拱、落地抛物线拱等不同形态。挖余

法利用土体自身的应力形成土拱结构，其主要难点在于窑腿以上拱矢的高度以及
跨度的不同，也就形成在营造时对于这些重要指标进行掌控，以此来确定窑洞
对于区域环境的整体适应，同时从分布区域也可以洞察区域土质所存在的差异
（表3-2-6）。

西北地区传统窑洞建筑的起拱类型与分布区域统计分析表　　表3-2-6

| 类型 | 半圆拱 | 双心拱 | 三心拱 | 平头三心拱 | 抛物线拱 | 落地抛物线拱 |
|---|---|---|---|---|---|---|
| 类型图示 | | | | | | |
| 覆土厚度/m | 4.0 | 4.0 | 3.5 | 5.6 | 3.9-5.0 | 4.0 |
| 侧墙高/m | 1.6 | 1.5 | 1.2 | 2.3 | 1.2-1.9 | 0.0 |
| 拱跨/m | 3.0 | 2.7 | 2.8 | 3.2 | 3.0-3.2 | 3.2 |
| 拱矢/m | 1.8 | 1.5 | 1.7 | 0.7 | 1.0-1.8 | 3.0 |
| 窑腿宽度/m | 3.0 | 3.2 | 3.2 | 3.5 | 3.2-4.0 | 3.3 |
| 窑洞的高跨比 | 1.13 | 1.11 | 1.03 | 0.94 | 0.91-1.0 | 0.94 |
| 拱的高跨比 | 0.6 | 0.55 | 0.61 | 0.22 | 0.3-0.6 | 0.94 |
| 拱跨与侧墙高之比 | 1.88 | 1.8 | 2.3 | 1.39 | 1.68-2.5 | — |
| 侧墙高厚比 | 0.533 | 0.468 | 0.375 | 0.657 | 0.375-0.475 | — |
| 窑腿系数 | 1.0 | 1.18 | 1.14 | 1.09 | 1.06-1.2 | 1.03 |
| 靠崖式窑洞 | 绥德 | 绥德、子洲 | 绥德、陇东 | 绥德 | 陇东 | 陇东、宁夏西海固 |
| 下沉式窑洞 | 关中 | 三原 | — | 洛阳、三门峡 | 陇东 | 陇东 |

资料来源：作者根据童丽萍.传统生土窑居的灾害及民间防灾营造[J].建筑科学，2008（12）：17-21，以及陕甘地区窑洞建筑调研数据总结绘制。

　　陇东地区的抛物线拱，结构空间是土体塌落所形成的尖拱形态，是土体
的自然稳定空间结构；陕北窑洞则再如平头三心拱多是出现在富含料姜石层
的区域，料姜石层形成了坚实的天花板层，因此，可以平直结构空间形态出现
（图3-2-7）。

　　随着砌筑发券技术的发展进步，拱线形态的变化才随着人类的实际需求走向科
学化。常见的拱线施工特点如下：单心圆拱的曲线易于成型，侧墙较低，以土坯发
券，施工方便，应用较为广泛；双心圆拱、三心圆拱侧墙较低，曲线成型方便，宜

（a）甘肃庆阳窑洞的抛物线拱形态　　　　　（b）宁夏海源县窑洞的平头三心拱形态

图 3-2-7　典型窑洞拱线样貌图

（来源：团队提供）

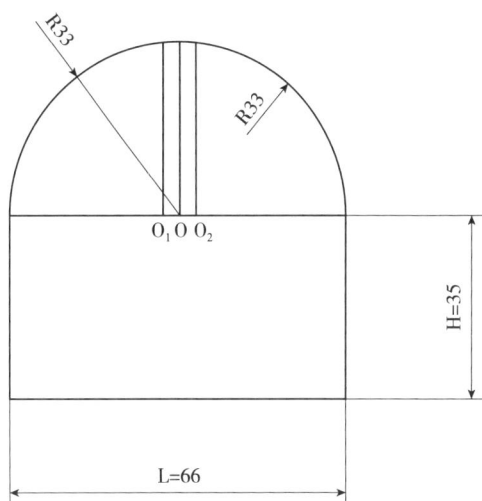

图 3-2-8　窑券窑腿高度确定示意图

（来源：肖婷，张萍，庄昭奎.靠崖窑窑券的技术做法和表达——以三门峡市湖滨区唐洼村为例 [J]. 绿色科技，2016（20）：124-126.）

用于土质松软的土层；抛物线拱曲线成型难，施工较难；落地抛物线拱是将拱与侧墙合为一体，由于侧墙是曲面，使用很不方便，故现存窑居较为少见。[1]

以最为常见的双圆心窑洞发券为例（图 3-2-8），具体做法如下[2]：

（1）窑洞发券高度和窑洞腿高度的确定。

（2）确定窑洞的洞口的宽度 L。例如窑洞的宽度 L=6m，找出中心点 O。

（3）确定两个发券的圆心 $O_1$、$O_2$。两个发券圆心距中心点 O 的距离的公式为：$OO_1=OO_2=$（1/20）× L、例如 $OO_1=OO_2=6 \times 1/20=0.3m$。

（4）确定发券的高度 h。发券高度 h 的计算公式为：h=（1/20+1/2）× L，可得 h=（1/2+1/20）× 6=3.3m。

（5）窑洞腿高度 $h_2$ 只需满足腿的高度略大于发券高度即可，即 $h_2>h_1$。

---

① 魏秦.黄土高原人居环境营建体系的理论与实践研究 [D]. 杭州：浙江大学，2008：157.

② 肖婷，张萍，庄昭奎.靠崖窑窑券的技术做法和表达——以三门峡市湖滨区唐洼村为例 [J]. 绿色科技，2016（20）：124-126.

# 3.3 夯筑法

## 3.3.1 地理分布

夯筑法是迄今为止国内使用最为广泛的传统生土营造技艺，尤其在20世纪60年代，在中央的号召下，全国人民贯彻大庆"干打垒"精神，降低非生产性建筑的造价，进行了大量夯土建筑的营造。从新近住建部组织全国专家编撰的《中国传统民居类型全集》分析可得，国内大部分地区分布着传统夯土建筑，而在西北地区则主要分布在疆北、海东、河西、陇中、陇东南、宁南、陕南以及关中一带。

传统夯土建筑所在地区之间的差异也普遍存在，并且在历史发展之中形成了建筑类型区划：海东地区、河西地区冬季寒冷，风沙较大，对于整体厚重的外墙夯筑极为重视，这就形成了该区域的庄廓式以及堡寨式民居；陇东南与陕南地区，属暖湿气候，森林覆盖率高，因此，大体上采用穿斗式木构架与夯土墙共同承重的营造模式；陇中、宁夏以及关中地区则位于两个区域之间，营造似有过渡现象，利用较高的夯土墙形成了高房子民居。当下夯筑法除了运用在夯实地基与基础，更多的是夯筑墙体。由于要进行支模，模具便成为夯筑营造的核心要素，因此，传统夯筑法多以夯筑模具作为类型划分的依据，可归结为椽筑法和版筑法两大类。前者是用椽条作为模具，而后者则是使用木板作为模具。

**（1）椽筑法**

椽筑法泛指利用椽条（圆木）作为主要模具的夯筑工艺，具有操作简单、造价低廉等特点，在黄土高原地区分布最为广泛。其模板多由立杆、椽条、桢板和撑木等组成，夯筑时椽条用作侧模，桢板用作端头模，立杆用于夯筑土墙时固定横椽，而撑木则用以加固端头模板（图3-3-1）。施工时，完成放线及基础后，在夯筑墙体两侧各埋入两根立柱，在立柱内侧将横椽与其连接作为夯筑侧模。横椽与立杆之间需嵌入木楔子用以控制墙体厚度。也有部分地区采用芨芨草等当地常见材料将椽模进行对拉以代替立杆。椽筑法的夯锤较为多样，高度多为0.8m左右，夯杆底部为一实心铁夯或石夯，上部为一横向手柄。

椽筑法筑墙的断面有下宽上窄的梯形，也有直立的矩形。墙体高度尺寸各处不一，一般以4m为限，因为太高了上土困难。值得提及的是兰州地区传统椽打墙有两种做法，与其他地区不同：其一是采用两副模板，这种方法无疑可提高效

（a）甘肃会宁地区椽夯现场　　　　　　　　（b）青海循化桢幹椽筑土墙

图 3-3-1　西北地区椽筑法实践图
（来源：团队提供）

率，但更大的作用是在墙角可处理成整体，这是使用单副模板所不能达到的；其二是采用绳索替代夹杆，用法是将椽条以绳索扎紧，夯打后抽出。但由于绳子对椽条的拉固不如夹杆，因此在夯打的过程中会造成椽条的细微移动，致使土墙密实度较为逊色。

**（2）版筑法**

版筑法根据使用模板的长短又可以分为长板版筑法与短板版筑法。

长板版筑法，模具由立杆、木板等组成，模板架设方式与椽筑法类似，不过需将其横椽用厚约 5cm、长约 5m 的木板代替，柱间距约 1.5~2m。这类做法主要分布在甘南藏族自治州及青海河湟等地区（图 3-3-2）。施工时若人员充足，可多块长板并用，一次性将待夯筑墙体一圈支完，数十人同时夯筑。长板版筑法采用的夯锤与人同高，木质，两端均有夯头，小夯头主要用于夯实模板内的土层，大夯头主要用于每版结束后找平。

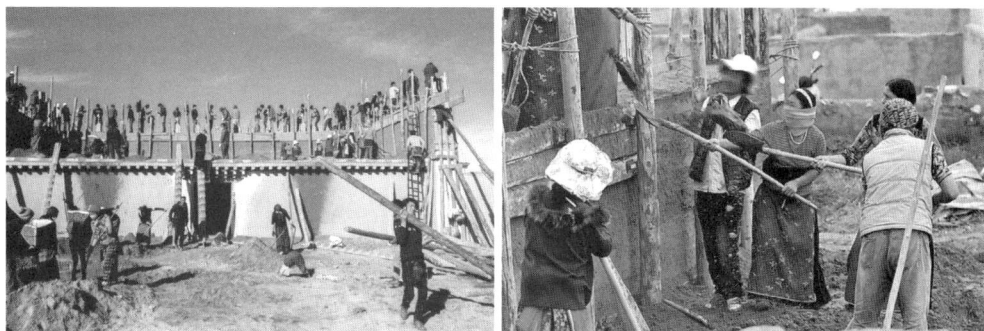

（a）长板夯筑庄廓　　　　　　　　　　　（b）夯筑上土

图 3-3-2　高原地区少数民族的长板版筑法实践图
（来源：网络整理）

短板版筑法，这类营造类型分布十分广泛，包括甘肃大部分地区、陕南地区以及宁夏局部区域。短板夯筑模具由两块侧板、一块端板及另外一端的活动卡具所组成。此类夯筑模具可反复利用，架模速度快，操作灵活，营造墙体平整，多有错缝处理。夯锤分两种，一种与长板版筑法类似，另一种夯锤手柄约为0.8m高，夯头有长有短，有平有曲。短板版筑法施工与其他工艺略有不同。待找平放线结束以后，在基础上部架设模板。夯筑完成后会对接缝位置进行拍打修补。[①]

## 3.3.2 土料限定：醒土备料智慧

传统夯筑法使用夯实的方法对土体进行加工形成墙体结构，因此对土体本身的含水率与黏性有较高要求。

首先，在含水率的控制上，营造的智慧来自于对时令的掌握，一年内适宜营造的时间并不充裕，具体营造时间的分配也与地域有关：海东、河西地区的营建主要集中在每年的3~5月，村子里的壮劳力还未出去打工，但是这个时间段与一些地区的春耕时间重合，未必能够完成营造，因此会在秋收之前利用时间继续完成，如青海的一些地区会在8~9月份继续营造。这个时间段的选择，一个是由于匠人的考虑，另一个是对季节性土料的含水率的准确把握。土料含水率的问题，是关乎夯筑土体是否能够坚固的重要因素，这一步称为"醒土"。西北地区的蒸发量由东南向西北会逐渐增大，因此，由东南向西北醒土的步骤与是否加水则密切相关（表3-3-1）。

西北地区各区域土料醒土统计分析表　　　　　　　　　表3-3-1

| 所在地区 | 醒土 | 备注 |
| --- | --- | --- |
| 陕南、陇南 | 不需要 | 土中富含水分，甚至会添加一些石灰、石子进行夯筑 |
| 陇中、宁夏 | 不需要 | 土中含水率基本适宜，一般可以直接用来夯筑 |
| 河西地区 | 需要 | 冬季需要用水在选土的地方漫灌，春季营造即可使用 |
| 青海地区 | 需要 | 蒸发量较大，操控时间短，因此需要现场加水 |

资料来源：作者自制。

特别需要说明的是，甘肃的河西地区在冬季11~12月份在选土的地方进行漫灌，使土壤跟水冻结在一起，形成坚硬的冻土层。这样保持一个冬季，待到来年

---

① 陆磊磊，穆钧，王帅.黄土高原地区传统民居夯筑工艺调查研究 [J].建筑与文化，2014（08）：82-84.

3~4 月份的时候冻土融化，重新将地翻起，土质会变得松软、透气性良好，有一个长时间土、水与空气的融合过程，让水和空气都能进入土壤空隙中，达到良好的和易性，要比现场浇水效果好很多。夯土土料的工作原理与混凝土的工作原理有些类似，但不完全相同。石子中间是砂子，砂子之间是粉粒，粉粒之间是靠黏粒连接，经过高强度的夯击形成强度不错的聚合物（图 3-3-3）。

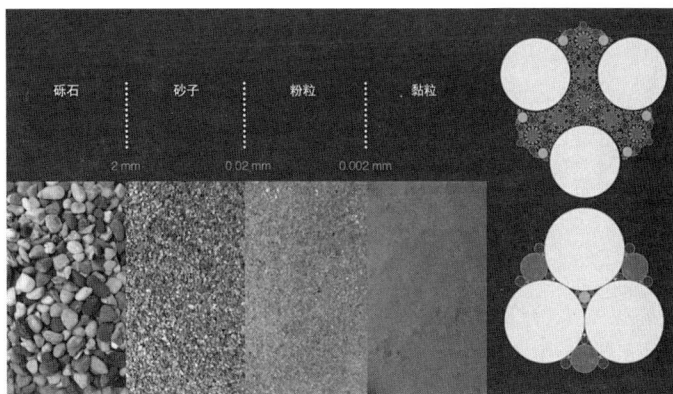

**图 3-3-3　夯土粒径与聚合工作原理图**
（来源：穆均．土生土长——夯土建筑 [J/EB]．）

通过对于西北地区的砂土分布、黏土分布以及粉砂土分布状况的对比分析，发现西北地区所使用土料粒径的分布特征表现为从西北向东南粒径逐渐增大。进一步分析则得出适宜土体夯筑的土质主要包括以下几个特征：（1）所含砂土大概为 40%~80%，其中以 40%~60% 为主；（2）所含黏土大概为 10%~40%，其中以 10%~20% 为主；（3）所含粉砂土大概为 10%~40%，其中以 20%~40% 为主。基本确定西北地区传统夯筑法所使用的适宜的土质是以含砂土 40%~60%、黏土 10%~20%、粉砂土 20%~40% 的复合为典型营造的分布情况。

同样是由于区域之间的土质有所差异，在使用过程中，会根据差异加入不同掺和料来进一步提高夯实土墙的抗拉强度和耐久性等。这些掺和料大多是天然的、日常生活中容易获得的且不会造成土体污染的环保材料（表 3-3-2）。

西北各地区夯土墙体掺和料统计分析表　　　　表 3-3-2

|  | 所在地区 | 掺和料 | 作用 |
|---|---|---|---|
| ① | 甘肃敦煌、新疆 | 棉花、糯米水 | 增强土料的黏度，夯筑后不松散 |
| ② | 甘肃陇南、陕南 | 瓦片 | 增强墙体拉结作用的同时，也增添肌理美感 |

续表

| | 所在地区 | 掺和料 | 作用 | |
|---|---|---|---|---|
| ③ | 陕西关中、甘肃陇中 | 木板 | 一般加在墙体中部，不仅增强拉结作用，也更易控制墙体上部厚度，使整面墙体更加稳固 | |
| ④ | 海东地区、甘肃陇南 | 石头（石头粒径有大小分） | 小 | 土料自身携带不筛除，夯入墙内起骨料作用 |
| | | | 大 | 置于墙基底部，高出室外地坪，起到勒脚作用 |
| ⑤ | 陕西关中、甘肃大部分地区 | 麦秸秆 | 植物纤维增强墙体拉结作用 | |
| 图示 | ①棉花 | ②瓦片 | ③木板 | ④石头 | ⑤麦秸秆 |
| | | | | | |

资料来源：团队绘制。

## 3.3.3 基础营造：构造技术分异

西北地区的土质情况不同，同时气候状况也存在较大差异，因此基础的构造做法存在多种类型。

**（1）海东与河西地区**

海东与河西地区在营造之前，由工匠根据宅基地的地形地貌等实际情况进行用地平整、放线、营造基础。主要方法一般有两种（表3-3-3）：平地营造模式与挖槽营造模式。由于该地区属于寒冷地区，冰冻线较深，因此，需要挖槽时深度约为1m，宽度约为1.5m。基础的营造步骤为：首先将基坑中表面虚土夯实，形成具有承载力的地基，然后铺一层石块约0.2~0.25m，土层约0.1~0.15m厚，一层石头一层土，然后夯实，基坑中未铺石头处均用生土填充，反复这样由下至上铺，最后一层为生土层夯筑并达到地坪高度，尤其注意最上一层的找平功能。其中，河西地区没有海东地区严格，将碎石与土整体夯实，并未进行分层夯筑。

**（2）宁夏、关中与陇中地区**

宁夏、关中与陇中地区的基础做法较海东与河西地区的做法要略微繁杂，主要因为土质整体变得松软，含石量明显下降，因此必须对基坑作进一步处理，主要分为两种：平地开槽浅基础与平地开槽深基础（表3-3-4）。比较两种

海东与河西地区夯土民居基础做法表　　表 3-3-3

| 方法一：平地起夯模式 | 方法二：挖槽营造模式 |
|---|---|
| 适用于场地平整、土质密实且含杂质较少的地区。只需要将待夯筑墙体的部位用大夯夯实即可，无需对地基进行开挖，对于场地需要进行平整，去除表面的杂质 | 挖槽，具体深度和宽度依据区域冻土深度与土质而定，一般在 1m 左右，土质需要均匀密实，在挖出的槽内直接做基础；当土质含较多杂质时，需要将槽内的虚土夯实后再做基础 |
| 素土夯实　室外地坪　室内地坪 | 素土夯实（深）室外地坪　室内地坪 |

资料来源：团队绘制。

基础，深基础采用了对于基础进行额外箍筑的营造方式，更加坚固耐久，其稳定性更强。

宁夏、关中与陇中地区夯土民居基础做法表　　表 3-3-4

| 方法一：平地开槽浅基础 | 方法二：平地开槽深基础 |
|---|---|
| 当土质较绵软疏松时，为了增强基础的稳定性，会在平地进行开槽，一般在 0.3~0.5m 之间用砂石在夯筑墙体部位铺垫一层并夯实 | 用地内用白灰放线，沿线挖出基坑，宽度比墙体略宽即可，一般在 0.7~1m 之间，对于基坑使用石块或砖进行围砌，内部进行素土夯实 |
| 沙子碎石垫层　室外地坪　室内地坪 | 素土夯实（宽）室外地坪　室内地坪 |

资料来源：团队绘制。

### （3）陕南与陇东南地区

陕南与陇东南地区气候相对潮湿，建造基础时最需要注意的是防潮与防水。具体做法有两种：平地营造模式与挖槽营造模式（表 3-3-5）。具体做法是直接

夯实墙基或在基坑中加入垫层，在隔离层的材料选用之中注意灰土的使用，目的
是使墙体和地面能有效地隔绝，个别区域则将砖石基础一直砌至地面以上1m左
右的高度，从而达到隔绝地面雨水径流以及避免雨水下落溅湿墙体以致糟毁的
目的。

陕南与陇东南地区夯土民居基础做法表　　　　表 3-3-5

| 方法一：不挖基坑 | 方法二：开挖基坑 |
|---|---|
| 直接用白灰放线或用绳子拉出基线，用夯锤沿基线用力夯打，直至地面平整，部分农户会在夯打后的基线上放上几匹砖或毛石等作为墙基的勒脚使用 | 基础中夯入三合土（石灰：砂：骨料＝1：2：4 或 1：3：6），骨料多使用破碎砖石或煤矿渣，三合土是乡村基础使用较多的材料，基础整体厚度应≥0.2m，宽度≥0.7m |
| | |

资料来源：团队绘制。

### （4）多民族地区

　　这些地区多指藏族、羌族、土族等少数民族的一些综合区域，典型的有青海
地区的一些藏族自治州以及甘肃的甘南藏族自治州、肃南裕固族自治县等。这些
地区大多增加了对于地方石材的利用，形成了比较有地方特色的砾石砌筑的基础
做法，主要分为两种：不挖基坑与开挖基坑（表 3-3-6）。

多民族地区夯土民居基础做法表　　　　表 3-3-6

| 方法一：不挖基坑 | 方法二：开挖基坑 |
|---|---|
| 直接夯实地面，在夯筑过程中会加入"白灰"[①]，作为防潮层来用，有效阻挡地下水汽对于墙体的影响。用夯锤沿基线用力夯打，直至地面平整 | 夯筑墙体前，进行放线，挖出基坑，基坑的宽度比墙体底部宽度多出 0.2m 左右，基坑深度一般为 0.5~0.6m。泥土混合碎山石、卵石，以泥为黏合料砌筑墙基，墙基高出地面 0.4~0.5m |

---

　　① "白灰"制作方法：河中取石头（面胆石），烧热后加水冷却后变成粉末（俗称"白土"）加入土料中，可以有效降低土壤中微生物的活性，俗称"杀死土脉"。

续表

| 方法一：不挖基坑 | 方法二：开挖基坑 |
|---|---|

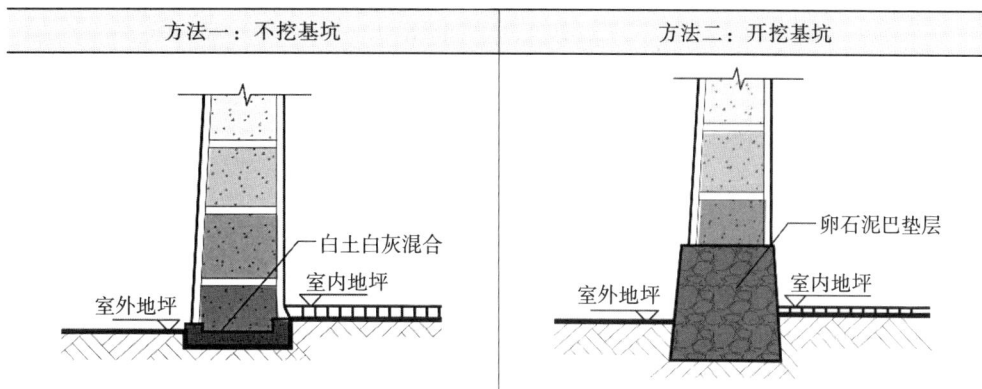

资料来源：团队绘制。

## 3.3.4　墙体营造：关键构造要点

墙体营造是传统夯土建筑营造技艺的核心部分，传统夯土建筑在夯筑的过程中，为了保证墙体的整体安全性，通常要进行一些加强措施的处理（表 3-3-7）。如在汉中曾见到板打墙配筋，此地区的土壤干缩性很大，墙身夯打后，若不经处理往往出现裂缝，为了防止裂缝的产生，一般在筑墙时，当离地面 3~4 板高后即在转角处和交接处，每层均放置 3~4 根小竹杆或 1~2 根木杆；如此放置 2~3 层后便应配置沿墙身通长的竹筋，依此类推至墙顶，效果良好。[①]

夯土墙的加固措施表　　　　　　　　　　　　表 3-3-7

| 名称 | 夯土墙夯层间的片石 | 夯土墙夯层间的碎石 | 夯土墙夯层间的木条板 |
|---|---|---|---|
| 实例 |  |  |  |
| 加固原理 | 片石的使用是在夯层间加强联系，增强每版夯土墙体的承托力，避免墙体通缝的出现 | 碎石的使用位于夯层间加强土体的和易性，同时，在夯层底类似是一种层间基础的做法，增强整体的强度 | 木条板的使用是在层间加强联系，增强每版夯土墙体的承托力，整体承托效果使得层间的支撑更好 |

---

① 陈中枢，王福田．西北黄土建筑调查 [J]．建筑学报，1957（12）：10–27．

续表

| 名称 | 夯土墙夯层间的片石 | 夯土墙夯层间的碎石 | 夯土墙夯层间的木条板 |
|---|---|---|---|
| 构造图示 | 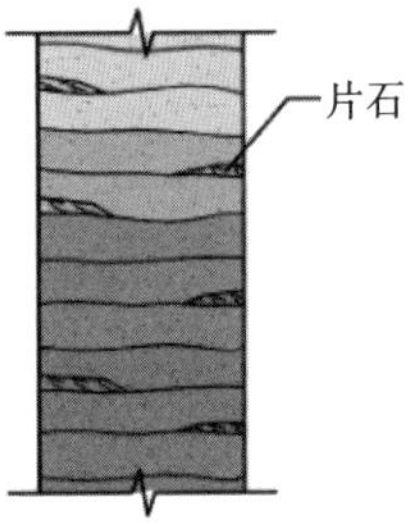 片石 | 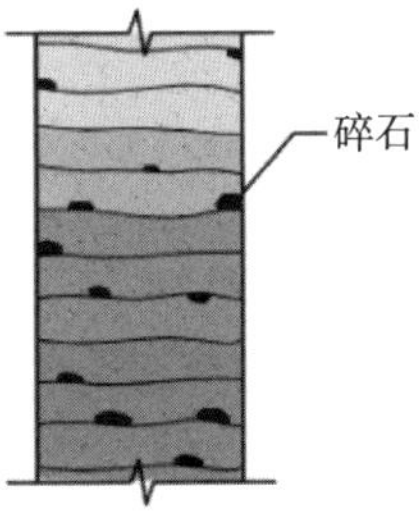 碎石 | 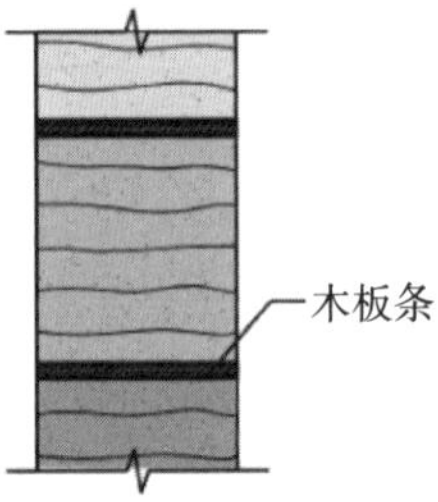 木板条 |

资料来源：作者自制。

传统夯土墙体的营造还有一个重要环节，就是在墙上开设门窗洞口，主要有两种方式：预留式与开挖式（表 3-3-8）。

门窗洞口开设方法表　　　　　　　　表 3-3-8

| 名称 | 方法一：预留式 | 方法二：开挖式 |
|---|---|---|
| 方法 | 当墙体夯筑到门窗洞口相同高度的位置时，放入与门窗洞口尺寸相符的模板，再加土继续夯筑 | 当墙体不完全干燥时（此时的墙体要具备一定强度，又要保持一定湿度），在墙体上开挖门窗洞口，局部墙体整修 |
| 图示   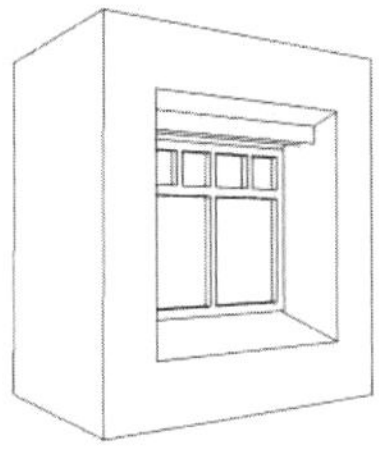  | | |

资料来源：团队绘制。

## 3.3.5　夯筑技法：椽夯版筑解析

夯打模式又分为单人夯打与多人夯打，尤其是在历史进程之中形成了多人协作的营造模式。当匠人协同夯打的时候，人们发明创造了"夯歌"[①]这样一种民歌形式将夯打的节奏与营造技术进行协同，领夯根据节奏快慢的控制，发出

---

[①] 夯歌大多采用"一领众和"的形式，领夯者是领唱者，其他打夯者是合唱者。主要实用功能有：一人领唱便于统一指挥每位工匠的夯筑节奏，共同作业；有唱有休，有劳有歌，相互交替，有利于双方长时间的劳作。

轻重缓急的营造指令，促使参与夯打的人步调一致，这样不仅节省了匠人的体力，还能提升营造的效率。以甘肃地区为例，多数采用"两轻一重"的夯击方式："两轻"——先轻颠两下石杵，让浮土尽量紧实，保证在接下来的重夯中不会松散溢出；"一重"——工匠将石杵双手拎至齐胸，再以重力夯击墙体，通过外力的作用改变墙体的强度。[①] 关于墙体的夯打方式与行走路径，主要有两种组合（表 3–3–9）。

土墙夯筑方法示意表　　　　　　　　　　表 3–3–9

| | 方法一 | 方法二 |
|---|---|---|
| 夯打方法 |  | 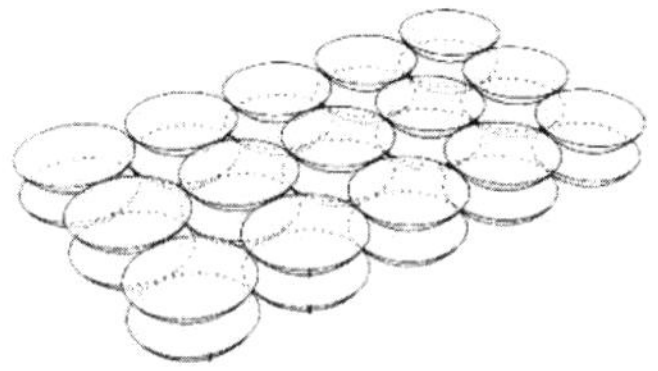 |
| 夯窝图示 |  |  |
| 夯打方法 | 梅花形落杵打法——夯击路线为"回"字形，实线表示第一次夯打，虚线为第二次夯打，每个夯点至少夯打两次；夯打完第一遍后，第二次夯打应对准夯窝中间虚高的部位，且要保证每个夯点之间连续紧密 | 前后左右对齐落杵打法，陇东地区俗称"盯窝窝"——夯击路线为"Z"字形，即每层的杵窝呈前后左右对齐分布，夯点之间连续，上下大致对齐。此夯击方法使用的杵头形状较为特别，呈倒圆锥状 |
| 夯打路线 | 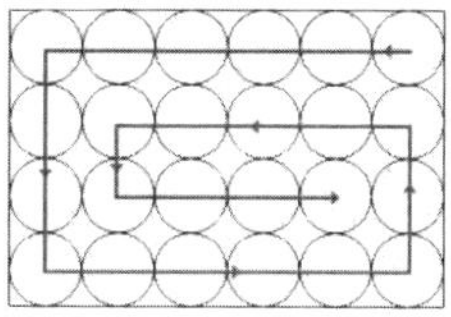 | 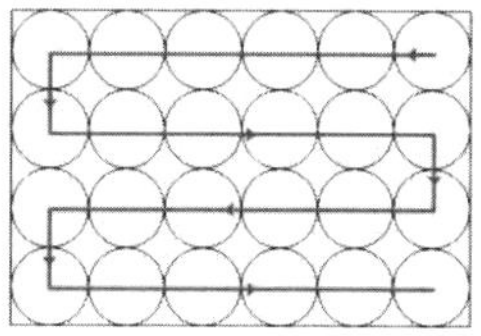 |

资料来源：团队绘制。

### （1）椽夯

椽夯所使用的椽子多选用松木，粗细均匀、长度适宜，多用圆形。筑墙之前，先在墙基边缘栽立四根高大结实的木柱，深入地下 30~50cm，两边平行，长宽距离相等。这几根柱子是筑墙工事中的支柱，它的基本作用是限定墙基的位置和墙体的长度、宽度及厚度。然后将制作好的圆木（椽子）放在平行的立柱内侧，四根高大结实的柱子牢固地挡住墙体两旁打夯的压力。[②] 将椽子紧紧捆绑在一起，多用活结与直立的立柱相连，中间填土，每次填入的土料要略高于最

---

① 骆婧. 甘肃地区传统夯土建筑形制区划与营造技艺研究 [D]. 兰州：兰州理工大学，2018：52.
② 李旭东. 锁阳城夯土版筑建筑研究 [J]. 丝绸之路，2011（07）：31–33.

上面椽子的高度。每夯完一层，将最下面的一根椽子拆解，放置顶部，再用活结捆绑，两侧同时进行。如此反复，直至达到需要的墙体高度为止（表3-3-10~表3-3-15）。

椽夯模板一组合示意表　　　　　　　　　　表3-3-10

| 模型整体 | 模型分解 |
| --- | --- |
|  |  |

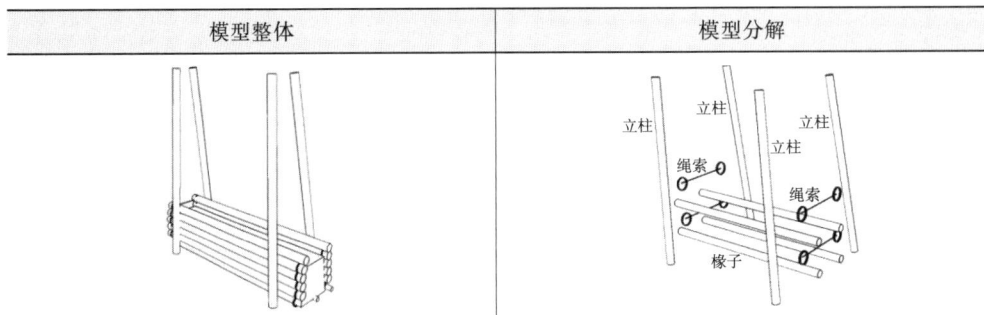

资料来源：团队绘制。

椽夯模板一使用步骤表　　　　　　　　　　表3-3-11

| 工具组装步骤1 | 立柱 | 工具组装步骤2 | 架底椽 |
| --- | --- | --- | --- |
|  | 将四根立柱竖直栽立在地面，下大上小，宽度即为夯土墙的宽度，注意两侧保持平行 |  | 在四根立柱的底部中间内侧放入两根圆木底椽 |
| 工具组装步骤3 | 绑椽 | 工具组装步骤4 | 夯打 |
|  | 用绳子做成活结连接固定两根平行的底椽，称为绑椽。底椽主要与立柱共同确定墙体的基厚 |  | 依次放椽、绑结固定，每夯完一椽高以同样的手法向上加椽，加至5-6层高 |
| 工具组装步骤5 | 翻椽 | 工具组装步骤6 | 拆模 |
|  | 待夯筑完成后，拆下最底部的活结，撤去最底部的椽子，放置在最顶部，其他椽子位置保持不动 |  | 如此反复，夯至需要高度，整体拆下活结，先撤去横向椽，再拔出竖向立柱 |

资料来源：团队绘制。

## 椽夯模板——夯筑流程表　　　　　　　　　表 3-3-12

| 土墙夯筑流程 1 | 架椽 | 土墙夯筑流程 2 | 上土 |
|---|---|---|---|
|  | 椽子的选材一般是松木,因为松木质地较为坚韧且笔直,再用绳子绑住两头,一般架到五至六层 |  | 事先备土(就地取含水率较好的土),上土至略高于椽子的高度,若上土为十分,夯筑至七分即可 |
| 土墙夯筑流程 3 | 夯打 | 土墙夯筑流程 4 | 翻椽 |
|  | 单人或多人作业,多人夯打时会有领夯,以唱夯歌的形式统一节奏,夯筑方法多为"梅花落点"式 |  | 拆解底层椽,将其翻到顶层,再捆绑固定。取椽方式是先将活口绳的一头取下,再对另一边的椽进行抽取 |

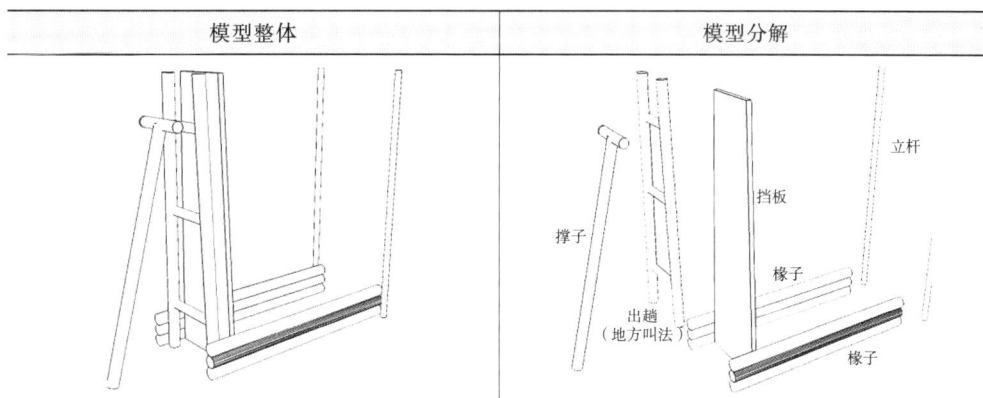

资料来源：团队绘制。

## 椽夯模板二组合示意　　　　　　　　　　表 3-3-13

| 模型整体 | 模型分解 |
|---|---|
|  |  |

资料来源：团队绘制。

## 椽夯模板二使用步骤表　　　　　　　　　表 3-3-14

| 工具组装步骤 1 | 架椽 | 工具组装步骤 2 | 立杆 |
|---|---|---|---|
|  | 在平整后的场地上放置椽子,两排椽子的间距即为墙体宽度 |  | 将立杆紧贴于椽子外侧,插入土中,起到加固椽子的作用 |

续表

| 工具组装步骤 3 | 架挡板 | 工具组装步骤 4 | 出趟 |
|---|---|---|---|
| | 在椽子的另一端将挡板（地方叫法为"拦门板"）卡在中间，立杆至挡板的距离确定为墙体的长度 | | 将出趟（地方叫法）略微倾斜地靠在挡板的外侧，形成一个框架式的支撑，有利于木板的承力 |
| 工具组装步骤 5 | 斜撑 | | |
| | "T"字形的撑子呈30°靠在挡板与出趟外侧，用来支撑栏板和出趟在进行夯筑时所承受的冲击力 | | |

资料来源：团队绘制。

椽夯模板二夯筑流程表　　　　　表 3-3-15

| 土墙夯筑流程 1 | 支模 | 土墙夯筑流程 2 | 固定 |
|---|---|---|---|
| | 根据椽子间距控制墙体厚度，将立杆和挡板插入土内，用麻绳缠绑椽子与挡板 | | 用"T"形木料做挡板与出趟后的三角支撑，然后就可以向模具内部填土，进行夯打作业 |
| 土墙夯筑流程 3 | 夯筑 | 土墙夯筑流程 4 | 翻椽 |
| | 填土量略高于椽高，用碗形石杵夯实，一般以"Z"字形轨迹进行夯打作业 | | 这一层夯打完，将最底部的椽取出，放至顶部，并用麻绳绑扎椽与立杆，进行下一层的夯打作业 |

续表

| 土墙夯筑流程 5 | 转角 | 土墙夯筑流程 6 | 收工 |
|---|---|---|---|
| 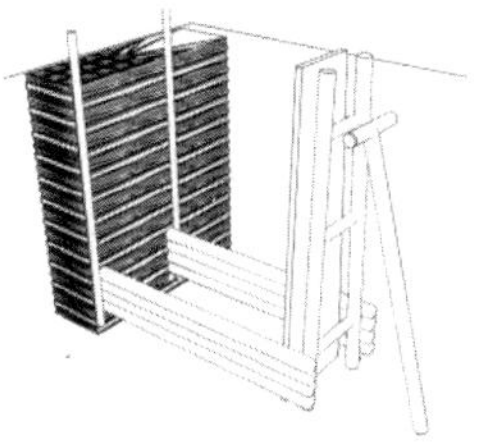 | 将立杆靠在已夯打完成的墙体上，支模时模具与墙体边缘保持 20~30cm 的距离 | 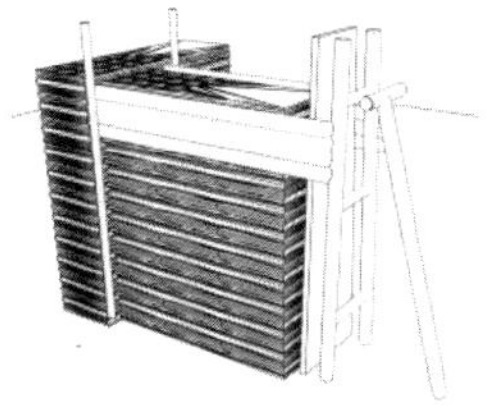 | 重复夯打作业，直到新夯墙体与已夯墙体高度相同为止 |

注：麻绳缠绑椽子与挡板时，一般系为死扣，翻椽或拆模时直接将绳结剪断。

资料来源：团队绘制。

### （2）版夯

版夯是用两块侧板一块端板组成模具，另一端加活动卡具，夯筑后拆模平移，连续夯筑至所需长度与高度，此为第一版；再把模具移放第一版上，如此往复，逐版夯筑直至所需高度为止。[1] 施工过程中，夯土墙的每版夯筑高度不宜大于 45cm，每版分 2~3 次上土，铺土后踩平，用夯具每层夯 3~6 遍，要等下层夯土层水分蒸发一段时间后，墙体有一定强度之后再将版翻到上层继续作业，每天夯筑高度不宜超过 3 版[2]（表 3-3-16~ 表 3-3-18）。

版夯模板示意表　　　　　　表 3-3-16

| 模型整体 | 模型分解 |
|---|---|
| 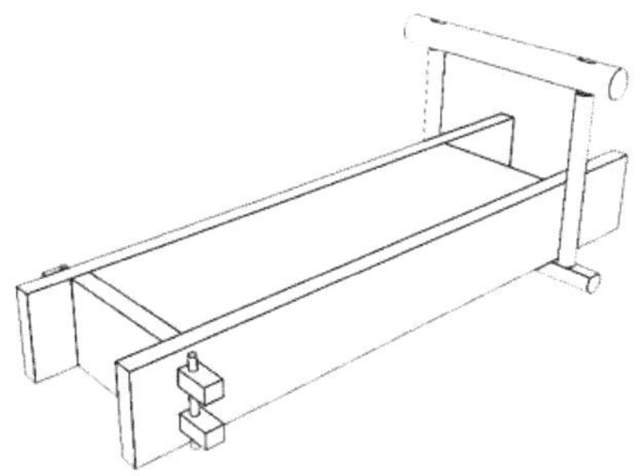 | 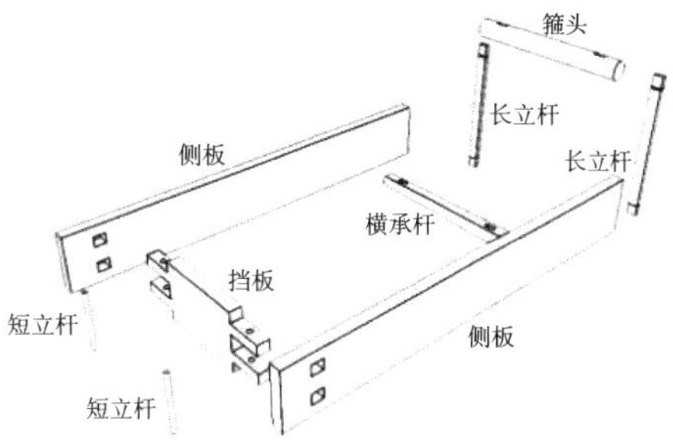 |

资料来源：团队绘制。

① 张虎元，赵天宇，王旭东.中国古代土工建造方法 [J].敦煌研究，2008（05）：81-90.
② 赵西平，赵方周，刘加平，等.秦岭山地民居墙体构造技术 [J].西安科技大学学报，2005（01）：114-117.

**版夯模板组装步骤表**　　　　　　表 3-3-17

| 工具组装步骤 1 | 拼版 | 工具组装步骤 2 | 插短杆 |
|---|---|---|---|
| 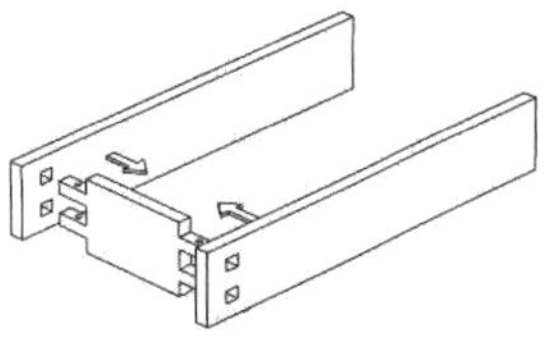 | 将两块侧板与挡板拼接在一起。使用卡扣将其连接牢固 | 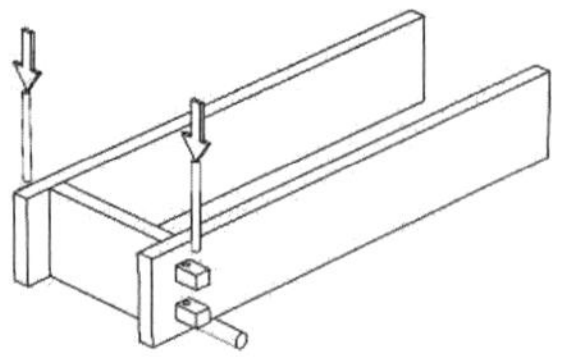 | 将短立杆插入挡板两侧，起到进一步的固定作用 |
| 工具组装步骤 3 | 架横承杆 | 工具组装步骤 4 | 插长杆 |
| 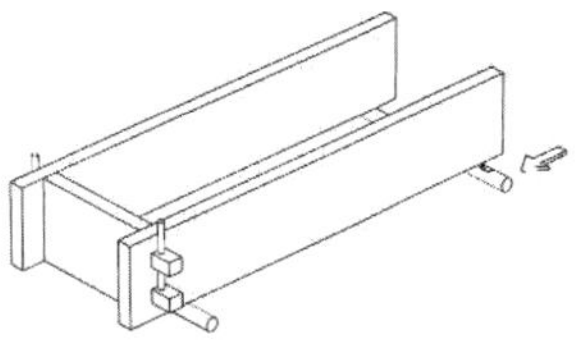 | 将横承杆置于侧板另一端的底部 | 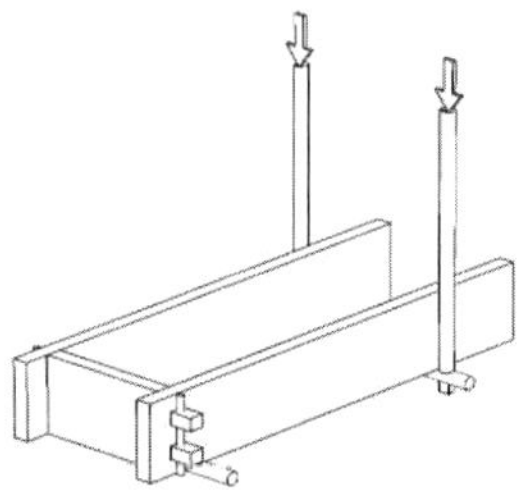 | 长立杆插入横承杆两侧，调整板的距离，确定墙体宽度 |
| 工具组装步骤 5 | 架箍头 | 工具组装步骤 6 | 完成 |
| 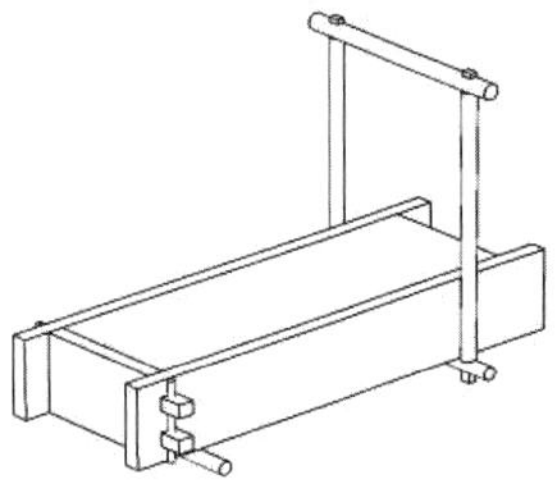 | 在长立杆上放置箍头，起到进一步的固定作用 | 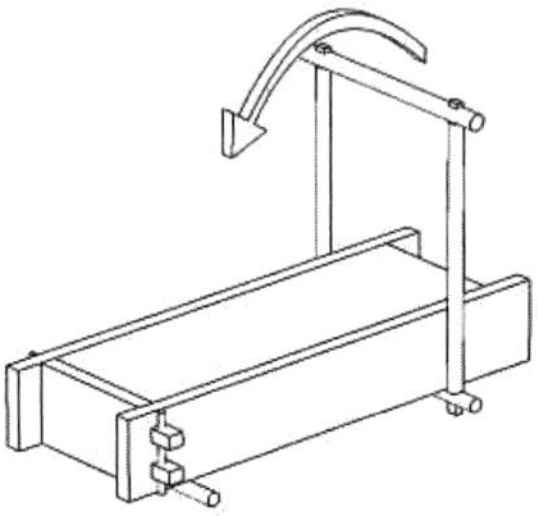 | 横承杆＋长立杆＋箍头，这一部分是可以活动的，用于控制墙体的长度 |

资料来源：团队绘制。

**版夯模板二夯筑流程表**　　　　　　表 3-3-18

| 土墙夯筑流程 1 | 支模 | 土墙夯筑流程 2 | 填土 |
|---|---|---|---|
| 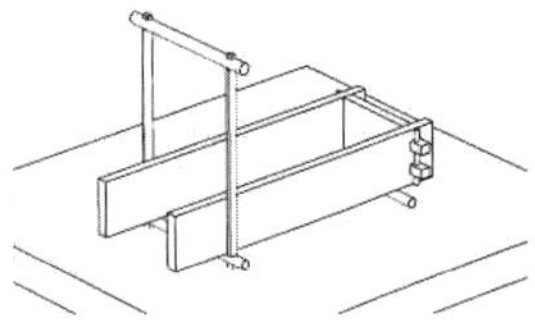 | 选择待夯墙体场地，将模板在墙体基础之上安置妥当 | 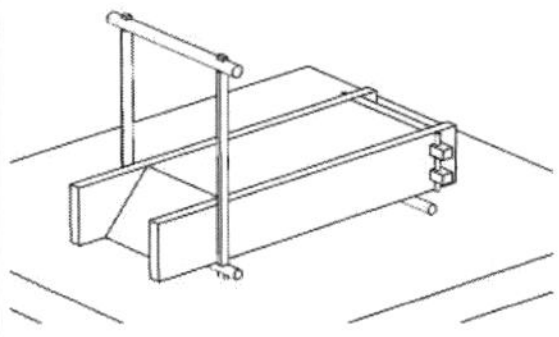 | 填土至略高于侧板高度，用杵沿土方边缘至中间夯打 |
| 土墙夯筑流程 3 | 夯打 | 土墙夯筑流程 4 | 翻模 |
| 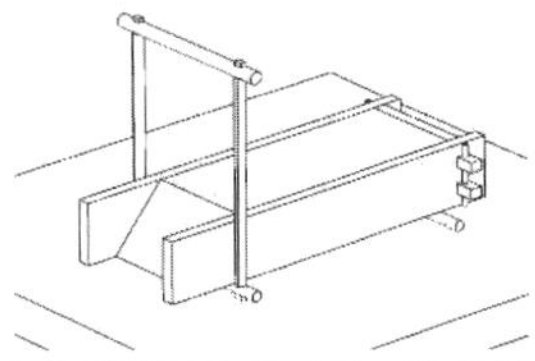 | 用脚趾去边缘多余土，一端夯打形成楔形，便于和后一段墙体互相咬合 | 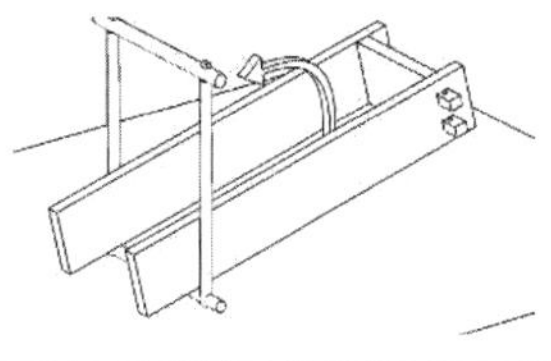 | 立杆部分不动，将侧板和挡板整体翻转180°，并与上一段打好的墙卡好对齐 |

续表

| 土墙夯筑流程 5 | 夯打 | 土墙夯筑流程 6 | 移模 |
|---|---|---|---|
| | 重复上一段墙体夯筑流程，完成夯打下一段土墙 | | 立杆与挡板整体向后拖拽移动，与第二段墙卡好对齐，完成第三段墙夯打 |
| 土墙夯筑流程 7 | 翻模 | | |
| | 立杆与挡板部分整体翻转至第二层，与下层土墙对齐，开始第二层夯打 | | |

资料来源：团队绘制。

# 3.4　土坯砌筑法

## 3.4.1　地理分布

西北地区从平原到山区、从高原到谷地，各地土质结构不同，气候和生活习惯也有差别，土坯的制造方法以及砌筑方式也各不相同。土坯可以砌出各种式样的砌体结构，如房屋的墙壁、外墙与隔墙、屋内的火炕、小型搁置土台、火墙、火炉、烟囱、院墙、粮仓、城墙以及重要的军事性防御工程等，作为一种模块型的建筑材料，土坯的使用极为广泛。[①] 结合住建部组织全国专家调研编撰的《中国传统民居类型全集》分析可以大致得出，在中国境内分布着大量传统土坯建筑，而在西北地区则主要分布在新疆西南部与东北部、甘肃与宁夏的大部分地区、陕南以及关中一带。

甘肃省处于全国气候区划主要气候区之间的过渡带：河西地区与新疆地区，甘南地区与青海地区，陇中、陇东南地区与陕西、宁夏地区等分属于同一个气候分区。因此，从甘肃省的独特区位来看，除了新疆地区的土坯建筑之外，甘肃的土坯建筑类型基本可以代表西北地区的传统土坯建筑类型。甘肃省境内的土坯房

---

[①] 中国科学院自然科学史研究所 . 中国古代建筑技术史 [M]. 北京：科学出版社，2000：52.

主要有三种典型结构：墙体承重土坯房、砖柱（木柱）承重土坯房和混合承重土坯房[①]，就甘肃省土坯房分布特征按区域特色划分并逐一简要总结说明，具体分布数据表（表 3-4-1）。

甘肃省土坯房及不同结构类型土坯房的地区占有率统计分析表 表 3-4-1

| 地区 | 结构类型 | 占有率 | 备注 |
|---|---|---|---|
| 河西走廊及北山地区 | 墙体承重土坯房 | 85% | 兰州市的永登县以西广大地区是甘肃省土坯房分布的主要区域 |
| | 砖柱（木柱）承重土坯房 | 15% | |
| | 混合承重土坯房 | 0 | |
| 陇南地区 | 墙体承重土坯房 | 15% | 临夏市、天水市甘谷县及平凉市以南；常见夯土墙民房，数量约是土坯房的1/2；有少量木柱承重土坯房，使用年限普遍较久 |
| | 砖柱（木柱）承重土坯房 | 75% | |
| | 混合承重土坯房 | 10% | |
| 陇东地区 | 墙体承重土坯房 | 80% | 陇东平凉与庆阳一带的广大黄土塬及黄土墚峁地区；黄土靠崖窑使用较多，是该地区土坯房使用较少的主要原因 |
| | 砖柱（木柱）承重土坯房 | 0 | |
| | 混合承重土坯房 | 20% | |
| 陇中地区 | 墙体承重土坯房 | 50% | 系指河西的永昌、金昌市以东至天水以西的广大地区；当地经济条件较好，土坯房占有率较低 |
| | 砖柱（木柱）承重土坯房 | 20%（砖柱） | |
| | 混合承重土坯房 | 30% | |

资料来源：徐舜华，孙军杰，王兰民，吴志坚.甘肃省土坯房空间分布特征与多因素分类方法研究[J].震灾防御技术，2010（01）：125-136.

## 3.4.2 制坯技艺：制坯类型分异

### 1. 土坯类型

西北地区的土坯类型根据制造方法的不同可以分为三类，有干制坯、湿制坯以及宁夏垡拉，每种土坯的制作方法存在较大差异，并且性能也存在些许差异（表 3-4-2）。

甘肃地区则以杵打坯为主，与普遍使用的湿制坯相比较，两种做法各有优缺点，杵打坯土质含水量少，容易干燥，但是不宜过厚，厚则夯打不实强度不够；湿制坯可以制作较厚，但是干燥较慢，耗时较长。[②] 由于杵打坯制作用水量极少，在干旱地区和水源不足或者运输距离甚远的地方，可以克服湿制坯所克服不了的

---

[①] 徐舜华，孙军杰，王兰民，吴志坚.甘肃省土坯房空间分布特征与多因素分类方法研究[J].震灾防御技术，2010（01）：125-136.

[②] 马小刚.陇东地区传统生土建筑建造技术调研与发展研究[D].西安：长安大学，2013：52-53.

西北地区传统土坯类别统计表　　　　表 3-4-2

| 类型 | 制作方法 | 土坯性能 |
|---|---|---|
| 干制坯（杵打坯） | 先在场地设置较平的石块，将坯模放在石面上，装土后用石杵捣固，再打开木模取出。基本步骤：选土—拌和—添模—夯打—拆模—翻身晾干 | 性能好，坚固耐用，制坯方便，可用在抗压力较大的部位，供主要用房营造 |
| 湿制坯 | 场地选取在平地、开阔的地方，将和好的泥在坯模内塑形，晾干完成。基本步骤：选土—加辅料—加水—和泥—添模—拆模—翻身晾干 | 性能较干制坯在抗压、抗剪等方面都有一定优势，制作需要一定场地，时间长 |
| 宁夏"垡垃" | 每当夏收或者秋收后，居民用石碾子将潮湿的土地加压整平，然后用特制的平板锹挖取大约（10~12cm）×（16~20cm）×（30~35cm）的土块，晒干后即可使用。基本步骤：选地—压土—切割—晒干 | 性能一般，但是适合营造一些非居住的用房，以围墙、制作方便 |

资料来源：作者自制。

困难；又由于杵打坯可以随制作随堆叠，场地面积占用少，便于在场地较少的地方制作，也不必像湿制坯那样需要大规模清理场地。[1]一般湿制坯需要干燥的时间较长，大概需要 5~10 天，否则不利于防雨，再者其用水量较大，这也是西北地区以杵打坯为主而较少使用湿制坯的主要原因。

整体而言，土坯要选用质量较好的土料制作，规格不宜太大，便于搭接与砌筑。陇中地区作为甘肃地区的核心地带，样式最为多样，比例尺度也居中，一般比例关系为 4 : 2 : 1；陇东南地区的土坯规格最大，类型也最少，这跟此区域大量使用夯筑技艺有关（表 3-4-3）。

甘肃地区传统土坯规格分布统计分析表　　　　表 3-4-3

| 地区 | 河西地区 | 陇东南地区 | 陇中地区 |
|---|---|---|---|
| 土坯尺寸规格（长 × 宽 × 厚）mm | 380 × 200 × 80<br>340 × 200 × 70<br>320 × 180 × 70<br>300 × 150 × 70<br>280 × 160 × 100 | 400 × 220 × 50<br>400 × 200 × 60<br>380 × 180 × 50 | 360 × 150 × 110、360 × 150 × 100、<br>360 × 150 × 80、360 × 160 × 70、<br>340 × 180 × 110、300 × 180 × 120、<br>300 × 160 × 120、300 × 150 × 100、<br>300 × 150 × 80、280 × 160 × 80、<br>280 × 150 × 120、280 × 140 × 100、<br>260 × 150 × 70、220 × 180 × 120 |
| 尺度比例（长 : 宽 : 厚） | 最大：5 : 3 : 1<br>最小：3 : 1.5 : 1 | 最大：8 : 4 : 1<br>最小：6 : 4 : 1 | 最大：4.5 : 2 : 1<br>居中：4 : 2 : 1<br>最小：2 : 1.5 : 1 |

资料来源：作者自制。

---

① 福建省城市建设局.土坯制作与施工 [M].北京：建筑工程出版社，1958：4.

## 2. 制坯工具

制坯的模具大多采用木质模具，一般为密度较大的槐木与杏木等质地较硬的木材，目的是防止多次夯打导致变形。木质模具需要选用纹理平顺，没有结疤的板材。根据组装模式又可分为可拆分、不可拆分两类。根据制坯数目的多少又可分成单坯模、双坯模与多坯模（表3-4-4）。单坯模是使用较多的一种类型，并且可拆装使得制作土坯不容易形成边角的破坏。如果是杵打坯，那么夯锤则是重要的制坯工具，有石质、铁质夯锤之分，常用的则是石夯锤。除去模具的使用，还会使用到一些农用器具，如铁锨、二齿钩、三齿钩、钉耙、杨镐、簸箕、直尺、竹筐等进行挖掘土料、和泥、运送等一些工序的操作。

传统土坯模具类型汇总表　　　　　　　　　　　表 3-4-4

| 类型 | 示意图 1 | 示意图 2 |
|---|---|---|
| 单坯模 | 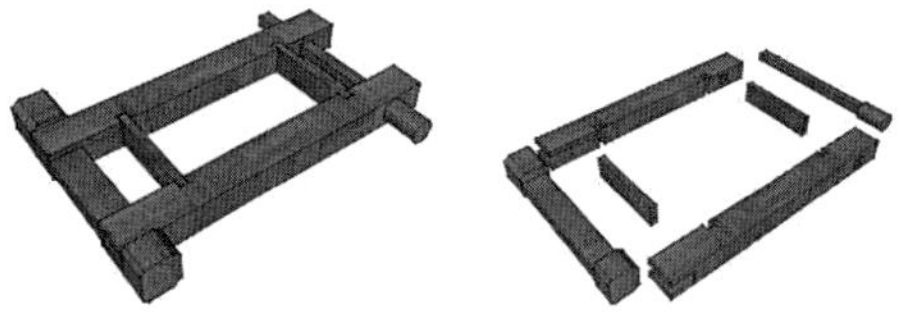 | — |
| 双坯模 | 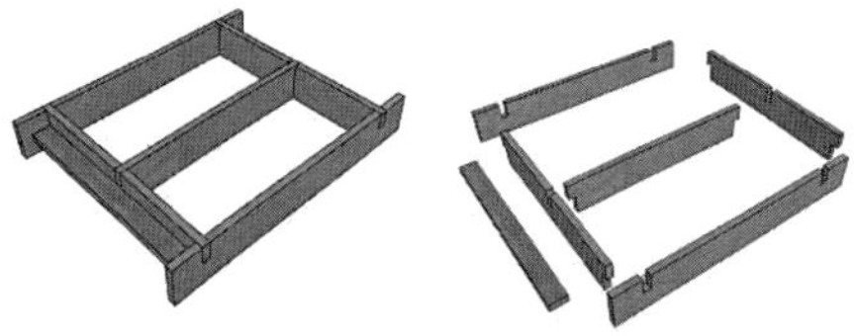 | 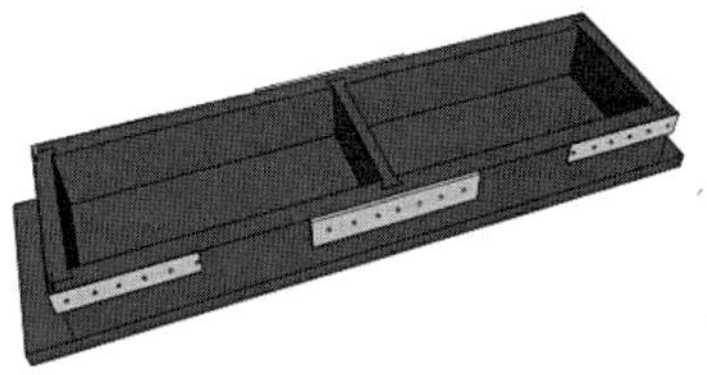 |
| 多坯模 |  | 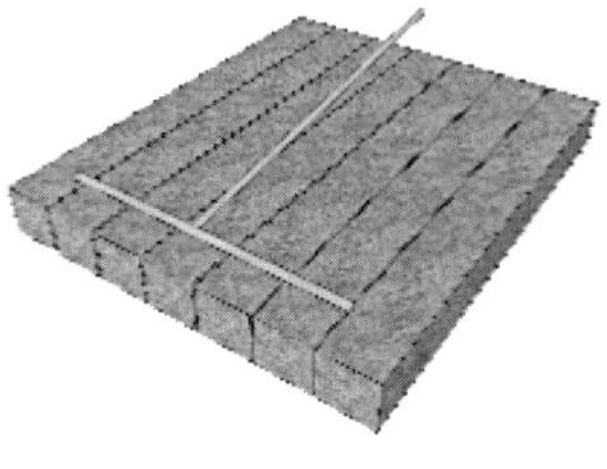 |

资料来源：作者自制。

多坯模多用于湿制坯，单坯模则多用于杵打坯。从制坯模具形制当中也可以看出一些区域之间的关联。如在陇中、陇东、陇南地区所使用的也多是单坯模，并且这些地区制坯工具十分类似（表3-4-5）。

传统单坯模类型比较表 表3-4-5

| 单坯模 | 陇中 | 陇南 | 陇东 |
|---|---|---|---|
| 模具图示 |  |  |  |

资料来源：作者自制。

### 3. 制坯流程

#### （1）工作面选择

工作面的选择应该依据下述几个原则：①尽量靠近所盖房屋的周围；②制作土坯可以结合使用所盖房屋的挖方量；③取水方便且运输距离较短；④工作面较为开敞；⑤便于干燥、防雨、排水，一般不宜选用坡度大于15°的陡坡场地；⑥不要放在交通运输的通路上。因此，甘肃地区将工作面选择在田间地头较为平整的开阔地，土随挖随用，堆叠场地需要简单平整。

#### （2）选土

选土主要控制土料本身物质的构成、含水率的多少以及是否添加掺和料。制坯时要保证原状土中无结块、杂质，然后看含水率，含水率不足则在土中逐渐加水混合搅拌醒土，当黄土"捏之成团，拍之即碎"时说明土料的含水率刚好合适。

①土料的构成

土质主要由黏土、沙子、砂砾构成，其中黏土所占比例最高，黏土的质量决定了将要制成的土坯砖的强度和耐久度。为了使黏土颗粒与稳定材料易于搅拌均匀，以增强土坯的抗水性能和强度，选用的黏土颗粒皆较为均匀。耕地的表层土不能用，因其没有黏性，切忌土中含有腐化物和有机物，这样才能使土坯具有足够的抗压强度。

②含水率的控制

黏土遇水后扩散，可将各种土质成分粘结在一起，干燥后结块变硬，形成土坯砖，所以，筛选原状土时要选择黏土含量稍高的土质。土坯成型，若水分过多，除了不易夯打密实，粘模严重，影响操作外，在干燥过程中，由于过多水分的蒸发，容易形成大量的孔隙，降低土坯的强度；若水分过少，夯打成型后的土坯黏结性较差，易产生分层和边角酥松的现象，这种缺陷对土坯的抗水性影响较大。[1]

③掺和料的添加

各地因土质不同有时候土中要加一些增强抗拉效果的"拉筋"，这些"拉筋"材料可以是稻草、竹筋、木棍等。一般做法是将长的掺和料切碎至4~6cm与原土混合，加强土坯砖的抗弯、抗剪、抗拉等力学能力，从而提升材料的整体性，以防止龟裂。黏土与掺和料拌合均匀是保证土坯质量的关键。如果拌合不均，尤其是在湿制坯的制作之中，可能会导致浆液不均而有原土存在，这对土坯的耐水强度、水稳性、裂缝等都极不利，因而从土坯的耐压强度、水稳性、裂缝等综合考虑，土坯需要有一定数量的掺和料，但又不能过多。掺和料应该均匀撒在土上，先与土干拌和一次，然后加水，拌合均匀。[2]就操作上的要求，一般掺和料和土浆拌合后至少须经过24小时方可制坯，因这时稻草纤维已经稍微软化，制坯时也就相对容易。

**（3）添模制坯**

河西地区湿制坯：首先，将经过筛选的土加水闷上，经过一定时间，当水与土达到饱和状态、不干不湿时，用锹反复和泥。其次，水与土之比基本是以经验得之。需要格外注意的是施工制作之前，还要取生土（未加水之土）放入泥中和拌，这样生熟结合，和至半干并具有黏性，再施工制作。这样的土坯才能达到坚固耐久的要求（表3-4-6）。

湿制坯营造流程表　　　　　　　　　　　　表3-4-6

| 步骤 | 操作说明 | 备注 | 图示 |
|---|---|---|---|
| 泡水 | 首先，必须先将模具泡入水中三个小时以上，其最主要目的是使得模具与泥坯更好地分离 | 模具浸泡只在刚开始，浸泡一次 | |
| 过沙 | 其次，在原料都准备好的基础上，要让模具在事先备好的沙子里面涮一下，再装泥，目的是使得模具与原料更好地分离 | 用沙涮模每一次脱模都需要涮一次 | |

---

[1] 江苏省建设厅科学研究所，江苏省建设厅勘察设计院. 改进土坯性能试验的初步总结 [J]. 建筑材料工业，1965（02）：29-33.

[2] 福建省城市建设局. 土坯制作与施工 [M]. 北京：建筑工程出版社，1958：21.

续表

| 步骤 | 操作说明 | 备注 | 图示 |
|---|---|---|---|
| 加料 | 再者，主要是用铁锹将泥料使劲"甩"入模具当中，使得土与模具的四角更加充实。然后将模具周边多余的泥土去掉 | 目的是使得制作出来的土坯棱角分明，使其耐久性提高 |  |
| 脱模 | 最后，要将制好土坯与模具分离，分离的方法是用双手托举，然后很快地倒扣在事先整平的基面上，然后缓缓地将倒扣的模具抬起 | 脱模时要注意力道的均衡，尤其在抬模具的时候要缓慢地抬起，否则会使土坯不完整或者损坏 |  |

资料来源：作者自制。

　　杵打坯：夯打之前先在模具四周和底面撒一层草木灰或者煤灰，以利于脱模时模具和黄土不粘连。压实土坯的过程可形象概括为"三锹六脚十二个窝窝"（图 3-4-1）：将模具固定好放在一块平整的石板上，加三锹土，即"三锹"；用脚将土踏实，踏的时候通常须移动脚步六次，即"六脚"；再用夯锤夯实，夯好的

| （a）撒灰 | （b）填土 | （c）夯实 |
|---|---|---|
| （d）拆模 | （e）成型 | （f）风干 |

图 3-4-1　陇东地区杵打坯制作过程图

（来源：马小刚 . 陇东地区传统生土建筑建造技术调研与发展研究 [D]. 西安：长安大学，2013：54.）

土坯表面会呈现有"十二个窝窝"。陇东、陇南与陇中地区的杵打坯皆如此操作，土坯的坚实程度取决于夯打质量及次数，匠人们根据以往经验，每块土坯砖大约夯打 20 锤，因此，这里的"三、六、十二"也是一种虚指，匠人凭经验来定，每锤在夯筑时要相互搭接三分之一。夯打结束后土坯脱模，移至晾晒场地干燥。

**（4）土坯养护**

制坯应当在少雨干燥的季节进行，这样易于充分干燥和保护，避免在阴雨连绵时期制作，土坯的吸湿性较强，容易影响土坯的强度。由于刚刚制成的土坯砖硬度不足，需要逐一平放在晾晒场地干燥，待初步晾晒至一定强度时，将土坯翻转立放，再次充分干燥。待土坯表面完全干燥后，可将其归拢放置于其他地方，以备房屋建造时使用。通常制坯要早于房屋营建时间半年左右，以保证土坯内部可以得到充分干燥。土坯砖堆垛集中放置时要注意防水防潮，尽量将土坯堆放在排水较好、相对较高的地方，上方掩盖麦草以防止雨雪浸湿。同时，要注意土坯的均匀干燥，避免土坯砖表里干燥速度不一而产生变形、裂缝。土坯成垛后，堆体加稻草一道（应压在堆体内），顶部堆成斜形，并用黏土稻草板遮盖。同时，应四设水沟，水沟一般为 15cm（高）×20cm（宽），防止雨水浸湿和有利排泄水流。如遇土坯未干透，天气发生变化时，应组织抢收，但是堆叠高度不应该超过三层。刚制成的土坯，如遇小雨可不加盖，但应注意雨后的保养。①

## 3.4.3 砌筑模式：平顺侧丁组合

根据学界以往的研究，西北地区传统土坯一般采用的砌筑方式大概有六类：①全平顺砌错缝，这种砌法为单砖墙，上下两层错缝搭接，搭接长度不小于土坯长度的 1/3，墙体较薄，稳定性差，高度受限制，多用于外墙；②全侧丁砌，此种砌法围墙使用较多，承重性能较差；③平砖顺砌与侧砖顺砌上下交替砌筑，中间有加皮带或不加之分，加皮带条是在砌筑侧砖顺砌时，砌几块加一块侧砖丁砌；④平砖顺砌与侧砖丁砌上下层交替砌筑，这种砌法是在平砖顺砌或者错缝砌筑时，每隔几层加砌一层侧砖丁砌，间隔层数可以灵活决定；⑤平砖丁砌与侧砖顺砌上下组合，这种砌法所筑墙体承重性能较好，多用于砌拱和房屋承重墙；⑥侧砖丁砌与平砖丁砌上下层组合，同样承重性能良好，较多应用于房屋的承重墙。② 根据

---

① 福建省城市建设局. 土坯制作与施工 [M]. 北京：建筑工程出版社，1958：21.
② 王军. 西北民居 [M]. 北京：中国建筑工业出版社，2009：167.

调研当中发现额外的两类：①平砖顺砌与侧砖立砌上下交替，不宜承重；②侧砖顺砌与侧砖丁砌上下交替。目下来看，西北地区传统土坯的砌筑模式总共可以归纳为八个类型（表 3-4-7）。

传统土坯采用的一般砌法统计分析表　　　　　　　　表 3-4-7

| 名称 | 全平砖顺砌错缝 | 全侧砖丁砌 | 平砖顺砌与侧砖顺砌上下交替 | 平砖顺砌与侧砖丁砌上下层交替 |
|---|---|---|---|---|
| 实例 |  | 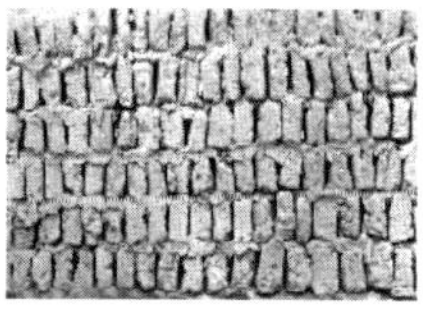 |  |  |
| 图示 | 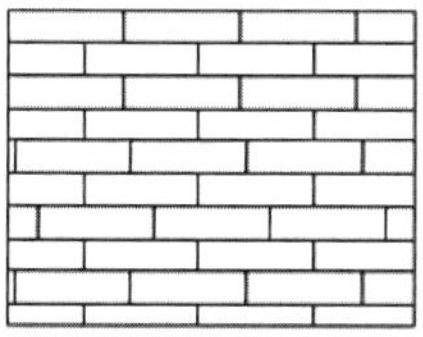 | 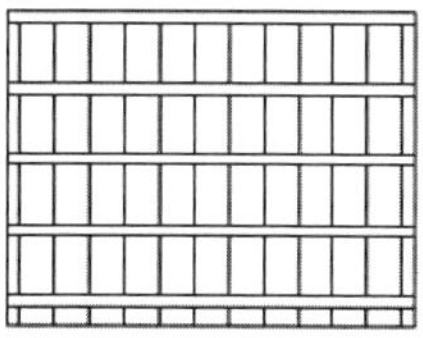 | 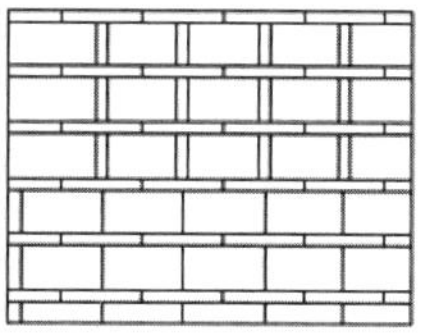 | 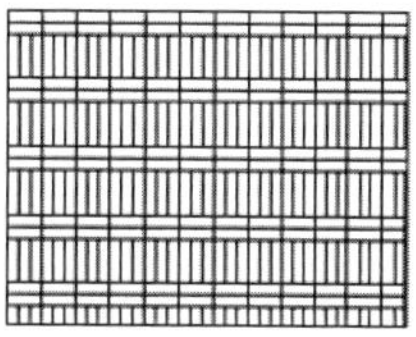 |
| 名称 | 平砖丁顺与侧砖顺砌上下组合 | 侧砖丁砌与平砖丁砌上下层组合 | 侧砖顺砌与侧砖丁砌上下交替 | 平砖顺砌与侧砖立砌上下交替 |
| 实例 | 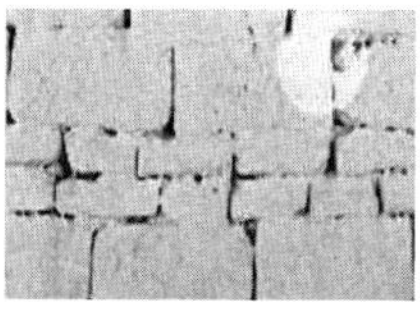 | 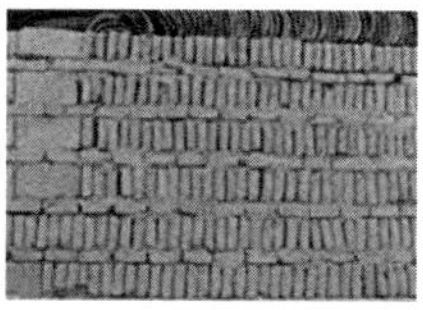 |  | 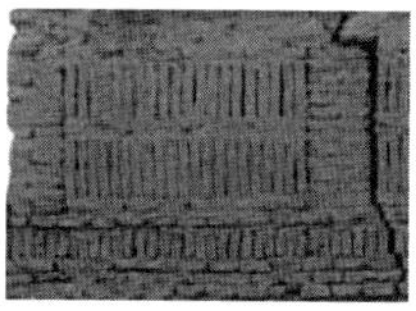 |
| 图示 | 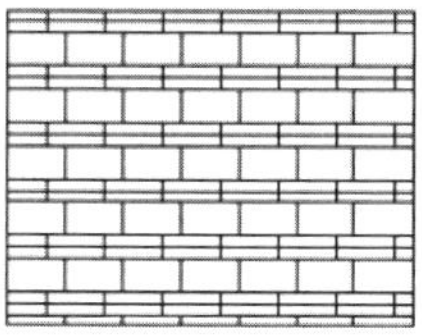 | 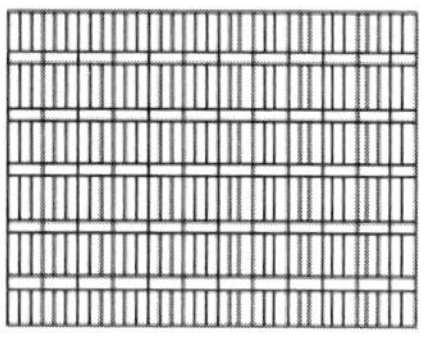 | 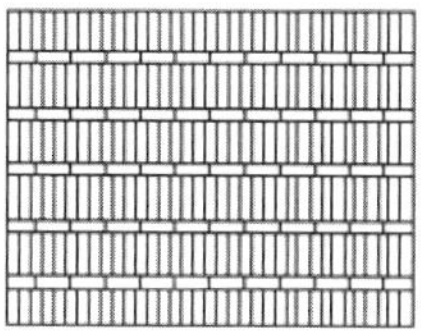 | 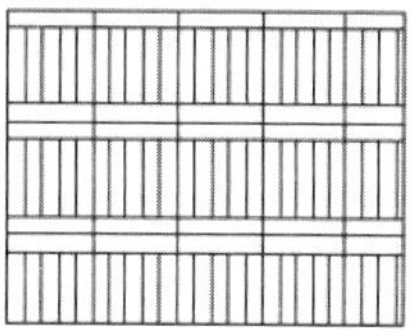 |

资料来源：作者自制。

　　土坯砌筑时在交替皮数上每个地区也有差异，较有规律的是一一交替，也存在二、三、五与一之间的交替，比如说平顺与侧顺交替砌法，平顺可在一至三皮，而侧顺则为一皮，这也是土坯砖的物理力学特性所致（表 3-4-8）。所有的平缝都用厚度 1~2cm 的泥浆坐浆，立缝就不需要，其作用在于使砌块能够相互挤压收紧。各种砌法的平砌间层都是为了加强土坯间的联系，但是不能用全平砌的方式，因为土坯遇水会变软。平砌土坯上下都接触泥浆，砌筑时影响强度，侧

平顺与侧顺交替砌法统计分析表 表 3-4-8

| 名称 | 平顺一皮 | 平顺二皮 | 平顺三皮 |
|---|---|---|---|
| 实例 | 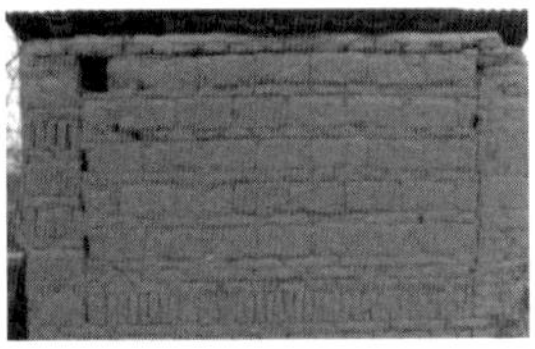 | 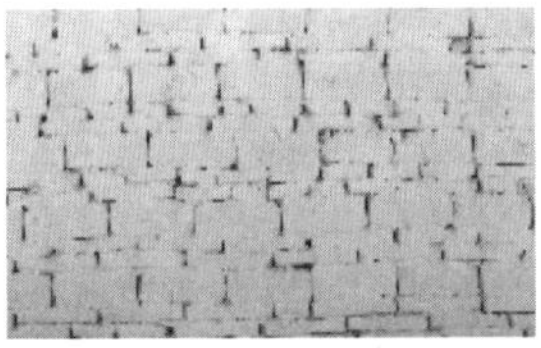 | 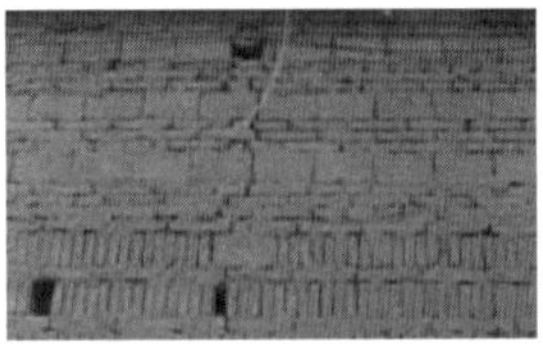 |
| 图示 | 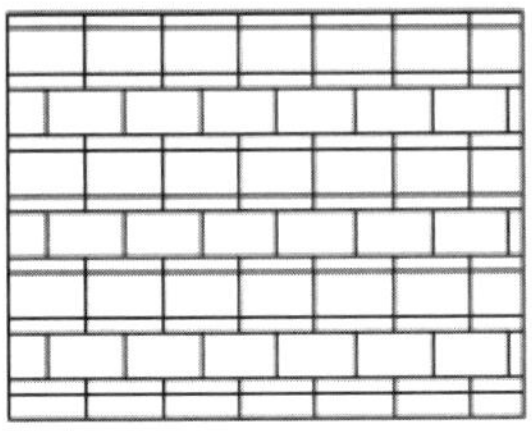 | 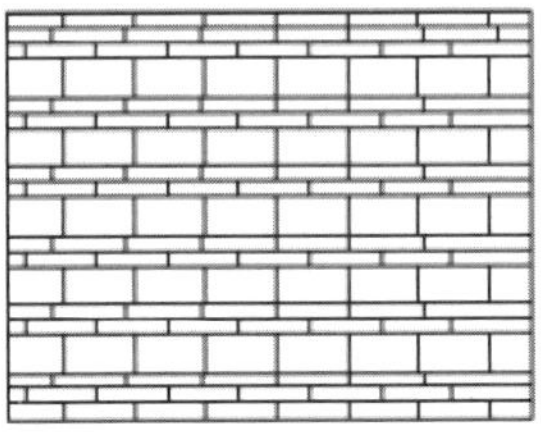 | 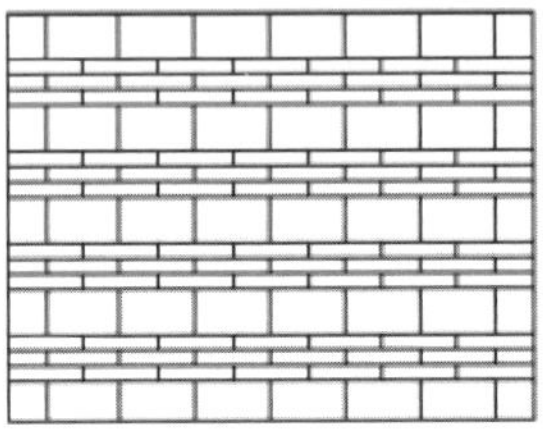 |

资料来源：作者自制。

砌的速度也较快，其中全侧丁砌的速度最快，但是各层的联系也就最差，只用在围墙、无开口的，或者不承重的房屋墙体的砌筑之上。为了保证墙体强度和施工速度，一般会选用平丁交替的砌法。土坯砖在砌筑的时候，根据墙体的实际功用不同还有严格的划分，一般侧丁与平顺交替砌法用于承重墙，而其他多用在围墙、内墙或者表现装饰的非承重墙。[①]

然而，古人就不太在意砖的摆砌式样对墙体受力的影响，更在意的是摆砌样式的本身。因此，从一开始就未采用层层卧砌的垒砌方法，而"三平一竖（立砌）"或"一平一竖"等才是最为常见的垒砌方法，直至近代，受力最合理的"满丁满条"（一层顺砌一层横砌）砌法也未能够成为古建筑砌体的排砖方法。[②]在乡村的传统土坯墙体的砌筑是最具有工匠的审美意味的，以上所说的砌法基本是以主墙为考虑对象的。但是，在实际的砌筑之中，这些砌法一般都会综合使用，并且根据墙体的位置，以及与屋顶部分的衔接等都有各自的砌法，充分发挥了土坯砖的模数化、细小化的优越性，从而在乡村营造之中体现出生土建筑的灵活性与多样性（表 3-4-9）。

---

① 罗强 . 西北地区生土民居设计与营造技术研究 [D]. 重庆：重庆大学，2006：67.

② 刘大可 . 中国古建筑瓦石营法（第二版）[M]. 北京：中国建筑工业出版社，2015：59.

多元混合砌法统计分析表　　　　　　表 3-4-9

| 名称 | 双坡山墙面砌筑 | 单坡山墙面砌筑 | 单坡后墙面砌筑 |
|---|---|---|---|
| 实例 |  |  | 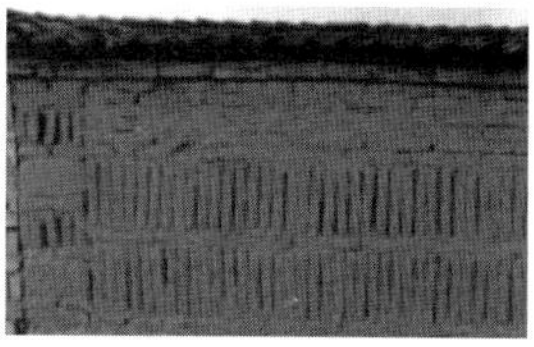 |
| 图示 | 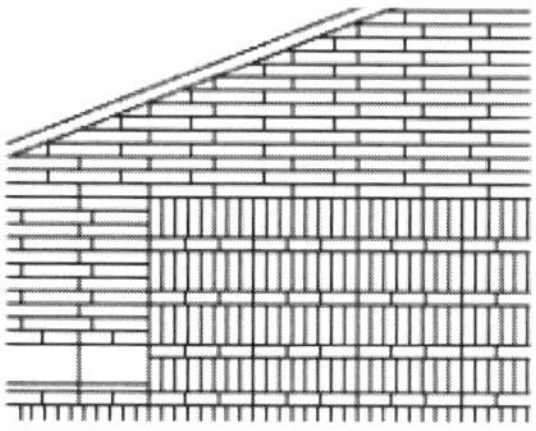 | 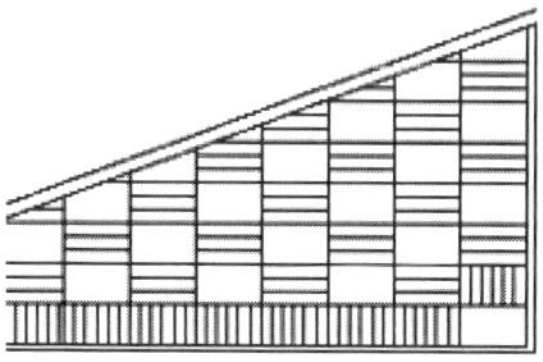 | 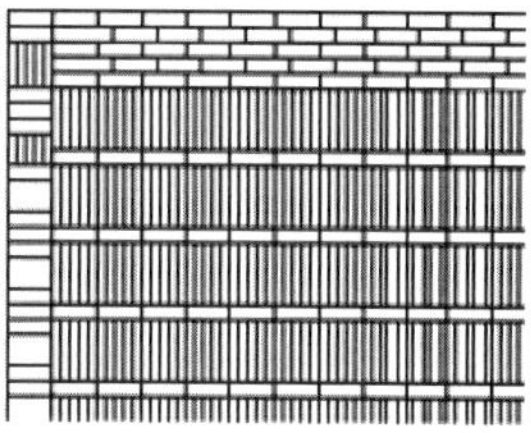 |

资料来源：作者自制。

## 3.4.4　砌筑结构：多元结构营造

### 1.墙体结构

传统土坯砌筑结构更多地应用在墙体结构之中，并且主要根据墙体的具体使用功用分为七个类别（表 3-4-10）。

墙体砌筑方法统计分析表　　　　　　表 3-4-10

| 砌筑名称 | 单裱墙 | 双裱墙1 | 双裱墙2 |
|---|---|---|---|
| 图示 | 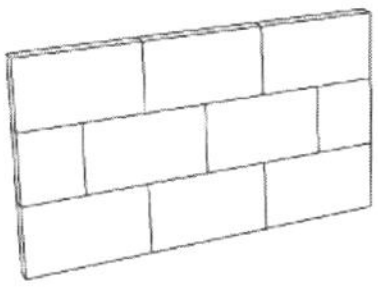 | 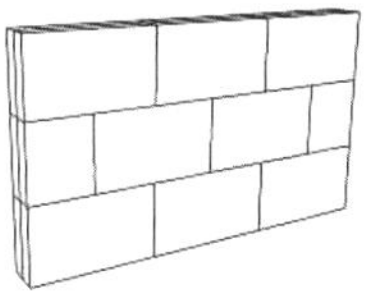 | 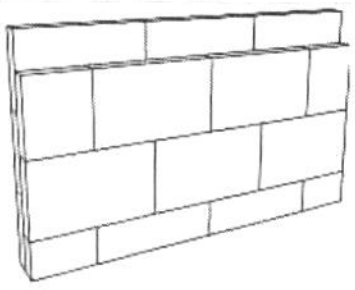 |
| 砌筑名称 | 双裱墙3 | 平砌墙 | 卧砌墙 |
| 图示 | 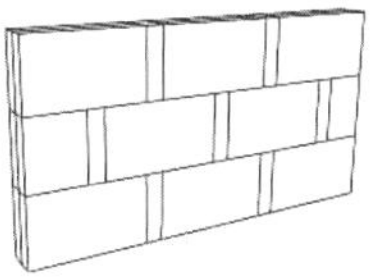 | 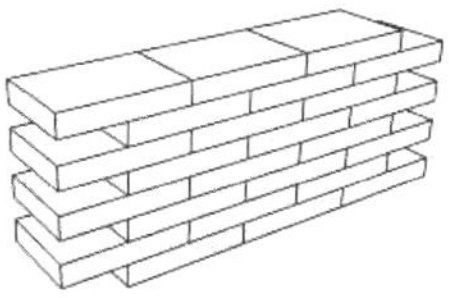 | 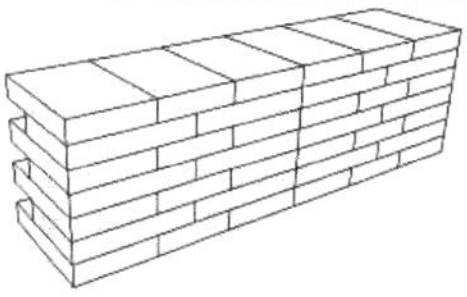 |
| 砌筑名称 | 立砌墙 | 挂斗墙 | 四六锭子 |
| 图示 | 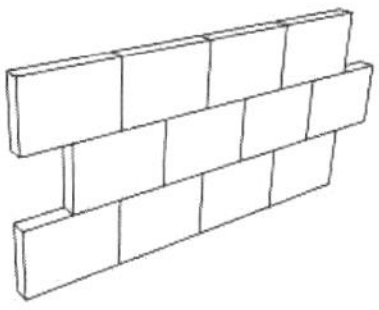 | 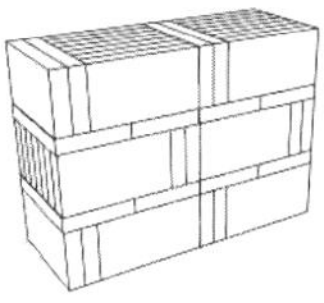 | 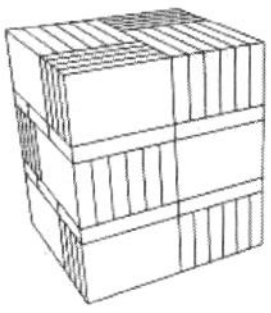 |

资料来源：作者自制。

①单裱墙：竖立砌筑的墙，这种墙可作一般隔墙用，由于厚度太薄，故无支长度要有一定限制，一般长度不超过 2.3m，高度不超过 2.2m。砌筑时要使每块土坯紧挤在一起，同时还应准确地保持每块土坯都处在同一平面上。这种墙有两种形式：一种是土坯之间加嵌窄条，一种是无此窄条，据工人说加此窄条可起加固作用。粉刷饰面对整个墙体的稳定性起了很大作用，施工时系从两面同时进行，以保持作用力的平衡。这种墙也可以开设门窗孔洞，但不得装门扇，门扇开闭震动太大，恐会影响墙身。因此，"单裱"墙的安全性能还是存在一些问题，应用并不广泛。

②双裱墙：顾名思义，双裱墙即是两块土坯厚的墙，这种墙的无支长度也有一定的限制，一般长度不超过 2.6m，高度不超过 2.3m。双裱墙除横、竖缝均需抹泥外，在两块土坯互贴的面上也需抹泥，但一般不宜太多。双裱墙也不宜装设门扇，一般也只作隔墙，但双裱墙比单裱墙的采用就更为普遍一些。

③平砌墙：将土坯平放砌筑，如同普通砖墙的砌筑一样，平砌墙一般均用湿制坯，民间所用的干制坯作为平砌墙是不适宜的，因坯体太薄经受泥浆软化影响较大，因此，几乎没见到干制坯采用平砌者。

④卧砌墙：将土坯卧竖着砌的墙体，墙厚等于坯长，卧砌墙一般都以平砌层逐层交替砌筑，平砌层的皮数不一，多为一皮，也有二皮、三皮甚至多至五皮者。卧砌层的砌法可以是丁顺交错的，也可以是全部丁砌的，全部丁砌可避免坯块掉出墙面的劣势。卧砌土坯在竖缝间是不抹泥的，仅在与平砌层接触的顶端才抹泥，所以它施工和干燥都很快，这是其最大的优点。

⑤立砌墙：同上一样，只不过把土坯立起来砌，墙厚等于坯宽。

⑥挂斗墙：挂斗墙应用于卧砌墙的厚度不足时，系卧砌墙挂上几块土坯以增加墙厚，系随所挂斗之数目而称其名，如单挂斗、双挂斗等。

⑦四六锭子：这种砌法是在上面各种砌法的厚度都不能满足要求时采用，其多用在山墙两面承担来自屋顶较重的荷载，是承重墙之中最为坚固耐用的一种砌筑方式。

土坯作为墙体，坚固耐用是第一要义，因此还会在墙身增加一些加强措施。

①墙身配筋：汉中与陇东南地区土坯墙体有的每隔顺砖一层便加麦秸草拉筋一道，有的每隔 3~4 层顺放土坯便加拉筋一道，这些拉筋一般是竹筋、树枝条、藤条等，加筋的目的是增强墙体的抗拉和抗压性能，在天水这样的地震地区对抗震也非常有效。

②木栓装置：汉中地区为了防止卧砌土坯的倾散，用一种拉条把墙面拉紧。

③木枋圈梁构造：甘肃天水地区在墙一定高度处做木枋，而两层土木结构的楼房必须每隔一定高度加木枋，可以起到圈梁的作用，防止墙体开裂和增强墙体的整体性与抗震能力。

④墙面收分：墙身收分目的是使墙向内侧倾斜，这样房子四周都倾斜了，像匣子挤紧一样，使整个房屋牢固性增加。墙身收分从现存实例可以分为整体收分与局部收分，墙身整体收分是在土坯墙中靠断坯和变化竖灰缝来达到的，收分情况不一，如三原某住宅为 3.3m 高，收 1.6cm 左右。[①]墙体局部收分一般是在后檐墙和山墙，在山墙抱头梁标高以上墙体减薄。这种做法，从结构上讲一方面符合上小下大的承重要求，另一方面又减轻墙体重量，符合刚度分布原理，有利于抗震。以天水民居为例，其厢房后檐墙和山墙在山墙抱头梁标高以上墙体由 60cm 减为 40cm。

**2. 拱结构**[②]

土拱结构多在新疆的土拱房以及西北独立式窑洞的发券施工之中。民间砌土坯拱有用模板与不用模板两类，使用模板的以现在独立式窑洞的砌筑为多；不使用模板的凭目力经验用手贴砌，砌筑时所用的泥浆或麦草泥浆与砌土坯墙所用的一样。拱圈的厚度视地区的土坯土质条件及风俗习惯而异，为了适应拱圈厚度变化，有立砌或堆砌甚至平砌的土坯拱。拱的长度不宜太长，太长时需用隔墙隔断。[③]拱脚墙是土拱的基础，一般高度只在 1.5m 左右，拱跨和房间开间一致，一般 3~3.6m，几个拱并列时基本等跨，土拱砌筑都不需要支模，所以是否准确的等跨也没有严格的要求，这种砌法叫作"无模贴砌法"（图 3-4-2）。这种砌法是土拱技术的最大特点，施工十分简便迅速。首先砌好纵墙和端墙，使墙体的高度砌至预定的拱顶高度，然后开始砌拱，在后墙拱脚水平线上找出圆心，以跨度的一半作为半径在后端墙上画半圆，这即是拱圈线。砌墙的人站在墙头上的木板上施工，在此线外边贴泥浆，按照拱圈厚度抹 1~2cm 厚的麦草泥，作为拱身与后墙间的灰缝，操作时由两端拱脚开始顺序贴砌土坯，贴到中间一块相邻处为止，再贴另一边，最后嵌砌正中的一块，砌拱顶的土坯略小、薄一点。以土坯大面与麦草泥结合后皮拱圈，即以前皮为基础，依次顺序向后直至需要的深度为止，砌拱坯时，要掌握位置，用力一次按上。土坯砖尺寸一般为 30cm×16cm×7cm（砌拱土坯有时采用上大下小的楔形杵打坯，其规格为长 37cm，上宽 19cm，下宽 16cm，

① 陈中枢，王福田. 西北黄土建筑调查 [J]. 建筑学报，1957（12）：10-27.
② 罗强. 西北地区生土民居设计与营造技术研究 [D]. 重庆：重庆大学，2006：68-69.
③ 同本页①。

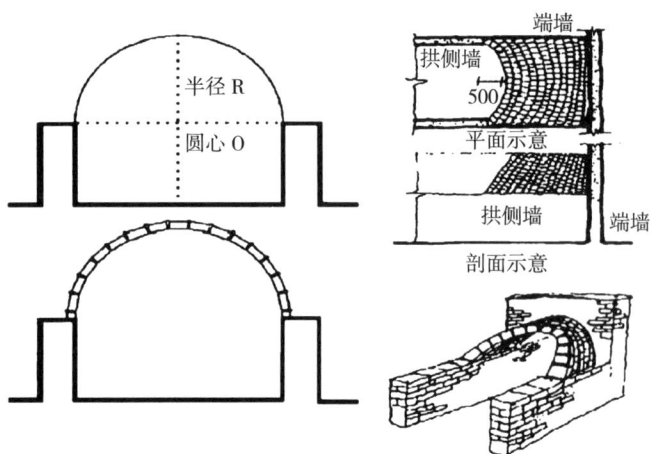

图 3-4-2　无模贴砌法施工图

（来源：罗强.西北地区生土民居设计与营造技术研究 [D].重庆：重庆大学，2006：69.）

质量要求坯身干燥，含水率不超过 3%），有时候拱圈内周长不能恰合整数土坯的尺寸，就需要拱形加以调整使土坯为整数，这时的半圆拱就会变成稍平的弧拱或者稍高的尖拱。一圈土坯砌完后，应往拱外侧的土坯缝中挤入泥浆并用扁平的小石渣楔紧。同时还有一些特殊的技术要求，要使每一个拱圈在平面上不是一条直线而是向后凹的一条弧线，如果要达到这一目的，就需要在贴砌几圈后，凹度达到 30~50cm，并一直保持到砌至拱顶，同时从纵剖面上看每个土拱都应向后倾斜同一角度，这种砌法在于能够使每一圈拱能更好地受力。[①]

后拱坯，纠正的位移必须由上往下不得超过 4cm，拱坯两侧灰缝要求密实，使拱圈各块土坯排列平整，其允许偏差不宜超过 1cm，前后皮灰缝及拱心汇合处接缝要错开，绝对不能同缝，这是拱身中间避免分裂的关键所在。为了避免拱顶在施工时倒向前墙，应将拱脚部分灰缝加厚数层（或在后墙面多砌 1~2 皮半圈）至适当坡度为止，使拱顶稍向后倾，其倾角大概与垂直壁面以 4° 较为合适，如坡度过大，其重心将偏后而影响拱身强度。要尽可能地保持拱身前后水平，拱形不变，可以使用"半径规"依靠拱脚水平砖，前后进行纠正，其凹凸不平的情况应该控制在 1cm 以内。拱圈完成后，为了保护拱背，随抹 2~3cm 厚麦草泥一层，其成分为 1：2.5 石灰黏土，每立方米加麦草 40kg，以防止上部水分渗入拱身。

---

① 罗强.西北地区生土民居设计与营造技术研究 [D].重庆：重庆大学，2006：69.

土窑房的受力特点是土质墙体支撑土坯拱形结构，土拱支撑屋顶荷载，土坯墙体和土拱形成了稳定的受力体系。这种受力方式与西方建筑的拱券结构相同，而且国外乡土建筑当中营造方法也很相似。其受力原理是圆弧形土拱结构的上半部分在受到竖直向下的荷载作用时将竖向荷载转化为向两侧的推力，土拱的下半部分再将推力转化为竖向荷载并作用于支撑墙体上。整个土拱在完成力的转化的同时，做到了在墙面上开洞的建筑效果，受力原理非常巧妙，比普通现代建筑的梁、板、柱结构整体性和抗震性更强、用料更少、制作过程更方便。[①]

### 3. 穹顶结构[②]

土坯砌的券顶或者穹隆顶，曲面大跨度在地心引力下能达到稳定的强度，砌法采用侧顺砌与侧丁砌排列两种，围绕拱心各层泥缝都依球心作放射状。土坯穹隆顶的施工也不用支模，就需要在拱脚平面上设置施工用的木梁，在木梁上找出球心，钉上铁钉，系一长与球体半径相同的绳子，以圆心和绳子为准，绕圈砌筑，如此层层贴砌即可完成。新疆吐鲁番地区苏公塔存在的额敏寺生土建筑群，建于乾隆四十三年（1778 年），其中有几个土坯砌筑的圆窟顶，最大的两个直径近 8m，正方形平面，用四角尖拱龛收成八角，同时弧转为圆形，再接建半圆形穹隆，是土坯砌筑穹隆顶的杰作。还有在新疆鄯善地区一些小型清真寺以及塔吉克民居也同样使用了类似于敖包麻扎的土坯穹顶建筑（图 3-4-3）。穹顶产生的侧推力由下部厚重的土坯墙承受，厚度可达 3m 以上，于其中发券，形成拱龛，四角也有做成小龛室的。[③]

（a）新疆额敏寺　　　　　（b）吐鲁番鄯善县小清真寺　　　　（c）新疆塔吉克民居

图 3-4-3　新疆地区的土坯穹隆建筑
（来源：网络整理）

---

① 贺龙，张文俊．土窑房与其他传统窑洞建筑体系对比研究 [J]．内蒙古工业大学学报，2016（02）：134-140.

② 罗强．西北地区生土民居设计与营造技术研究 [D]．重庆：重庆大学，2006：70.

③ 李群，安达甄，梁梅．新疆生土建筑 [M]．北京：中国建筑工业出版社，2014：150.

## 3.5　小结

　　西北地区生土建筑类型繁多、分布广泛，并且该地区传统生土营造技艺也呈现出多元化的特征，最主要的典型代表当属挖余法、夯筑法以及土坯砌筑法。

　　挖余法营造的重点在于对基地的选择以及对于土质直立物理性能的认知与掌控，挖余法所呈现的结构与土体之间的力学变化有着直接的关系，主要体现在土体扰动对于建筑各部位的直接影响，并且窑顶与窑腿部位最为关键。因此，传统挖窑不会一蹴而就，要间隔一段时间，同时窑腿的厚度、强度以及窑顶的排水与防水需要格外关注。

　　夯筑法营造主要运用在墙体结构，分为版筑与椽筑两种模式，并且在长久的历史营造过程中，根据区域间的差异形成了西北地区夯筑法的地域分区：海东与河西地区、陇东南与陕南地区、陇中与宁夏南部地区，各部分营造的关键技术也形成了各自的地区特性。

　　土坯砌筑法虽然仅为砌筑，但是其已经步入了模块化、标准化的行列，在制坯、砌筑模式与结构营造等方面都形成了自身的模式：区域内主要有湿制坯与杵打坯两种主要类型；砌筑方式则形成了八类基本模式，并且会根据所处的位置不同使用契合其力学功用的模式；砌筑结构则更加多样，除了直立墙体结构，还可以砌筑筒形拱以及穹隆结构等。

04

CHAPTER

第 4 章

西北地区传统生
土营造技艺的历
史演进脉络

# 4.1　创生阶段：原始社会时期

## 4.1.1　挖余法：穴居营造

《礼记·礼运篇》有云："昔者先王未有宫室，冬则居营窟，夏则居橧巢。"穴居，作为与南方"巢居"相对应的北方建筑体系，恰是西北地区传统生土营造创生的开端，也是生土挖余法营造技艺的建筑原型，更是人类创造建筑文明的第一步。但是，学界就先有横穴还是先有竖穴存在分歧。杨鸿勋先生认为其发展序列为横穴在前，竖穴在后（图4-1-1）[①]。其观点认为：在黄土断崖上营造横穴，只是对天然山洞的简单模仿。依同理，在陡坡上也可营造横穴。进一步发展，则在缓坡上营穴。但是，因为土质结构安全问题，从而由缓坡营穴过渡到平地向下挖掘营穴，这便形成完全的袋形竖穴。袋形竖穴底大口小，其纵剖面为拱形，正是能解决避风雨的一种空间围护方式。逢暴风骤雨，这种临时遮掩不能很好地应急，因而逐步改进扎结成架，即用枝干茎叶扎结成一个仿佛斗笠的活动顶盖，平时搁置一旁，当风雨和夜晚时盖在穴口上。

另一种观点认为：竖穴应该要早于横穴的发展，这与人类对于事物的认识规律是紧密联系的。竖穴产生于旧石器时代晚期，仰韶文化时期，竖穴的一支逐渐演变成袋形穴；龙山文化初期，袋穴的一支则演变为初期的人工横穴，进而又逐渐演变为窑洞建筑。[②]此观点来自于实际的考古发掘，在黄土高原地带，尽管沟壑纵横，但迄今为止，国内还未发现旧石器时代的地穴或半地穴式建筑，以及窑

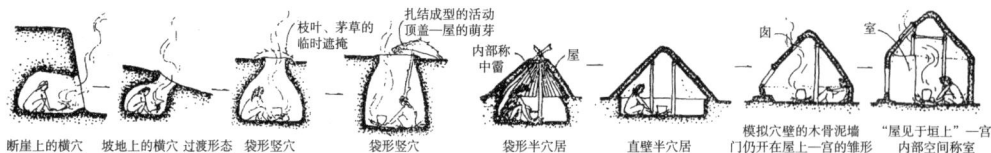

**图4-1-1　杨鸿勋先生的"穴居发展序列图"**
（来源：侯幼彬.中国建筑美学[M].哈尔滨：黑龙江科学技术出版社，1997：4.）

---

[①] 杨鸿勋先生的穴居发展演进序列图是原始人类如何从地下走到地上的发展过程。这个序列既包括窑洞建筑营造技艺的前身，也包括土木混合建筑的开端。因此，在这个时期同样出现了几个问题：第一，窑洞建筑的营造技艺已经出现，窑洞建筑的形制并未定型，受主流研究的影响，它并不在主线，所以很难找到完整的数据链；第二，夯筑、土坯营造技艺已经出现，但是，笔者认为在史前始终并未解决承重土墙的营造方法，这或许也是中国古代建筑后来以土木混合建筑为主发展的重要原因。

[②] 李小强.试论窑洞的起源时代——兼谈我国早期生土建筑的发展序列[J].山西图书馆，内部资料：1-7.

穴等其他遗迹。[①] 目前，窑洞式建筑遗址基本分布在青藏高原以东、太行山以西、秦岭以北的黄河中上游的第二级阶梯上。这里属温带半干旱气候区，海拔较高，地下水位普遍较深，黄土堆积也较丰厚，且多梁峁与台塬，为窑洞式建筑出现并长期流行提供了自然环境基础[②]。

众多发现的窑洞式建筑遗址中，1981 年发现的甘肃省宁县阳坬仰韶文化遗址是最早的一处，为距今约 5000 年的窑洞式居址，宁夏海原县西安乡菜园村林子梁遗址与青海民和喇家遗址发现的窑洞式建筑皆距今 4000 多年。以喇家遗址为例，2001 年对于遗址的发掘，F3 与 F4 两处房屋遗址均位于生土之中，房屋基址内并无柱洞遗迹，并且东西两壁平、剖面皆呈弧形，壁面向上向内拱曲渐收缩，南北两壁面近平直，剖面稍有弧度（图 4-1-2）。东西两壁面相互对称分为南北两段，北段较南段壁面略向内凸出。[③] 发掘简报明确记载了东西墙面的曲向对称结构形式，这是对于窑洞式建筑的有利证据。整个河套地区史前时代的靠崖式窑洞遗址共发现 19 处，数量近 400 座。[④] 陕北地区共发现有 7 处遗址，数量在 154 座以上，年代分布在新石器时代，皆为横穴（表 4-1-1）。

结合两种不同的观点，最早的庆阳阳坬遗址发掘简报认定窑洞式建筑的发展来自于对自然洞穴的模仿属于推测[⑤]，以考古资料作为基础分析，横穴应该晚于竖

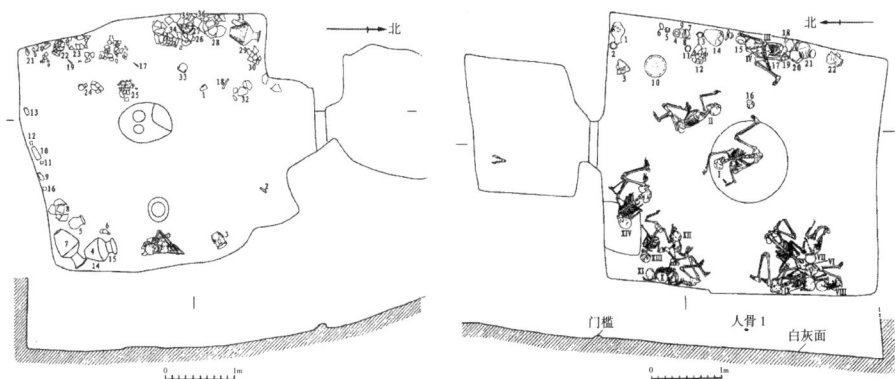

**图 4-1-2　青海民和喇家遗址 F3 与 F4 房屋基址平面与剖面图**
（来源：中国社会科学院考古研究所甘青工作队，青海省文物考古研究所 .
青海民和县喇家遗址 2000 年发掘简报 [J]. 考古，2002（12）：12-25+99-100+104.）

---

① 钱耀鹏 . 窑洞式建筑的产生及其环境考古学意义 [J]. 文物，2004（03）：69-77.
② 同上。
③ 中国社会科学院考古研究所甘青工作队，青海省文物考古研究所 . 青海民和县喇家遗址 2000 年发掘简报 [J]. 考古，2002（12）：12-25+99-100+104.
④ 唐博豪 . 河套地区史前时代靠崖式窑洞初步研究 [J]. 文物春秋，2016（Z1）：3-10.
⑤ 庆阳地区博物馆 . 甘肃省宁县阳坬遗址试掘简报 [J]. 考古，1983（10）：869-876.

陕北地区窑洞建筑遗址统计分析表 　　　　表 4-1-1

| 发掘时间 | 考古单位 | 遗址名称 | 发掘数量 | 遗址年代 |
|---|---|---|---|---|
| 1991 年 | 陕西省考古研究院 | 清涧县李家崖村长虬梁遗址 | 靠崖式窑洞 3 座 | 距今 4600~4400 年，龙山时代早期 |
| 1992 年 | 陕西省考古研究院 | 府谷县郑则峁一期遗址 | 靠崖式窑洞 1 座 | 龙山时代早期 |
| 2001 年 | 陕西省考古研究院 | 榆林市靖边县五庄果墚遗址 | 靠崖式窑洞 9 座 | 仰韶时代晚期至龙山时代早期 |
| 2004 年 | 陕西省考古研究院 | 榆林市横山县瓦窑渠寨山遗址 | 靠崖式窑洞 6 座 | 龙山时代早期 |
| 2008 年 | 陕西省考古研究院 | 高陵县杨官寨新石器时代遗址 | 靠崖式窑洞 17 座 | 新石器时代半坡四期的文化遗存，距今约 5500 年 |
| 2010 年 | 陕西省考古研究院 | 榆林市横山县杨沙界遗址 | 靠崖式窑洞 32 座 | 仰韶晚期阶段 |
| 2013—2014 年 | 陕西省考古研究院 | 寨峁梁遗址 | 靠崖式窑洞 109 座 | 龙山时代晚期 |
| 2011—2015 年 | 陕西省考古研究院 | 石峁遗址 | 数量不详 | 龙山时代至夏纪年 |

资料来源：作者根据唐博豪.河套地区史前时代靠崖式窑洞初步研究 [J].文物春秋，2016（Z1）：3-10 与王炜林，袁明，张鹏程，张伟，郭小宁.陕西高陵县杨官寨新石器时代遗址 [J].考古，2009（07）：3-9+2+97-99 整理绘制。

穴，是在不断实践的过程之中才获得的营造智慧。穴居经历了由竖穴、深地穴、类窑洞式建筑的发展演变过程。仅类窑洞式建筑就可分为半窑洞式、窑洞式、复合窑洞式建筑三种（表 4-1-2），半窑洞式建筑围护空间为竖向窖穴，屋顶另外加盖；窑洞式建筑则与当下的窑洞最为接近，整个建筑空间皆位于地下；复合窑洞式建筑则在主室之外多了外间，其与后续的整体窑院的发展关系更加紧密。

史前不同文化时期窑洞式建筑空间形态比较分析表 　　　　表 4-1-2

| 半窑洞式建筑 | 窑洞式建筑 | 复合窑洞式建筑 |
|---|---|---|
| 陇东镇原常山下层 H14 | 甘肃宁县阳坬遗址 F10 | 陕西清涧李家崖长虬梁 F2B |

续表

| 半窑洞式建筑 | 窑洞式建筑 | 复合窑洞式建筑 |
| --- | --- | --- |
| 宝鸡石嘴头遗址东区 F3 | 宁夏海原菜园村林子梁遗址 F3 | 陕西旬邑下魏洛遗址 A 区 F4 |

资料来源：作者根据钱耀鹏. 窑洞式建筑的产生及其环境考古学意义 [J]. 文物，2004（03）：69-77；肖宇. 宝鸡石嘴头遗址史前遗存分析 [J]. 文博，2015（02）：37-42 整理绘制。

进一步分析生土营造的空间模式，可以看出史前时代的横穴空间不是通识的类窑洞的土拱结构模式。半窑洞式建筑所采用的是人工营造的屋顶，与墙体是分开设置。由陇东镇原常山遗址可以看出（图 4-1-3），其屋顶形式应该与下面四

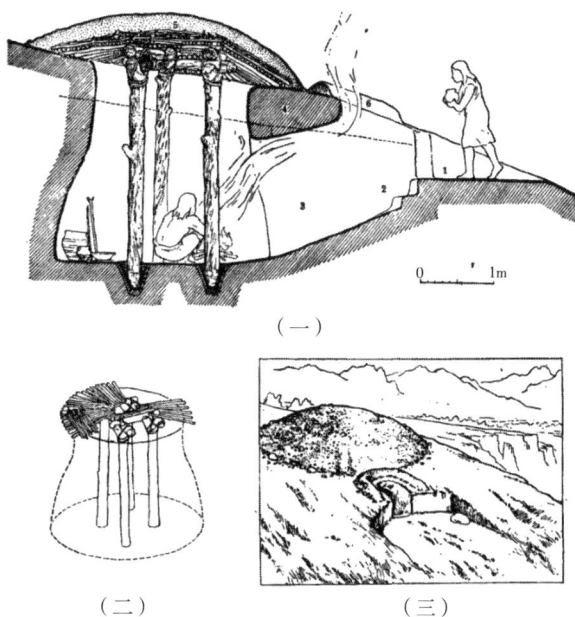

（一）

（二）　　　（三）

图 4-1-3　陇东镇原常山 F14 半窑洞式复原图

（来源：张孝光. 陇东镇原常山遗址 14 号房子的复原 [J]. 考古，1983（05）：474-477.）

个柱洞遗址有密切关系。窑洞式建筑的主室空间多为圆形或者椭圆形，这种平面形制所形成土体的内部空间形态为穹顶结构，更重要的是墙屋一体化营造方式的出现，挖余法营造从墙体空间营造转向建筑整体空间营造。窑洞式建筑中心多为火塘空间，土体自然在屋顶形成穹隆空间形式。

史前横穴式窑洞建筑出现于约公元前 3000 年前后的仰韶文化末期，流行于龙山时代。其中单穴单室的窑洞建筑不仅出现时间较早，而且在各地多有发现，应是窑洞式建筑的基本形态。到了龙山时代，有些地区的窑洞式建筑前出现了半窑洞式厅棚类外间，可视其为单穴双室。在院落形成的基础上，还存在着单穴、双穴、多穴等构成方式。多空间的生活组织模式也是建筑空间演变的重要表征，这也是方形、矩形平面空间、拱形屋顶模式出现的重要原因。如庙底沟文化时期门限长度就是一个突出表现。一则比仰韶文化时期要长，同时随着开间宽度的变化形成龙山文化后期的主室形态，主室穹顶向拱顶进行过渡。至此，挖余法的生土营造空间模式经历了不小的变化，墙体从弧面、斜线变为直线，土体的穹顶空间转化为拱形空间，从而奠定了后续西北地区窑洞式建筑长矩形的空间模式。

## 4.1.2 夯筑法：土基夯实

《墨子·辞过》："古之民，未知为宫室时，就陵阜而居，穴而处，下润湿伤民，故圣王作为宫室，曰室高足以辟润湿，边足以圉风寒，上足以待雪霜雨露……谨此则止。"西北地区原始社会时期多属湿陷性黄土地带，故古人最先夯实土体是为了消除房基的湿陷以及消除地面的湿气给人带来的侵害。除此之外，在所建房屋遗址的外墙沟槽和室内柱的柱坑内都发现曾夯实并填入烧土块来增强地基承载力的情况，并且逐渐发展出了"分层夯"的方法（图 4-1-4），这对于构筑墙体是一项十分大的进步。这是最初的夯土出现的方式，以后才逐渐使用夯筑的方法营造台基、墙体、城墙与墓室等，夯筑技术遂由地面以下筑基发展到夯筑地上的建筑。据考古发现的一些新石器时代城址资料可得（表 4-1-3），这个时期已经出现了版筑技术，所使用的夯具多为圆木或者是河卵石等。当时尚无金属工具，也没有在石头上钻孔的痕迹，从夯窝的痕迹判断古人大概是手持河卵石投向地面夯实而成。

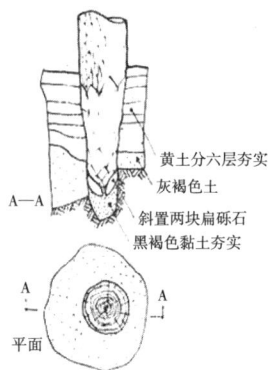

**图 4-1-4 半坡遗址 F21a 第 3 号柱洞夯筑图**
（来源：中国科学院自然科学史研究所．中国古代建筑技术史 [M]．北京：科学出版社，2000：20．）

原始社会时期夯土建筑遗址统计分析表 表 4-1-3

| 类别 | 湖南城头山古文化遗址 | 山东日照东海峪遗址 [1] | 河南淮阳平粮台古城遗址 [2] |
|---|---|---|---|
| 年代 | 距今 6000 年 | 距今 4800~4440 年 | 距今 4600 年 |
| 夯层 | 厚约 20cm | 分层夯筑，夯窝形状不同 | 厚 15~20cm，在其外侧堆土 |
| 夯窝 | 密集地分布 | 形状大小不一 | 有单个，也有四个一组的圜底圆夯、椭圆形夯 |
| 夯具 | 30~40cm 大而重的河卵石 | 石质 | |
| 图示 |  |  |  |

| 类别 | 河南登封王城岗遗址 | 河南新密市新砦遗址 [3] | 甘肃秦安大地湾遗址 |
|---|---|---|---|
| 年代 | 距今 4480~3560 年 | 距今 3870~3770 年 | 距今 7800~4000 年 |
| 夯层 | 夯层之间加细沙厚 10~20cm | 厚 8~10cm | 房屋建在完整的夯基之上 |
| 夯窝 | 圆形或椭圆形，直径在 4~10cm | 圆形或椭圆形，直径为 5~8cm、深 1.5cm | 夯土基上加垫层，抹泥灰完成 |
| 夯具 | 类似河卵石 | | |
| 图示 |  | 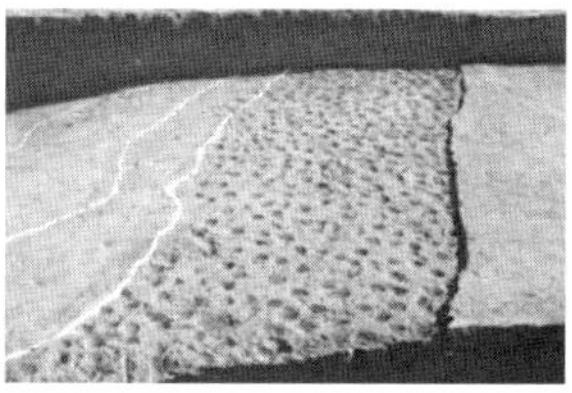 |  |

资料来源：作者根据相关考古资料与遗址图片整理绘制。

　　早期的夯土无需对土料作任何处理，在需要的范围内用石器或圆木等未经人工加工过的工具直接夯打土料；堆土夯筑是对土料进行简易的堆放，再进行夯打，但周边没有物体支挡。目前的考古发现揭示出，夯具在我国的使用源远流长，如仰韶文化晚期的蓝田泄湖 F5，硬土居住面下为夯土层，夯窝清晰密集，秦安大地湾遗址也发现有夯筑的房基（F411）和墙基（F405）。夯打工具有尖圆形

① 景爱，苗天娥 . 剖析长城夯土版筑的技术方法 [J]. 中国文物科学研究，2008（02）：51-56.
② 傅熹年 . 中国科学技术史·建筑卷 [M]. 北京：科学出版社，2008：27.
③ 赵春青，张松林，谢肃，张家强，魏新民 . 河南新密市新砦遗址东城墙发掘简报 [J]. 考古，2009（2）：16-31+101-103+109.

的捶击面，似为自然的河卵石。① 此时的夯打工具并不完善，这是夯筑法起源最根本的表现形式。

## 4.1.3　土坯砌筑法：文化交融

通过对西北地区传统土坯考古资料的系统整理与分析，该地区的土坯营造来自于各文化区间的文化交融，主要是按照中西亚、西域文化向河西渗透、中原文化向河西地区渗透两条具体创生路线融合而成。

一条是来自于公元前7000年的"哲通文化"②，土坯首先在中西亚各地流行，由南土库曼斯坦逐渐传到印度河流域，至公元前2000年前后，中西亚因气候环境的变化引发人口的迁移，中国新疆境内受到来自西方文化的影响，公元前1900年～公元前1300年前后，在和硕新塔拉遗址发现了新疆最早的土坯，之后先后在早期铁器时代的焉不拉克文化、苏贝希文化、察吾呼沟文化发现了类似的土坯，因此新疆土坯应起源于中西亚。③ 以后期诺木洪塔里他里哈遗址为代表的土坯主要应用于椭圆形围墙建筑，还用于窖穴等遗迹。还需说明在房址内部设施中，也见有零散土坯分布，吸取了来自中亚的土坯建筑材料形式，还利用本土的土墙建造技术。中亚与西亚的土坯建筑普遍为平底起建，采用叠砌的晾晒砖，未出现夯打土坯技术。四坝文化却是挖基槽修建，在制坯的过程中存在夯打技术。从这两点推测可能与甘青地区的夯土墙建造技术相关，也就否定了新疆地区土坯营造技术的单一来源说法。叠砌的技术传统和单层墙等形制特点，与中西亚的建造技术相关。土坯的尺寸也没有形成规制，大小和形状上也不统一，长度约42~60cm，宽度约20~34cm，厚度约6~15cm，新疆及中西亚的青铜时代晚期遗迹中出土的土坯长、宽、高三者比例约为4：2：1。④ 因此，创生线路之一是从中西亚引介，与河西地区进行交融，形成了以新疆为主要核心的营造区域。

---

① 张贺君.古代夯具述论 [J].河南科技大学学报（社会科学版），2006（10）：17-20.
② 中亚新石器时代早期文化，分布于今土库曼斯坦境内科佩特山支脉的狭窄地带。年代为公元前6000年至前5000年，是该国境内最早的农业文化。以土库曼斯坦首府阿什哈德以北30km的哲通遗址而得名。该文化可分三期，分别以哲通丘冈、乔潘丘冈上层和恰格利丘冈上层为典型遗存。遗址由若干座房屋组成。房屋为单间住室，每间面积13~39m² 不等。墙壁用截面呈椭圆形的草泥块砌筑，墙面和居住面抹灰泥，并经过施彩。房内有土灶，屋旁有粮仓、窝棚和地窖。中期见有面积64m² 的大屋，当系聚会场所。
③ 刘晓婧，陈洪海.新疆建筑工艺及建筑材料的起源——以土坯为例 [J].西北大学学报（自然科学版），2015（05）：850-854.
④ 李春长，徐桂玲，曹洪勇，王龙.试论新疆鄯善洋海墓地出土的早期土坯 [J].吐鲁番学研究，2017（02）：104-114.

　　另一条路线则是以中原的新石器时代文化为发端。《草原文物》2016 年第 1 期发表的《中国早期土坯建筑发展概述》之中将土坯出现的最早时间定在大约公元前 3500 年进入铜石并用时代[①]，这个时期的典型案例包括早期的仰韶文化台口类型、屈家岭文化、良渚文化等。这些土坯建筑处于比较原始的状态，还经常与土墙和火烧土块墙相联系。从土坯本身来看，该时期的土坯尺寸大小不一，没有明显的模制迹象，并且土坯多利用生土或纯净的黏土直接制作，不包含掺和料。从建筑技术看，土坯墙的建造利用浅基槽的建造技术。土坯建筑随着龙山各文化间的交流与碰撞，从中心区向周围传播。这时期土坯本身的规格相对一致，可能是由于存在模制土坯。距今约 4400 年的平粮台古城遗址内东部偏南有长条形一号房址（图 4-1-5），东西 12.54m，南北 4.34m，分 3 间。其墙厚 0.34m，残高 16cm 左右，用长 32cm、宽 27~29cm、厚 8~10cm 的土坯砌成。土坯砌筑技术出现明显的错缝垒砌和填泥垒砌做法。[②] 大约公元前 2000 年进入青铜时代，土坯营造技术受到夯土版筑技术的冲击处于衰败期（这里指官式建筑营造体系）。此时土坯建筑明显分为东、西两个技术系统，而西部土坯技术系统所涵盖的区域基本与西北地区的界域相吻合。其主要出现于甘、青、新地区，分布于河西走廊的四坝文化曾经在民乐东灰山遗址发现有土坯碎块。河西走廊西城驿文化时期的土坯建筑，距今 4000 余年。[③] 因此，创生线路之二是从东部经中原地区与河西地区进行交融，形成了以河西地区为交界的营造区域。

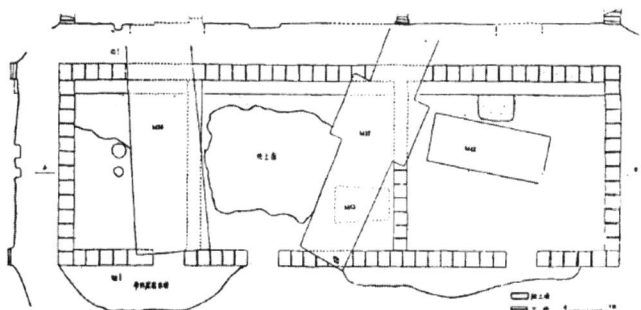

**图 4-1-5　河南淮阳平粮台一号房址平面图**

（来源：河南省文物研究所，等．河南淮阳平粮台龙山文化城址试掘简报 [J]．文物，1983（03）：30.）

---

　　① 19 世纪 80 年代左右曾经对于最早土坯建筑问题有过争论。陈全方在《人文杂志》1979 年第 2 期和 1980 年第 6 期先后发表《谈周原考古发掘的意义》《周原出土文物丛谈》等，文中记载：1976 年考古工作者在岐山县凤雏村发现的西周宫室建筑基址中的土坯，是我国"最早的土坯"。而罗宏才则在《人文杂志》1982 年第 8 期对于这种说法予以否定，并且举出四个实例来说明土坯的源流要更早于陕西凤雏村遗址的时间。

　　② 李晓扬．中国早期土坯建筑发展概述 [J]．草原文物，2016（01）：78-86.

　　③ 考古发现西北地区迄今为止所见年代最早的土坯建筑 [J]．文物鉴定与鉴赏，2018（06）：76.

## 4.1.4　演进特征分析

原始社会时期，西北地区典型传统生土营造技艺都已经出现。并且随着建筑模式从穴居、半穴居向地面建筑发展的历程，首先创生了挖余法，随后夯土法的出现最早应用到夯实地面、柱基等辅助性工作，在木构架技术不断完善的过程中，才出现了以墙体构筑为主的夯筑法。土坯砌筑法的出现则更为复杂，从目前考古资料分析，土坯营造来源于多个文化区的交融并进，土坯砌筑则发端于更早的土块堆叠法。

墙体的构筑技术直接影响了该时期建筑营造模式的发展轨迹，同时也是夯筑法与土坯砌筑法得以发展的重要标志。从穴居到半穴居，该时期古人应该还无法掌握直立墙壁技术，尤其是如何使直立墙体与屋盖安全搭接的构造技术，因此，地上的建筑墙体是以土木混合结构来实现的，屋盖与墙体要么是木骨泥墙的混合体，要么是分离体（屋顶承担了墙体支撑的大部分作用），尤其在半穴居时期，这种特征更加明显，为了获得较大的室内空间，屋盖的覆盖范围更加巨大（表4-1-4）。结合原始社会各个时期的考古资料，初期没有形成夯筑式的墙体，围护结构的"四壁"则是削地而成，聚落周围的壕堑也是削地而成。后期堆土而成，再开始夯筑成高墙，但是并未形成与木构架共同工作的承重墙体。[①]这也促使木骨泥墙混合构筑类型的进一步发展，因此，土木混合墙体也应该在单一生土墙体之前存在。

半坡时期住屋屋盖承担部分室内空间统计分析表　　表4-1-4

| 半坡早期（F37） | 半坡中期（F39） | 半坡晚期（F1） |
| --- | --- | --- |
| | | |

资料来源：作者自制。

---

① 仰韶文化时期的西安半坡遗址反映了由半地下向地上建筑过渡阶段的情况。半坡所见半穴居，其竖穴皆为直壁。较早的穴深80~100cm，较晚的约20~40cm，竖穴发展是由深而浅，直至形成地面建筑。分析比较早、中、晚期半坡建筑的形制，实际情况是从挖余营造开始向土筑法营造方向逐渐发展。墙体营造技术以及屋架营造技术的进步成为人类从地下走向地面的重要的技术支撑。因此，这个阶段的墙体营造成为传统生土营造技艺的文明进阶。

梁思成先生曾经讲过："建造之始，本无所谓一定形式，更无所谓派别，只取其合用，以待风雨，求其坚固，取诸大壮，而已。"[①] 原始社会时期的西北地区建筑营造，受到了自然条件与资源禀赋的制约，加之社会生产力限定了古人的能力输出，最终形成了区域内与土密切相关的营造技艺。

首先，西北地区分布着广阔而丰厚的黄土层，为建筑的营造发展提供了有利的自然条件。如黄土高原地区，黄土材料质地细密，其土壤结构呈垂直节理，壁立而不易塌陷，适合横穴和袋形竖穴的营造。遂原始人类利用最为直接的挖余法获得了建筑使用空间原型。更有一种原因，在仰韶文化末期，人口的增加促使森林资源与柴火资源骤降，同时又处于气候整体从暖湿向冷干发展的时代周期[②]，这些都是窑洞式建筑得到充分发展的客观因素。进入农耕经济的定居聚落社会生活之后，穴居这一形式在黄土高原地带得到了迅速发展，进入父系氏族社会的龙山文化时期，随着私有制的产生，建筑空间也就从单一空间产生出了"吕"字形空间，这种复合式建筑空间就是套窑建筑的雏形。

其次，除了建筑材料的获得与利用受到限定，人类所使用的主要工具皆以石质为主，骨质与木质为辅。西北地区的仰韶文化，以姜寨遗址为例，出土很多石斧、石铲、石锛、石凿等，以钝刃的挖掘砍凿工具为主[③]（图 4-1-6）。从工具的使用情况来看，这种石质建造工具对于木质建材的加工有限，连夯筑使用的工具也多为河卵石与木棒等。原始社会时期的科技生产力还十分低下，致使人类使用工具进行营造的本领不足。此时并没有细致的

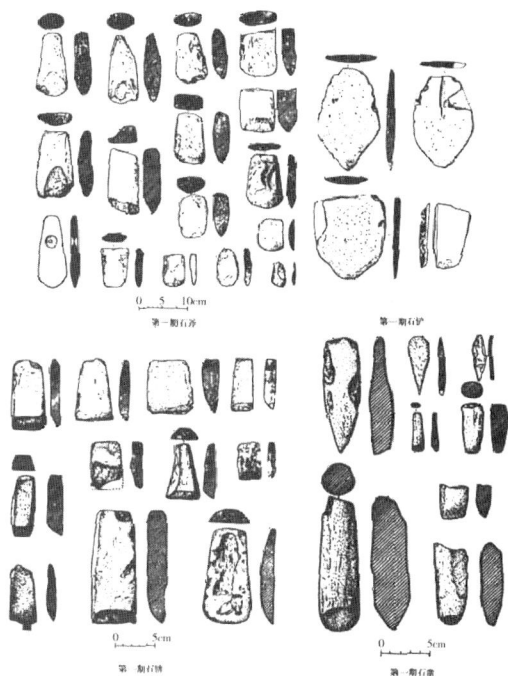

图 4-1-6　临潼姜寨遗址出土石制建筑工具
（来源：西安半坡博物馆，等 . 姜寨 [M]. 北京：
文物出版社，1988：70.）

---

① 梁思成 . 中国建筑艺术图集 [M]. 天津：百花文艺出版社，1998：19.

② 杨岐黄 . 从案板等遗址看关中西部地区仰韶中晚期到龙山时代的气候变化 [J]. 草原文物，2017（01）：59-62.

③ 西安半坡博物馆，等 . 姜寨 [M]. 北京：文物出版社，1988：70 .

分工，应属于人类营造思想的初期阶段。

原始社会时期，西北地区创生了挖余法、夯筑法以及土坯砌筑法等多种营造技艺。穴居可以看成是窑洞建筑的原型，并且在这个时期得到充分的发展。然而，为什么选择穴居，原因阐释如下：第一，首先该地区本身提供了一些自然的地穴，再者确实存在对于其他生物居住模式的一种模仿，也可以称之为"仿生学"的功劳。第二，人类的营造方式一定与所能够掌控的工具能力相适应，营造工具在很大程度上限定了人类的居住模式。第三，西北地区的原始条件为黄土丰厚、森林资源逐渐减少、气候逐渐趋冷等，多种外部条件促使古人选择并进一步发展窑洞式建筑。

## 4.2 定型阶段：奴隶社会时期

### 4.2.1 挖余法：窑洞广布

奴隶社会时期是挖余法营造技艺的快速发展时期，而且所营造的窑洞建筑也被当作是氏族首领的伟大功绩而加以宣扬。[①]

周人[②]迁岐以前，《诗经·大雅·緜》记载："陶复陶穴，未有家室"。周人迁岐后，《史记·周本纪》记载："太王古公亶父贬戎狄之俗"而"营筑城郭家室"。这说明周人住居是在庆阳幽地一带。"陶复陶穴"就是周人根据不同的地理条件而挖掘的两种形式的窑洞。"陶复"是塬上平地而起的靠崖式窑洞，"陶穴"则是地坑式窑洞。由此看来，有关窑洞的文字记载，至今已有三千多年。有学者认为，在陕西一带原始制陶业的窑炉多是靠土崖掏洞而成；横穴的柴灶与下沉式的陶货焙烧坑，两者之间连通以火道，凡是窑洞居室，一般都有连锅灶和炕，窑洞里的烟多是通过火炕或火墙之中的烟道，然后从窑顶的烟囱直冒上去的，这一热量循环过程颇似陶窑的窑炉烧制过程。所以其认为，"陶穴"这种居室的形态应是凿崖而成的窑炉的转化物，称其为窑洞也不是没有道理的。[③]

---

① 《诗经》产生地域以黄河流域为中心，是西周社会生活的一面镜子。在诗歌之中，查询两处对于窑洞式建筑的记载：其一是对于窑洞式建筑类型的概述，出现在《诗经·大雅·緜》；其二则是对于窑洞式建筑内室空间的概括，出现在《诗经·豳风·七月》。

② 从某种意义上说，周族的勃兴与周王朝八百年的辉煌，正是肇始于以陕甘为核心的黄土高原地区。

③ 方李莉. 陕北人的窑洞生活：历史、传承与变迁[J]. 广西民族学院学报（哲学社会科学版），2003（02）：26-30.

《诗经·豳风①·七月》："五月斯螽动股，六月莎鸡振羽，七月在野，八月在宇，九月在户，十月蟋蟀入我床下。穹窒熏鼠，塞向墐户。嗟我妇子，曰为改岁，入此室处。""穹窒"应该是"穹室"，"穹"指的是窑洞，这里所指的窑洞式建筑更偏重类似庙底沟时期的复合窑洞式建筑的形状，所以其内室不是完全状的，其外侧的门道一般都是拱形的。所以严格来说，"穹窒"只能指内室。这也解释了为何《七月》内出现"室""窒"对举的现象。因为这是幽地一带特有建筑，所以《诗经》中"穹窒"一词全部都只出现在《豳风》内。②

通过对于相关文献的陈述、分析与总结，利用挖余法所建成的窑洞建筑在这个时期定型，成为西北地区主要的生土建筑，挖余法得到了进一步发挥与运用，营造模式也从内生火塘的形式发展到如陶窑一般的连带取暖的居住模式。内室的穹隆顶也就逐步向拱形的门道模式转变，基本确定了后期窑洞建筑空间的类型模式。

## 4.2.2  夯筑法：墙台勃兴

奴隶社会时期是夯筑法勃兴的重要时期，主要的成就是城墙与大型墩台的营造。郑州商城遗址发现的版筑墙每版长 1.33m、高 0.43m。③ 这说明商代就已经有分段夯筑的做法，同时版筑技术已开始用于房屋建筑。晚商辛庄遗址之中发现有一排小型居住排房。房子均为地面式建筑，由宽约 40~50cm 的夯土墙封闭、分割而成。有单间、一堂一室、一堂三室等类型。④ 再如西周岐山凤雏村"周原遗址"中房屋台基已采用夯土筑成，室内隔墙为夯土版筑。这个时期最主要的成就是针对不同的建筑类型的营造产生了不同的夯筑法。总结如下：

### 1. 建筑墙基的处理

以较早的二里头一号宫殿遗址为例，其宫殿区先挖至生土，用土夯平补齐构成整体地基，然后再在其上分别夯筑正殿、廊房等建筑的房基。殿基的做法是在生土上垫三层鹅卵石，然后在其上逐层夯土，夯层厚 7cm 左右，总厚度 3m 以上。殿基、廊基筑成后，再夯筑其周围地面，构成殿庭的地面层。从夯土的夯窝呈直

---

① 历来关于"豳地"所处，基本可以确认为黄土高原的腹地，陕西中北部"彬县旬邑说"接受度比较广泛。

② 范健泉.《诗经·豳风·七月》"穹窒熏鼠"与"塞向墐户"相关建筑的考古学观察 [J]. 门窗，2015（09）：316.

③ 傅熹年. 中国科学技术史·建筑卷 [M]. 北京：科学出版社，2008：56.

④ 赵艺蓬. 晋陕高原晚商聚落新识 [J]. 中国国家博物馆馆刊，2019（10）：59~68.

径 3~5cm 的半球状看，当时可能已使用木夯（图 4-2-1）。

### 2. 小型建筑与围墙营造

用桢幹筑墙，桢为筑墙时所用的端头模板，其形状与所要筑的墙之断面相同，一般为下宽上窄、两侧收坡。幹是侧模的古称，后世称"膊椽"，一般每侧用二至三根木棍。起始筑时，在两端各立一桢，在其间于内外侧相对各横置二三根幹，两侧幹间用草绳系紧，然后在中间填土夯筑。夯至与最上一根幹相平后，割断草绳，抬升幹，再依同法夯筑，逐层上抬，直至所需高度为止，夯筑成的一段墙称为一"堵"。然后用同法接续夯筑下一堵，续筑时只需用一片桢，另一端即用已筑成之墙身代替。如此连续夯筑若干堵，直至所需长度为止。用此法筑的墙由同长、同高、同宽的若干堵墙连接而成。桢下宽上窄，故所筑之墙的墙身内收，有一定斜度。关于墙身的收坡和高厚比，《周礼·考工记·匠人》云："困、窌、仓、城、逆墙六分。""墙厚三尺，崇三之"即规定墙身收坡为高六收一，墙身之高为墙厚的三倍。

图 4-2-1　三壇同墠图
（来源：[清] 孙家鼐等编. 钦定书经图说
（五十卷）[M]. 清光绪三十一年内府石印本：159）

### 3. 城墙与大型墩台

筑城墙、墩台或台榭基座等大砌体不能用桢，而改用斜立的杆以控制城或墩台的斜度，并沿斜杆处用版或数根膊椽为侧模，夯筑时先分别把数根草菱（草绳）的端系在版或膊椽的不同部位，另一端系一木楔，拉紧后分别钉在地上，然后夯筑（图 4-2-2）。夯平后，割断草绳，抬升版或膊椽，再依同法夯筑，直至所需高度止。据《周礼》及《左传》记载，正规筑城用为边模的版，其长一丈、广二尺。累积五版即高一丈，称为一堵。一堵之墙，长与高均为一丈。连续三堵称为一雉，一雉之墙，一长二丈，高一丈。以一雉的长、高用为度量城墙长度和高度的单位（图 4-2-3）。[①]《诗经·大雅·绵》中记载："捄之陾陾，度之薨薨。筑

---

① 傅熹年. 中国科学技术史·建筑卷 [M]. 北京：科学出版社，2008：100.

之登登，削屡冯冯。百堵皆兴，蘩
鼓弗胜。"[1] 也印证了夯土墙营造单位
"堵"的存在，这是使用版筑的初始阶
段，故版的尺度较小，至周代则加大，
并以版数为筑墙计算单位。同时，在
该时期形成了分段夯筑与方块夯筑的
技法（表 4-2-1）。

　　分段夯筑的营造步骤是先在选
择好的城墙位置上，平整地面或向下
挖掘一定深度的城墙基槽，然后填土
逐层夯打。城墙的筑法是将两侧壁和
一个横头都用木板相堵，在这一段内
分层夯筑，然后拆除横堵板和两侧壁
板，以此逐段前进。分段版筑法的出
现是这个时期建筑技术上的一个进步，
它可以在同一时间里集中更多的劳动
力按一定的标准进行施工，既加快了

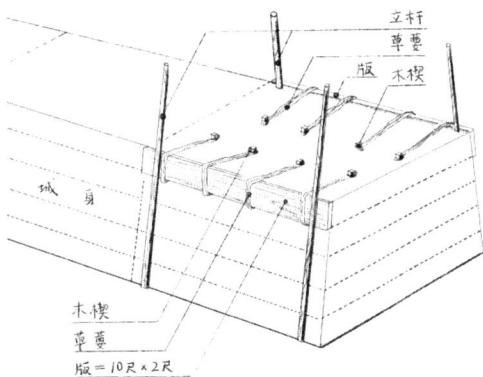

图 4-2-2　用草蒌木楔筑城及大型墩台示意图
（来源：根据傅熹年 . 中国科学技术史 · 建筑卷 [M].
北京：科学出版社，2008：101 描绘）

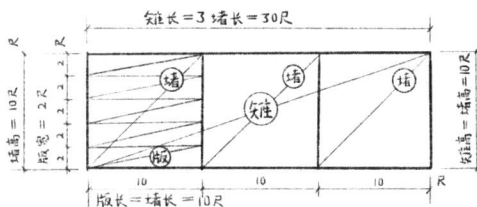

图 4-2-3　筑墙以版、堵、雉为标准模数的示意图
（来源：根据傅熹年 . 中国科学技术史 · 建筑卷 [M].
北京：科学出版社，2008：95 描绘）

奴隶社会时期夯土营造技艺的典型特征统计分析表　　　　表 4-2-1

| 朝代 | 主要成就 | 实例 | 模板尺寸 | 夯层、夯窝尺寸 | 图示 |
|---|---|---|---|---|---|
| 商 | 分段夯筑：版筑木模板分层夯筑 | 郑州商城 | 长约 2.5~3.3m，宽约 0.15~0.3m | 夯层 8~10cm，最厚达 20cm，最薄到 3cm；夯窝口径为 2~4cm，窝深为 1~2cm |  |
| 周 | 方块夯筑：用立柱、插竿、撅子、草蒌来固定模板 | 洛阳东周城 | 长 1~1.7 m，宽 0.40~0.80m，厚 0.20m 左右 | 夯层厚薄不一，一般为 6cm；夯窝为半球面形，直径为 1.5~4cm，深 1cm 左右 |  |

资料来源：作者根据相关考古资料与遗址图片整理绘制。

---

① 李国豪 . 建苑拾英：中国古代建筑科技史料选编 [M]. 上海：同济大学出版社，1990：448.

进度也保证了质量。

方块夯筑是用木板隔成方块，这个方块夯筑到相当于木板的高度，然后拆板向一方移动，另组方块，这样循序渐进，一层一层向上。每方块大小不一，每方夯土边角痕迹非常清楚，有方角也有圆角，上下夯块交错叠压，层次分明。夯层与夯层之间都有草薹的痕迹，应该是为了便于夯打或是加强抗拉而铺设的，这种成方块错叠的夯筑方法，增强了城墙的坚固性。根据夯窝的痕迹观察，使用的夯具和商代一样，是用几根原木捆在一起进行夯打的。

综上所述，周代夯土版筑技术已较前代更为进步，夯层薄，夯击力大，和前代不同处是在西周召陈遗址的夯土中已加入料姜石，以增加强度；成方块的夯土交错叠砌更加强了城墙的坚固程度。插竿、撅子、草薹的使用，减少用于护坡的土方和夯筑程序，大大地提高了建筑工效。这一时期的夯土工程技术已经发展到了较为成熟的程度。

## 4.2.3 土坯砌筑法：类型全备

新石器时代至青铜器时代，在青海的都兰县诺木洪塔里他里哈遗址发现了土坯围墙，土坯围墙可分为圆形与椭圆形两种，但都不太规整。土坯用黄土掺少量炭灰脱模而成，多为长方形，大体在 38cm×48cm 左右。垒砌方法是平铺错缝，土坯与土坯之间夹一层草叶泥。洹北商城一号大型建筑主殿各室之内墙边出土的土坯和带墙皮的材料比较多，跟外侧台阶之间的部位不一样，证明主殿各室隔墙内壁的材料质量比较好的土坯的比率比较大，所以可以推测西配殿也许是土坯隔墙的建筑。[1] 西周时期，在凤雏早周宗庙遗址中出现土坯砌的台基和墙，其土坯墙在房基之上直接砌筑（图 4-2-4）。[2] 在凤雏建筑基址的主体建筑"前堂"的北边沿和西小院的西壁，均用土坯叠砌，计有两种：即夯土和草拌泥，其夯土土坯长 25cm、宽 13cm、厚 4cm，类似今日北方的土坯。草拌泥土坯一般长33~45cm、宽 13~22cm、厚 7~17cm，大小不等，具体做法是碎麦草和黄土搅拌，放在模子里，用模子脱出晒干而成。[3] 然而，这些土坯墙的砌筑技术仍然是一个较为初始的开端，并且多与木构架相结合形成墙体。但是，从土坯的类型来看，

---

① 史宝琳，Pauline SEBILLAUD. 安阳出土商文化建筑材料的初步研究 [J]. 华夏考古，2014（01）：62–71+141.

② 中国科学院自然科学史研究所. 中国古代建筑技术史 [M]. 北京：科学出版社，2000：51.

③ 陈全方. 周原出土文物丛谈 [J]. 人文杂志，1980（06）：90–92.

主要的两种类型——湿制坯与杵打坯在西北地区都已经出现，并已经运用到了墙体砌筑。

## 4.2.4　演进特征分析

奴隶社会时期，由于掌握生产资料多寡的差异，形成了阶级的分化。生产资料的重新分配形成了奴隶主与奴隶两个阶级，并且逐渐体现在建筑的使用上，奴隶主享用高级的建筑，此时土木混合结构的发展给奴隶主提供了合适的阶级营造代表。相比较而言，奴隶阶层所居住的则是类似于窑洞建筑的地窖子，简单而粗糙。由此，以木构架为主体建筑的发展成为中国官式建筑的典型，而以生土营造为代表的窑洞建筑的发展则在官式文明的背景下成为西北地区历史演进中乡土建筑的重要分支，因此，文献

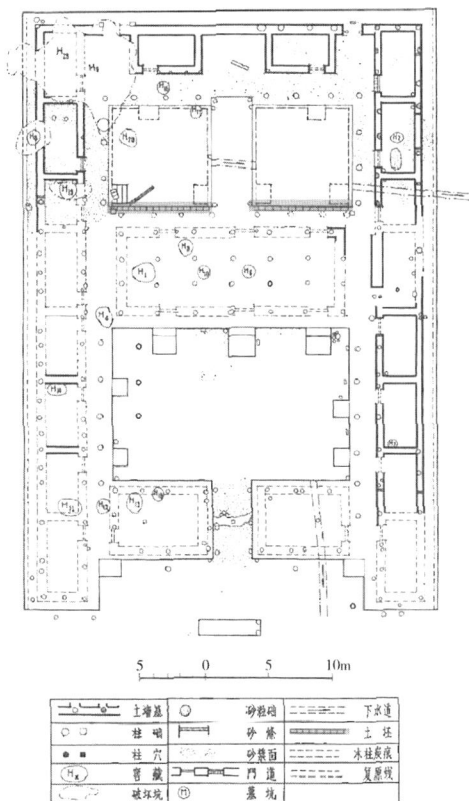

图 4-2-4　早周凤雏宗庙址土坯砌的台基和墙
（来源：根据傅熹年 . 中国科学技术史·建筑卷 [M].
北京：科学出版社，2008：76 改绘）

记载中也就罕见窑洞建筑的踪迹。窑洞建筑在相当长的历史时期之内都是围绕着中下层百姓的住居问题而展开的，挖余法营造技艺则走向了一条纯粹平民化的"乡土"路线，一直以适应环境、方便经济为出发点而沿用至今。然而，土木混合建筑则是在经济与技术水平不断提升下得到大力发展，最终形成中国古代土木混合营造的建筑体系，从而促使奴隶社会时期成为奠定传统建筑营造发展格局的关键阶段。

夯筑法始于原始社会晚期，在奴隶社会时期获得了巨大的发展，尤其在春秋战国时期已达成熟阶段。它集中表现在城垣工程以及高台建筑两个方面：其一，城墙营造是中国古代聚落的重要表征，可以说夯筑法是中国传统城市聚落① 得以形成与发展的关键技术，从有城以来一直延续到封建社会的末期，绵延几千年皆

---

① 在古代文献中有多处记载了早在氏族社会末期出现城郭，如《世本·作》说："鲧作城郭"。《淮南子·原道训》说："夏鲧作三初之城"。《礼记·礼运》也说："今大道既隐，天下为家，各亲其亲，各子其子，货力为己，大人世及以为礼，城郭沟池以为固"。可见那时已出现了作为保护奴隶主财产的城郭。

与其有密切的关系。其二，高台建筑是中国古代建筑营造脱离地面的重要表征，对于建筑营造的台基进行整体夯筑以阻隔潮湿，同时又要彰显建筑等级制的存在。它是奴隶社会时期重要的功能与技术结合的范例，同时又引导了中国人千百年来登高望远、智思文化空间的历史传统。

土坯砌筑技艺在奴隶社会时期已经用于建筑营造之中，但是由于与夯筑技术有很大的相似之处，结合当时的社会制度、营造质量而言，夯筑技艺都要优于土坯砌筑技艺，抑或是夯筑技术所营造的多与官式建筑或者大型城墙与墩台相关，而土坯砌筑技艺多用于乡土民间。因此，土坯砌筑建筑遗址都是比较罕见的。

综合分析奴隶社会时期传统生土营造的演进特征，对于生土营造技艺发展的原因主要有以下四点：第一，社会阶级的划分，促使材料分配的不均，致使生土营造技艺被赋予了等级色彩，致使使用木材少的挖余法营造走入乡土营造发展的序列，而夯土营造技艺伴随着营造技术的成熟进入到官式建筑营造技艺体系之中。第二，奴隶制社会制度提供了大量的劳动力，从匠作角度对于城墙以及高台建筑等浩大工程建造提供了重要外力保障。第三，此阶段战争频繁，对于夯土工程质量的要求甚严，官方政策的鼓励与强制性生成了大量工程实践，提供了该项营造技艺物质载体的实际需求保障。第四，科技生产力的进步带动了营造工具从石质向青铜质过渡（图4-2-5），可以使挖土、掘土效率进一步提升，由于营造技艺的改良使得施工整体效率提升，传统生土营造技艺的整体提升才得以实现。

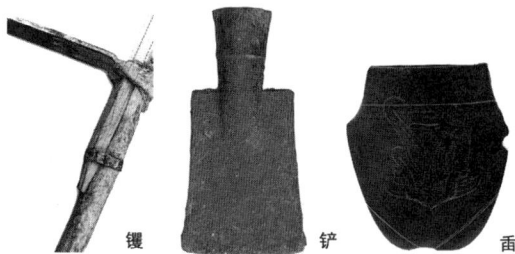

图4-2-5 奴隶社会时期使用的青铜建筑工具
（来源：西安半坡博物馆，等.姜寨[M].
北京：文物出版社，1988：70.）

# 4.3 转型阶段：封建社会时期

## 4.3.1 挖余法：乡土营造

随着技术的进一步成熟，挖余法所呈现的窑洞与土木混合结构建筑在封建社会时期的发展路径产生了分异，在以木构架建筑作为中国传统建筑主流营造类型的背景下，窑洞建筑则完全走向了乡土建筑发展的序列，并且与地形地貌结合形成了更加完善的窑洞建筑体系。西汉窑洞建筑内部的烟囱、灶台等都很讲究。唐宋窑洞种类增多，每个窑洞的职能明确分工，许多家庭都有了客屋窑、灶房窑、牲畜窑、粮食窑等，暗庄、明庄和四合院庄也诞生了，这个时期的窑洞建筑根据人们的不同需求逐步完善其功能，甚至将这种营造方式进一步应用在城市营造之中。位于新疆地区的交河故城，是公元前 2 世纪至公元 5 世纪由车师人开创和建造的，在南北朝和唐朝达到鼎盛，当下的格局是在唐代由来自于陕甘地区的汉族利用挖余法营造的[①]，即整座城市的大部分建筑物不论大小基本上是用"减地留墙"的方法，从高耸的台地表面向下挖出来的，在新疆古城遗址中尚无先例。从总平面图之中可以看到整个城市位于一个大的土台之上，其依据城市自身的需求因地制宜地挖出了所需要的寺院、官署、城门、民舍等（图 4-3-1）。

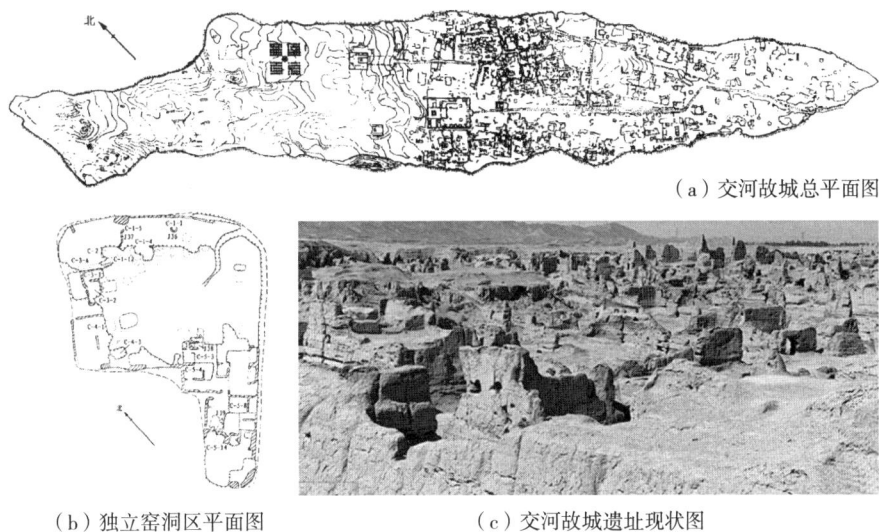

（a）交河故城总平面图

（b）独立窑洞区平面图　　　　　（c）交河故城遗址现状图

**图 4-3-1　交河故城整体格局与风貌图**

（来源：孟凡人. 交河故城形制布局特点研究 [J]. 考古学报，2001（04）：483-508.）

宋代《西征道里记》中有云："自荥阳以西，皆土山，人多穴处，谓土理直，无摧压之患……初若掘井，深三丈，即旁穿之，自此高低、横斜无定势，低处深，或四五十丈高处，去平地不远，烟水所不能及。凡洞中土，皆自初穿井中出

---

① 按照挖余法营造的建筑若要改建，则必须破坏原有建筑往下重新挖建，故此种构筑方式就决定了交河故城不可能频繁地大规模改建。从交河故城建筑遗迹保存相对较好的东部居民区来看，可初步认为其现存建筑遗迹大都是经一次性改建而成的。

之，土尽洞成，复筑塞其，井却别为入窍。去窍丈许为仰门，陈劲弩，攻者遇箭即毙。如是者数重，时于半里一里余斜，气穿道谓之哨眼，哨眼或为因墙角，与夫悬崖积水之旁。人不可能知其下，系牛马，置碾磨，积粟，凿井，无不可者。土久弥坚，如石室。"[①] 文字中的"穴处"恰巧讲的就是地坑院。简洁的文字讲出了当时武功地区窑洞已有数里长，可住千余户人家。并且将地坑院的分布区域、土质特点、形貌特征、建造过程、防盗性能、居住风俗等都阐释得非常详尽。

明清时代，窑洞以安全、文明为目标向前发展，黄土塬上出现了小城堡。高大土墙将一组窑洞或地坑院围起来，以防御兵荒和盗贼。民国时期，出现了窑洞城市。[②] 一直到 20 世纪 70、80 年代，窑洞建筑在西北地区的广大乡村都是最为普遍的建筑类型。目下明清时期米脂县刘家峁村姜耀祖庄园、杨家沟马祝平新院等（图 4-3-2），不仅是充分利用地形地貌的营造经典，更是挖余法作为西北黄土高原地区乡土营造主线的历史见证。

<table>
<tr><td>（a）陕西省米脂县刘家峁村姜耀祖宅</td><td>（b）陕西省米脂县杨家沟村马宅</td></tr>
</table>

图 4-3-2　窑洞建筑组群案例图
（来源：团队提供）

## 4.3.2　夯筑法：严规求质

封建社会时期，在奴隶社会已经非常成熟的夯筑体系架构基础上，夯筑法得到突飞猛进的发展。其技术特征基本延续春秋战国以来结合桢幹的版筑做法，除了城墙的营造，还用于台基、民宅墙体、边坡、长城、墩台、陵墓、堤坝等大小不等的构筑物，使用十分广泛。

---

① 郑刚中. 西征道里记 [M]. 北京：商务印书馆，1936.
② 尚海龙，刘海琴，张文芬. 庆阳窑洞民居的文化旅游魅力 [J]. 洛阳师范学院学报，2012（06）：82–86.

纵观封建社会时期的夯筑法营造，典型建筑仍属城墙（表 4-3-1）。这也是自秦汉以来使用最普遍、工程量最大的构筑物。从大量城墙的夯筑遗址整体分析来看，夯层厚度在 6~12cm 之间，主要在 8~10cm 的夯土层居多。虽然各个朝代之间有一些差异，但是应以唐代为一个重要的历史分界线。唐代之前，夯层厚度为 6~10cm，唐代之后，夯层的厚度为 6~12cm，并且主要厚度集中在较大值区间，可以看出这个时期的营造应该是随着夯筑工具不断地改进，夯击力度得到了提升，从而使得夯层的厚度得以增大。

封建社会时期西北地区城墙夯筑遗址生土营造统计分析表　　表 4-3-1

| 项目 | 类型 | 时代 | 地点 | 夯土层厚度/cm | 夯窝/cm | | 土质情况 | 夯筑方法 |
|---|---|---|---|---|---|---|---|---|
| | | | | | 直径 | 深度 | | |
| 阴晋城 | 都城 | 魏 | 陕西平阴 | 8~9 | 3~4 | — | 黄褐色土 | 分块夯筑 |
| 万里长城 | 长城 | 秦 | 甘肃临洮 | 6~9 | 3~4 | — | 黄色黏土 | — |
| 咸阳故城 | 都城 | 秦 | 陕西咸阳 | 3~10.5 | 7 | 0.2~1 | | |
| 雍城遗址 | 城墙 | 秦 | 陕西凤翔 | 9 | — | | | |
| 玉门关 | 堡 | 汉 | 甘肃敦煌 | 8 | | | 黄土 | |
| 长安城 | 都城 | 汉 | 陕西西安 | 8~10 | | | 黄土不黄 | 夯窝密集 |
| 沙州城 | 墩台马面 | 汉 | 甘肃敦煌 | — | — | — | | |
| 礼制建筑 | 宫殿 | 汉 | 陕西西安 | 6~9 | | | | |
| 扶荔宫址 | 宫殿 | 汉 | 陕西韩城 | 9 | | | | |
| 崇正古城 | — | 隋 | 陕西扶风 | 10 | 12 | | 纯净黄土 | |
| 长安西市 | — | 唐 | 陕西西安 | 8~12 | | | | |
| 高昌城 | — | 唐 | 新疆吐鲁番 | 8~12 | | | | 中间夹土坯2~3层 |
| 拼陵围墙 | 陵园 | 唐 | 陕西蒲城 | 6~10 | | | | 用平夯筑 |
| 统万城 | 城墙 | 西夏 | 陕西横山 | 7~9 | | | 黄土加白灰 | |
| 安西府城 | 宫殿 | 元 | 宁夏固原 | 6~10 | | | 瓦砾相间 | |
| 万里长城 | 长城 | 明 | 青海、甘肃 | 12~20 | | | 墙体有桩木 | |

资料来源：作者根据中国科学院自然科学史研究所.中国古代建筑技术史[M].北京：科学出版社，2000：47 与蒲天彪.青海明长城夯土特性研究[J].青海民族大学学报（社会科学版），2011（04）：92-94 整理绘制。

春秋战国末期至秦代正是诸侯割据兼并激烈的战争时期，各国筑城工程风起云涌，这也基本奠定了中国文明时期的城池形制特征。两汉时期农业建设、兴修水利以及生产技术方面都有大的发展。汉代一般的建筑工程，以敦煌沙州城为例，马面都采用夯土、版筑的方法，夯层明显，插竿洞眼及夯窝明晰可见。重要工程对其精度和坚固度的质量要求有所提高。夯土工程主要控制土的种类、匀净程度、含水量和夯筑的坚实度。如汉长安城墙用较匀净的细黄土夯筑，夯层匀平，呈水平状，厚度在8cm左右，非常坚实。《晋书》卷一百卅载："赫连勃勃乃蒸土筑（统万）城"，筑城之前，可能将筑城所用的土进行日晒，以去其碱性，使城墙坚固耐久；也可能在施工时将所用的土用热水和泥，因这样可以使土质匀润，夯打时所有土间缝隙密实，提高墙体的质量。[①] 除此之外，一般需对侧面、顶面、基脚加以处理，实际上是对土墙承力构造的加强。王莽九庙各层台壁的壁柱间距约3m，未央宫2号、3号建筑遗址和武库遗址壁柱的间距为4.5~5m。[②] 夯土墙体与立柱共同协作承重是这个时期典型的土木结构做法。

汉代大型建筑的主要形式即台榭，南北朝以后，已很少建大型夯土台榭，但在殿宇中，用夯土墙或墩台承重或维持木构架稳定的情况还时有所见，并延续至隋唐，唐代大明宫麟德殿就是重要一例。时下还保存一些具有高台的建筑，陕西富平则是整个在土台之上营造的案例（表4-3-2）。

封建社会时期留存下来的土台建筑统计分析表　　　　表 4-3-2

| 地区 | 建筑 | 高台性质分析 | 高台建筑状况 | 高台面积 /m | 高度 /m |
|---|---|---|---|---|---|
| 宝鸡 | 金台观 | 土台外包砖 | 半山式 | 41×41 | 20 |
| 合阳 | 会帝庙 | 土台 | 天然独立式 | 18×18 | 12 |
| 韩城 | 司马太史公祠 | 土台 | 山顶式 | 45×30 | 30 |
| 武威 | 雷公庙 | 庙院人工土台 | 人工土台 | 30×25 | 7 |
| 武威 | 海藏寺正殿 | 庙院人工土台 | 人工土台 | 40×30 | 5.2 |
| 武威 | 文庙青阁 | 庙院人工土台 | 人工土台 | 11×11 | 4.5 |
| 古浪 | 土门过街楼 | 庙院人工土台 | 人工土台 | 9×9 | 6 |
| 富平 | 县城高台 | 土台 | 天然土台 | 1500×1520 | 8 |

资料来源：作者根据中国科学院自然科学史研究所.中国古代建筑技术史 [M].北京：科学出版社，2000：51 整理绘制。

北宋城池的营造发展有了新创造，就城基而言，宋代先前多为素夯土，有时掺一些碎陶片，宋代开始出现了素土与砖瓦层交替夯筑之现象，以进一步加固地基。[③] 这种做法虽然在西北地区没有发现，但是在洛阳城有所发现。元代以后，在城基防潮的做法之上进一步提升。明清结合砖砌技术对于夯土营造进行了整体性能提升。

① 中国科学院自然科学史研究所.中国古代建筑技术史 [M].北京：科学出版社，2000：46.
② 傅熹年.中国科学技术史·建筑卷 [M].北京：科学出版社，2008：323.
③ 李合群.中国古代夯土城墙基础加固技术 [J].北方文物，2017（04）：36-41.

西北地区，用于军事防御的长城遗址仍是纯生土营造（图 4-3-3）。为了保证结构稳定，对于地基处理相当重视。一是把地面整平，将浮土清除，露出新土，地面凹凸不平，必须整平，长城墙体夯筑以前，先铺好地基。宁夏固原县红庄的秦长城墙体的地基在地表面下 0.9m 起夯筑，基宽约 6m，以上逐层内收。在甘肃渭源县秦长城上，也发现了类似的现象，墙基在现在地表土下 0.4m 处，墙基夯层清晰，夯层厚 8~10cm。[①]

图 4-3-3　西北地区河西走廊张掖段明代夯土长城样貌图

## 4.3.3　土坯砌筑法：灵活多元

封建社会初期，除夯土筑城外，在城门洞口和局部地方使用了土坯或用土坯建造城墙的局部，当然也用土坯建造房屋。秦咸阳遗址中发现使用土坯砌的窑顶，有的房屋中还用土坯砌墙。汉代的土坯墙叫作"土墼墙"。颜师古云："墼者仰泥土为之，令其坚彻也"。《后汉书·周行传》云："行廉洁无资，常筑墼以自给"。西安西郊"塚屹塔"，三层土坯垒砌而成，丁头外露，中层顺砌。土坯截面 44cm×22cm×10.5cm。[②] 从文献记载中可以看出，土坯的使用与经济有很大的关系，这种因地制宜进行取土的廉价生产方式是最主要的原因。以河西地区为例，具有以下特征：第一，两汉时期，土坯体积大小不同甚至相差悬殊，大者为

---

① 景爱，苗天娥.剖析长城夯土版筑的技术方法 [J].中国文物科学研究，2008（02）：51-56.

② 唐金裕.西安西郊汉代建筑遗址发掘报告 [J].考古学报，1959（02）：45-55+151-160+183.

小者的三倍左右。即使时期相邻不远或者同一遗址，土坯大小也不尽相同。从外观数据看，此类土坯的长、宽、高既不是整倍数、更不是等比级数，与汉代的大型条砖相比，其形制变化还不够成熟和完善，这种趋势延及明代而未改。第二，与汉代相比，唐朝河西地区的土坯体积依然很大。下逮明朝，河西地区土坯的体积有明显的变小趋势。明代甚至出现 30cm×15cm×6cm 的小型土坯。第三，从外观看，汉代的土坯长与宽的差距在 10~24cm 之间，差距明显。宽与高的差距在 1~13cm 之间。显示出长且厚的外形特征（表 4-3-3）。明代土坯除了长度变短外，长度与宽度的差距缩小，在 9~16cm 之间，宽与高的差距则逐渐扩大，在 3~19cm 之间，显示出短且薄的外形特征。而且厚度逐渐变薄，出现了仅仅 6cm 的超薄型土坯，[1] 与时下的河西地区的杵打坯的规格相近。

考古资料所见河西地区汉代土坯规格统计分析表　　表 4-3-3

| 遗址 | 长×宽×高/cm | 纪年简年代 | 建筑物 | 资料来源 |
|---|---|---|---|---|
| 居延 | 38×18×13 | 天凤元年 | 鄣墙 | 《文集》68 页 |
| 玉门 | 37×17×12 | 汉代 | 烽燧 | 《文集》15 页 |
| 居延 | 49×24×14 | 汉代 | 关城 | 《文集》484 页 |
| | 42×20×13 | 汉代 | 墙体 | 《文集》78 页 |
| 马圈湾 | 41×17×13<br>40×19×14<br>38×17×12<br>34×20×11 | 汉代 | 烽燧 | 《释文》277 页<br>《释文》274 页<br>《释文》274 页<br>《释文》276 页 |
| 疏勒河流域 | 32×18.4×12.7 | 汉代 | 房屋 | 《出土汉简》23 页 |
| 疏勒河流域 | 36×18×13 | 汉代 | 烽燧 | 《出土汉简》11 页 |

資料来源：作者根据甘肃省文物工作队、甘肃省博物馆编著的 1984 年版的《汉简研究文集》以及林梅村、李均明编著的 1984 年版《疏勒河流域出土汉简》整理绘制。

唐代交河城中庙宇建筑的墙壁均用长方形土坯砌筑。哈拉和卓城墙为黑沙泥土坯所砌，墙高约 4m，周长 140m。宋代之后，由于经济状况的不断改善，在土坯墙的外表面逐渐包砌黏土砖，称为"金镶玉"，尤其在明清时期，这样的城墙已经司空见惯。至于小型的民间用房，房屋毁坏后的土坯材料又重新回归到农田，所以对于民间用房使用土坯的遗址除了十分久远的年代，宋代之后都很难

① 刘再聪.说河西的墼——以敦煌吐鲁番出土材料为中心 [J]. 华夏考古，2009（02）：130-140.

考证。这也从生态角度说明了土坯作为可循环材料使用的突出表现。从现有建筑遗存来看，西北地区传统土坯不仅在普世的乡野田间，而且应用到典型的官式建筑之中，甚至应用到佛塔这样的高层建筑（表 4-3-4），因此，土坯的砌筑营造技艺的发展已经非常成熟。

封建社会时期土坯砌筑法的典型实例特征统计分析表　　表 4-3-4

| 时期 | 战国 | 两汉 | 唐 | 宋辽元 | 明清 |
|---|---|---|---|---|---|
| 典型建筑 | 城墙、房屋 | 城墙、长城 | 城墙、宫墙 | 城墙、房屋、塔 | 城墙、房屋 |
| 实例佐证 | 秦咸阳故城 | 河西段烽火台 | 新疆交河故城 | 敦煌白马塔 | 传统民居 |
| 营造特征 | 城址内的民居建筑有土坯砌筑的墙体 | 砌法有两种：一种是干摆砌筑，没有任何筋骨；一种是在土坯内加筋，增加坚固性 | 北段墙基是由约二尺宽的方形土块叠垒而成 | 白马塔为 9 层，高 12m、直径约 7m，建筑结构为土坯垒砌，中为立柱，外面涂以草泥、石灰 | 砌筑方法成熟，各地区的土坯规格不同，外有滑秸泥或包砌砖墙 |
| 遗址照片 | | | | | |

资料来源：作者根据相关考古资料与遗址图片整理绘制。

## 4.3.4　演进特征分析

封建社会时期，以木构架为主的建筑营造技艺已经成为中国传统建筑的主流发展方向。从中国古代建筑技术史的整体考察来看，封建社会后期很少再能追寻到生土营造的官方文献记载，尤其是砖瓦出现之后，对于土的运用则是以一种辅料的形式出现在土木混合结构的建筑体系之中，而匠作也是以土作之中的泥瓦匠的身份出现。尤其在宋代之后，中国的政治、文化与经济中心由西北逐渐向东南迁移，随后西北地区的经济发展一直处于较为落后的境地。在这样的一个大的经济转变背景下，传统生土营造在该区域内则以一种乡建模式持续发展。即便因为没有进入到官方的营造体系，从而没能留下任何有关营造技艺本身的官方文献记载。但是随着科技生产力大环境的发展，传统生土营造技艺反倒在乡间的发展却更为卓越，如挖余法的窑洞建筑一直以一些地方史志以及游记的记载方式出现。

夯筑法由于一直在城池建置之中发挥重要的国家安全防控作用，因此其发展逐渐形成了标准，进入到官方的营造体系之中。宋《营造法式》之中有所记载，"用碎砖瓦札（碴）等，每土三分内添碎砖瓦等一分"，又"筑基之制，每方一尺，用土二担，隔层用碎砖瓦及石札等亦二担。每次布土厚五寸，先打六杵，次打四杵，次打两杵。以上并各打平土头，然后碎用杵辗，踢平，再攒杵扇扑，重细辗踢。每布土厚五寸，筑实厚三寸。每布碎砖瓦石札等厚三寸，筑实厚一寸五分"。[①] 这里既讲了筑基时土、碎砖瓦石的配比，还有具体的夯筑方法及尺寸要求。清工部《工程做法则例》有关部分的规定：每步厚度为虚铺22.4cm（7寸），夯实厚为16cm（5寸）；每步素土的虚铺厚度为32cm（1尺），夯实厚为22.4cm（7寸）。一般普通房屋的基础灰土配合比多为3：7（体积比，下同），散水或者回填土也可以采用2：8或者1：9的灰土配合比。[②] 同时，夯筑法的发展完善，要归功于夯筑工具的提升，从最初的石器、木棍等逐渐演变成夯杵，夯杵由夯棍和杵头组成，而杵头又可按材质分为木材、石材与金属三类，可根据不同性质的土料选取不同材质的夯杵，方便作业（表4-3-5）。

甘肃各地区夯杵汇总表　　　　　　　　　表4-3-5

| 河西地区 | 陇东地区 | 陇南地区 | 临夏回族自治州 | 陇中地区 | 甘南藏族地区 |
|---|---|---|---|---|---|
| ① | ② | ③ | ④ | ⑤ | ⑥ |

夯杵特点

①杵头多为石材，部分为水泥制成，杵身呈圆柱状，夯界面平整；
②杵杆较粗，杵头较小，多用石材制成，底部呈碗状，弧度较大，受力点较为集中；
③杵头多为石材，底部呈浅碗状，弧度较小，杵头施工部分较浅，适宜在较为潮湿的土壤上作业；
④杵头多为石材，底部呈球状，弧度较小，杵子自重大，适宜夯筑墙体内部；
⑤杵头呈半球状，材质多为水泥或金属，杵头较小，施力部位基本是点；
⑥两种类型：第一种为木质，一头为方杵，一头为扁杵，夯筑时先用扁杵将模具中周围土料压实，再用方杵夯打；第二种是短扁形，主要用长铲夯筑边角，是藏区特有的工具

资料来源：作者自制。

---

① 李诚.营造法式·卷3：筑基[M].北京：人民出版社，2006：20.
② 刘大可.中国古建筑瓦石营法[M].北京：中国建筑工业出版社，2015：4.

土坯砌筑法的制坯方式多元化，逐渐应用在墙体营造中，并且进一步将这种方法运用到与其他建筑类型的组合之中。因为体量小，制坯方便、快捷、经济，形成了闲时可以制坯备料，一个人就可以形成施工的覆盖面，多人协作可以从多个角度进行分工合作完成的营造模式（图 4-3-4）。因此，土坯砌筑法的发展与成熟对于营造方式的进一步改进及施工方式的推进都具有革命性的价值。

综上所述，封建社会时期的传统生土营造技艺的发展形成了不同序列。挖余法营造完全进入乡土建筑营造之中，而夯筑法、土坯砌筑法则是两者兼顾，但是整体是进入到乡土营造序列。生土材料获得容易、廉价，生产力促使营造工具的不断提升是传统生土营造技术发展的主要动力和内因。社会历史发展、劳动人民营造需求则是促使西北地区传统生土营造创生、发展与完善的外部因素。以版筑术为例，古代长期用于墙体和基础工程，奠定其技术基础的正是春秋战国时期风起云涌的筑城工程。由于战争对城墙坚实性的需要，劳动人民创造了夹板技术、夯杵工具和夯筑的方法。[①] 从此，夯筑法不仅由此进入到官方的建筑营造体系，同时也大量使用在普世的乡土建筑之中。在当时社会生产力水平低下的情况下，这一营造技术的发明无疑具有十分重大的意义，它为以后历代修城池、筑长城以及修围墙等墙体工程起了极为关键的作用。在城乡一般建筑中，用夯筑的土墙承重，上架木梁架的"硬山搁檩"式房屋更是始终存在着，直至近现代依然在使用。西北地区的民间乡土建筑，如筑房墙、打围墙、农用大棚等仍沿用它，甚至还有大坝也使用这种营造方法（图 4-3-5）。

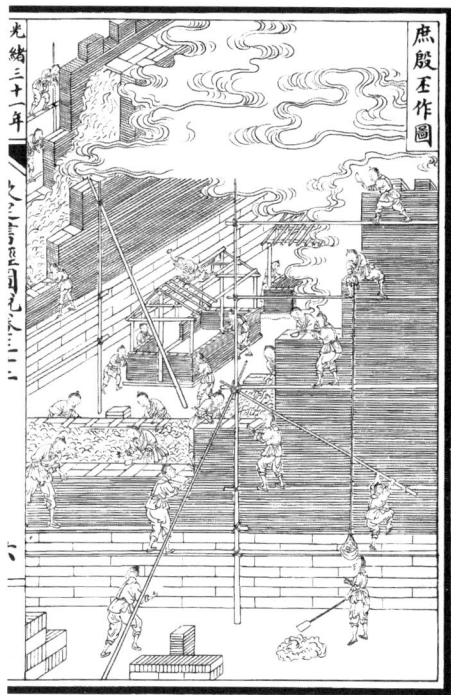

**图 4-3-4　庶殷坯作图**

（来源：[ 清 ] 孙家鼐，等 . 钦定书经图说（五十卷）[M]. 清光绪三十一年内府石印本：1399.）

---

① 中国科学院自然科学史研究所 . 中国古代建筑技术史 [M]. 北京：科学出版社，2000：42.

(a) 河西夯土堡寨墙体　　　(b) 河西夯土围栏、大棚　　　(c) 陇南夯土大坝

图4-3-5　西北地区典型夯土建筑与构筑物案例图

# 4.4　反哺阶段：近现代社会时期

## 4.4.1　体系发展：科学开端

　　清末至新中国成立期间，整体的建设情况可谓捉襟见肘，很难总结出典型的传统生土营造的阶段。反倒是在新中国成立以后，百废待兴，全国进入了建设的大浪潮之中，大概20世纪50年代至"文化大革命"，当时面对国家整体经济情况，为了节约钢筋、水泥等重要建筑资料，保证国家重点工业的建设，因此，在全国范围内的建筑业都兴起了一种生土营造的热潮，并且真正开始了科学研究的新时期。包括向传统学习以及实验研究相结合的探索，相继出版了《土坯制作与施工》《西北黄土建筑》《土坯拱楼房》等一系列研究成果（图4-4-1）。

　　《土坯制作与施工》是利用科学的实验为基础从土坯的制作、土坯房屋的施工、土坯结构的经济分析以及土坯墙的一些实际问题进行系统研究，并且给出水

图4-4-1　1958年出版的相应生土营造技术资料

脱坯优于压实坯以及选择砂质黏土制作土坯的结论。同时给出了土坯制作、土坯墙砌筑以及土坯墙抹灰等方面的暂行技术操作规定。《土坯制作与施工》是新中国成立之后系统科学研究土坯建筑营造技艺的重要资料。

《西北黄土建筑》是在冶金部的支持下由冶金工业部建筑研究院牵头，多家单位针对西北地区的黄土营造技艺进行的一次系统的科学研究。其分别对夯土营造技艺以及土坯砌筑法进行了试验，并且明确了关于材料与构造的一些重要措施。

《土坯拱楼房》依据西北地区传统生土建筑窑洞营造的经验尝试营造两层的土坯拱楼房，适当地解决广大职工的住宿问题。实验建造了两栋楼房，一栋是三跨拱，另一栋是五跨拱（图 4-4-2）。实验的结果不仅对于当时建筑材料不足、住房不够用的社会经济发展现实具有重大意义——其在当时也将生土营造楼房与城市生产生活连接在了一起。与此同时，将后续的营造发展方向总结出四类营造模式：单面走道住宅、中间走道式办公室及宿舍、双面走道式宿舍或办公室、

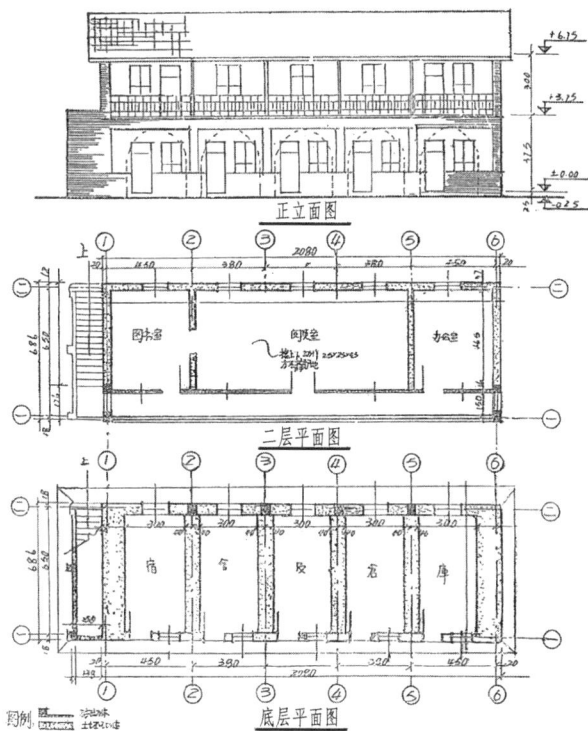

图 4-4-2　五跨拱土坯拱二层楼房方案设计图
（来源：土坯拱楼房 [M]. 北京：建筑工程出版社，1958：15.）

简便式住宅。建筑覆盖类型多样，算是生土营造与城市生活最接近的时期。土坯在从基本的单层结构向多层结构开始探索，以拱的结构形式探寻最为经济与高效的适宜性营造模式。

1966 年在延安举行的中国建筑学会第四届代表大会及学术会议上，展出了各地建筑工作者设计的 287 个住宅方案。这些方案，一般都秉承学习了"干打垒"精神；大部分都做到了造价较低、质量较高；不少已建的方案受到了群众的欢迎。[①]《建筑学报》1966 年（4-5 期合刊）出版了中国建筑学会第四届代表大会

---

① 住宅设计方案选编 [J]. 建筑学报，1966（Z1）：60-66.

及学术会议专号（图 4-4-3），期刊对全国各个地区
的经济、适用的建筑方案进行了详尽的介绍。这也
恰恰是在"文化大革命"之前最重要的一次以"生
土营造"反哺城市建设的集体会战。这些生土营造
实践是在政府的主导下，在生产资料低下的社会发
展时期完成的，具有重大意义，可惜这些营造技艺
的进一步推广由于"文化大革命"而停滞了。但是
这些 20 世纪 50、60 年代的理论与实践相结合的重
要成果是城乡智慧的结晶，其在西北地区的大部分
乡村地区是适宜的，这一点是值得肯定的。

图 4-4-3 《建筑学报》
1966 年专号

## 4.4.2　演进特征分析

　　近现代社会时期，虽然社会整体处于风雨飘摇的阶段，但是在生土营造技艺
的发展上还是有一些亮点出现的。尤其是新中国成立之后至"文化大革命"期间
的十几年时间内，1949~1952 年为国民经济恢复期，1953~1958 年为"一五"经济
建设时期，主要发展重工业，整体社会处于百废待兴阶段，从而提供了生土营造
的机会。然而在"二五"时期的 1959~1961 年，由于自然灾害使得国家经历了"三
年经济困难"时期，国家经济发展受到重创。[①]"三五"计划应在 1963~1967 年实
行，计划制订工作则应提前一二年。由于"大跃进"挫折和三年自然灾害，中共
中央曾设想这五年主要用来调整和恢复国民经济。后来国民经济恢复较快，毛泽
东主席据此提出，1963~1965 年这三年作为一个过渡阶段，贯彻调整方针，打下底
子，从 1966 年起搞"三五"计划。[②]

　　这样一个经济发展窘迫时期，所有建筑材料如钢筋、水泥等都支援到工业
发展的建设之中，因此，人们将目光投向了千百年来最为经济适用的传统生土营
造。以政府牵头、结合研究院所对于乡村的传统生土营造技艺进行科学的实验，
并且通过与工匠的交流来提升现有的生土建筑营造。那一批显著的科学研究实践
成果恰是"一五"计划末期出版的，但是却在三年经济困难时期停滞了建设，待

---

　　① 陈东林 . 从灾害经济学角度对"三年自然灾害"时期的考察 [J]. 当代中国史研究，2004（01）：83-
93+127.

　　② 陈东林 . 从"吃穿用计划"到"战备计划"——"三五"计划指导思想的转变过程 [J]. 当代中国史研
究，1997（02）：65-75.

到"三五"期间恢复建设，已是八年之久。1966 年学习大庆的"干打垒"精神将这种科学化研究推向了高潮（图 4-4-4），形成了降低非生产性建筑的标准，节约非生产性建设投资的共识（表 4-4-1）。因此，在城市住宅建筑当中进行大量的科学实验来降低居住建筑的建设成本，这是生土营造从传统经验走向现代科学研究的一个重要的历史开端，

图 4-4-4　大庆干打垒时期红旗村的生土房样貌图
（来源：干打垒："垒"起大庆创业脊梁 [N].
大庆日报，2017-04-28.）

只是因为"文化大革命"而停滞了，城市之中裁撤了规划、建设以及实验等一系列建设与科研部门，不仅已有的研究成果没有得到进一步的提升，待到改革开放之后，经济的发展浪潮又对于新兴的建筑材料以及建筑营造更具有吸引力，因此走向了城市国际化的发展路径，从而进一步拉大了城乡之间的营造差距。城市朝着现代建筑营造不断奋进，而乡村则进一步固守在传统乡土营造的模式之中。[①]因此，历史事件是对于传统生土营造技艺的一次洗礼，这一点促使城市对于生土营造的发展进一步萎缩，而在乡村则进一步固化，这也是西北乡村现存的传统生土建筑大多都是 20 世纪 70~90 年代相继建造的根本原因。

"干打垒"时期全国其他地区住宅生土营造典型
方案统计分析表　　　　　表 4-4-1

| 方案 | 编制单位 | 平面系数 | 单方造价 / 元 | 基础 | 内外墙 | 隔墙 | 楼板 | 地面 |
|---|---|---|---|---|---|---|---|---|
| 方案 1 | 长沙市房地产管理局湖南大学 | 70% | 23.45 | 无基础两层卵石隔潮 | 24 厘米厚土坯或 27 厘米土夯外墙 | 18 厘米厚土坯墙 | — | 素土地面 |
| 方案 2 | 包头市城市建设局勘察设计室 | 67.15% | 29.42 | 干切片石（埋深 25 厘米） | 24 及 30 厚土坯外墙 180 土坯内墙 | 12 厚土坯墙 | — | 白灰焦渣 |
| 方案 3 | 建工部建筑标准设计研究所 | 66.8% | 25.50 | 杯型柱基灰土垫层 | 土坯填充墙 | 土坯填充墙 | 预制钢筋混凝土小梁平板 | 居室灰土地面，厨房素土夯实 |

资料来源：作者根据住宅设计方案选编 [J]. 建筑学报，1966（Z1）：60-66 整理绘制。

───────────

① 这也是时至今日乡村人没有了生土营造的自信的主要原因，经济差距的拉大，固守的时间过长，形成了观念上的荣辱分异。

# 4.5　演进特征总结

## 4.5.1　历时性：渐变突变

　　纵观西北地区传统生土营造技艺的历史演变过程，每一种典型营造技艺都经历着渐变的发展序列，但是，同时也由于营造类型之间的多元交融使得自身的特性形成遮蔽，以致在出现了突变现象之后也无法辨识。整体来讲，西北地区传统生土营造技艺历时性的发展特征，可以用渐变与突变来进行概括。突变与渐变的本质区别不是变化率大小，而是变化率在变化点附近（一个所谓临界局域），即有无"不连续"的突出特征。所以突变与渐变，一个属于间断性范畴，另一个属于连续性范畴。渐变是形成西北整体生土营造体系的根本，而突变则是形成技艺演进变革的重要节点。

　　传统研究突变现象多从时间维度入手，但由于突变现象转瞬即逝，很难把握。托姆另辟蹊径，把一个动态的时间突变问题转换为一个突变行为集合所构成的一个"静态"的结构问题。例如，当利用尖点突变模型时，我们在该模型的系统行为曲面上可以发现，至少存在三种行为，渐变行为（a，a'）；

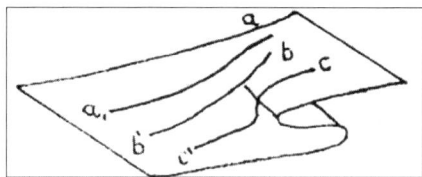

图 4-5-1　系统突变的三种路径结构图
（来源：吴彤 . 突变论方法及其意义——系统演化路径研究 [J]. 内蒙古社会科学，1999（01）：26-32+39.）

过突变点的性质突变行为（b，b'）；突跳的间断变化行为（c，c'）（图 4-5-1）。第一种是完全渐变；第二种表面是渐变，但系统某些性质发生了突变；第三种是系统行为宏观上发生了突跳式的突变。[①]

　　本书利用托姆的理论模型，以窑洞建筑类型营造的发生发展过程来说明传统生土营造技艺系统在历时性演变之中同样存在渐变与突变过程。笼统来看，靠崖窑、下沉式窑洞以及独立式窑洞皆属于挖余法。其实不然，属于挖余法的只有靠崖窑与下沉式窑洞，而独立式窑洞则不是，这里形成了建筑类型表象对于营造技艺特征的遮蔽，实际上是窑洞建筑在发展过程中发生了营造技艺的突变。

　　传统生土营造技艺的渐变过程是每一个建筑子系统的发展过程，靠崖式、下沉式与独立式窑洞营造技艺的独立发展过程都可以被看作是（a，a'）的渐变过程。但是，三种类型之间同样存在先后发展的时间序列，这一点就与营造技艺的发展

---

　　[①] 吴彤 . 突变论方法及其意义——系统演化路径研究 [J]. 内蒙古社会科学，1999（01）：26-32+39.

息息相关。深入分析靠崖式窑洞，从当下所发掘的窑洞遗址来看，这种窑洞营造技艺发生时间最早，利用挖余法直接从土里挖出使用空间，经历了从穹隆顶到筒形拱顶的空间转变。后期由于土坯砖的发明，在已有的筒形拱的内壁进行加强，以满足安全、舒适等需求，遂发展出以土坯砖以及黏土砖进行发券以达到需求层级的过渡。虽然从原始的挖余法已经走向挖余法之后的砌筑法增强措施，但是其根本的挖余法营造空间并没有改变，因此，这是（a，a'）渐变过程之中使用不同材料层次进阶的体现（图 4-5-2）。

（a）土拱　　　　　　　　　　　　　　（b）砖拱发券

图 4-5-2　挖余法从直接挖造到内部发券的渐变发展样例比较图

继续分析靠崖式窑洞与土窑房营造技艺之间的发展演变过程。从表面上看，它们的区别不大，同样的建筑平面形制与建筑拱线空间，在名称上也都称为"窑"。但是，从营造技艺类型分析来讲，两者已经存在本质上的突变：靠崖式窑洞是挖余法（减法），而土窑房使用的则是土筑法（加法），那么两种截然不同的营造技艺完成了似乎是同一建筑类型的演进，只是空间形态特征构成了建筑营造模式的遮蔽效应，因此，土窑房建筑类型的出现是结合挖余法的窑洞空间特征，在后期采用土坯砖发券增筑腹壁发展而来的建筑类型。这样一类建筑演进，即是（b，b'）的演变过程之中存在了典型的营造技法的质性改变（图 4-5-3）。

相比较以上两种营造模式的变化过程，（c，c'）的突变过程在挖余法营造技艺之中也是容易理解的，这还是要回到原始社会时期由穴居的一支从袋形穴发展出窑洞式建筑营造技艺，还有一支则发展到穴居与土木混合建筑营造技艺的临界点，逐渐摒弃穴居，从地下走向地上建筑营造的技艺体系。从营造技艺体系角度来讲，挖余法的核心已经去除，相同的建筑制式也已经去除，这就形成了在营造技艺方面的整体变革性演进方式，从穴居到土木混合的建筑营造技艺当属

（a）靠崖土窑洞　　　　　　　　　　（b）独立式土窑房

图4-5-3　挖余法从靠崖窑到土窑房的遮蔽发展样例比较图

（c，c'）的突变过程。① 这个过程也正是杨鸿勋先生所描绘的建筑发展序列图所呈现的图景。

综上所述，同一种生土建筑类型中不仅存在以挖余法营造技艺形成的"渐变"发展序列，同时还存在不同生土营造技艺的"突变"发展序列，从而形成相同建筑类型下的技艺遮蔽现象。因此，西北地区传统生土营造技艺在历时性发展过程中以渐变与突变方式交融演化，渐变过程成为一个系统线性的发展序列，而突变过程则成为新旧系统间的发展临界点，并且能够促使新的系统的诞生（图4-5-4）。

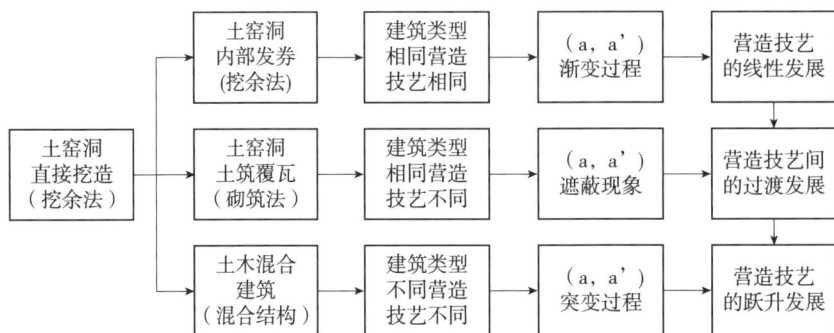

图4-5-4　土窑洞挖余法的发展序列过程逻辑图

## 4.5.2　共时性：类型共生

西北地区传统生土营造技艺历史演进的共时性表现在宏观与微观两个层面，即系统进化是向两极扩展的。其宏观表现是系统组织结构的复杂化、层次的

---

① 从传统生土建筑营造的角度来看，这个过程是在结构体系上的突变造成的，如果以生土营造为核心，其是突变的；如果从建筑空间的营造角度来看，则是一种从地下到地面的渐变体系发展过程。

增长；其微观表现是下层系统功能的复杂化、实现方式的改变和系统组织单元的变化。[①]

　　宏观组织结构的复杂化、层次的增长主要体现在传统生土营造技艺系统的子系统的不断增加，层次也在营造之中不断地丰富。营造技艺的类型形成多元化，并且有交叉使用的复杂现象。类型主要包括挖余法、夯筑法、砌筑法等，这些子系统在营造实践的过程中不断地完善各自体系的同时，又相互促进，相继产生了综合运用挖余法、夯筑法以及砌筑法的窑洞建筑营造技艺，综合使用夯筑法与砌筑法的土木混合建筑的营造技艺（图 4-5-5）。具体体现西北地区传统生土营造技艺多元并用的案例也十分普遍。如关中、宁夏与陇中地区的高房子建筑，这一类建筑的墙体营造多在墙体下部采用夯土墙，而在上部采用土坯墙的组合方式（图 4-5-6），这与施工方式又有紧密联系。也有夯筑与挖余并用的城墙型窑洞建筑组群（图 4-5-7），宁夏、河西地区有用夯土堡墙挖窑的实际案例存在；陕北地区挖余法与夯筑、土坯砌筑并用，形成较为坚固耐用的窑洞建筑。

　　微观组织的复杂化、实现方式的改变主要体现在构成西北地区传统生土营造技艺的子系统的发展上。如夯筑法，其主要以夯筑为核心发展出了版筑与椽筑两种营造技艺，版筑方法又根据不同地区的使用模板情况发展出了长板与短板模式，在施工方面又有分段与分块模式之分。再如土坯砌筑法，首先从制坯来讲，从无模到有模发展出了湿制坯、杵打坯以及宁夏垡拉等多种类型；其次从砌筑方式又先后从平、立与侧卧发展出八类基本的砌筑模式；最后从使用结构应用方面形成从直立墙、筒形拱再到穹隆顶的结构模式，而仅直立墙就有从单裱墙到四六

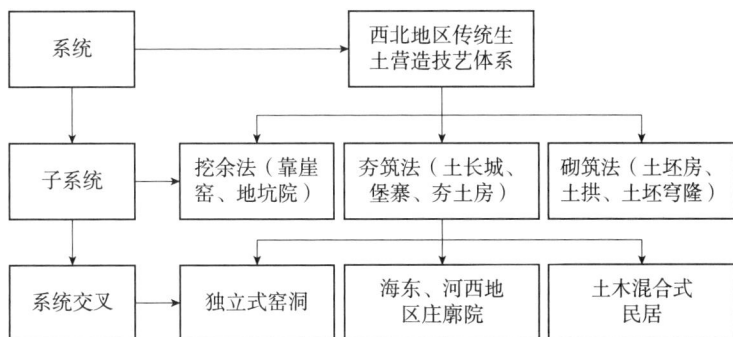

图 4-5-5　系统宏观组态的发展关系图

---

① 孙志海 . 自组织的社会进化理论：方法与模型 [M]. 北京：中国社会科学出版社，2004：76.

图 4-5-6　宁夏海源县高房子背墙使用的版筑土坯复合墙案例图
（来源：团队提供）

图 4-5-7　银川镇北堡夯土城墙上的窑洞建筑案例图
（来源：团队提供）

锭子等七类不同砌筑模式。因此，传统土坯砌筑法无论从制坯到砌筑模式都发展出了更加多元的营造技艺类型。

综上所述，西北地区传统生土营造技艺系统发展是从宏观与微观两个层面同时展开的。子系统作为微观层面发展的重要表征，其发展程度更加体现了系统发展的深度，而宏观系统是微观系统发展的综合结果，其整体性发展更加体现了系统发展的广度。因此，其两者互为因果，在共时性上体现出当时传统生土建筑发展的程度特征。

# 4.6　小结

　　西北地区典型传统生土营造技艺的历史演进脉络，可以划分为原始社会时期的创生阶段、奴隶社会时期的定型阶段、封建社会时期的转型阶段以及近现代社会的科学反哺阶段等四个阶段。每个历史阶段的发展特征比较清晰，并且每个时期的发展都涉及典型要素的影响。

　　原始社会时期，在人类刚刚接触建筑营造的开端，就创生了生土营造技艺。最先出现的是挖余法，随后为夯筑法以及土坯砌筑法。挖余法在这个时期发挥了重要作用，担当了西北地区人居建设的重要角色。随着古人对于墙体营造理念以及对于夯筑法认知的进一步完善，逐渐从地下向地上、从挖余法向土筑法过渡。

　　奴隶社会时期，在古人进入到有文字记载的文明时期，生土营造技艺为中国传统聚落文化的形成奠定了坚实的基础。发挥最大作用的是夯筑法，版筑技艺的不断完善使得长城、城墙等防御体系的营造成为可能。这是生土营造在中国建筑史上最为浓重的一笔，它极好地诠释了"墙"从建筑文明发端到极致使用的重要社会价值，从而进一步奠定了"土"对于西北营造的历史地位。

　　封建社会时期，在安定统一与战争割据矛盾成为永恒的时期，生土营造技艺继续继承先前的历史功能，除了在官式典型建筑体系之中逐渐成为一种附属匠作之一，其更多地转向乡土社会，成为民间乡土建筑一直使用的适宜性营造技艺体系。这是生土营造乡村地区性的沉淀时期，它为乡村社会的人居建设贡献了生态、朴实与营造之乐。

　　近现代社会时期，在新中国成立的初期，百废待兴，生土营造技艺开启了真正的科学研究阶段，为中国城市建设的发展进程贡献了力量。但是却因为历史社会的发展纷争而导致研究成果没能够得到有效利用，形成了历史断代，未能够成功转型，从而在当下的乡村形成了"生土"与"贫穷"的思想连带关系。

　　西北地区传统生土营造技艺在历史演进当中呈现出两种显著特征：其一，在历时性上呈现出渐变与突变两种特性；其二，在共时性上则体现出多种类型共生交融的发展特性。

05

CHAPTER

第 5 章

西北地区传统生
土营造技艺的内
生演进规律

# 5.1 内部要素

## 5.1.1 材料要素

一般来讲，"就地取材"是传统建筑发展所遵循的普遍规律，并且由于特殊材料和方法的采用就此而反映出各种独特的地方风格和特色。[①] 在古代，人们利用材料的原则是"五材并举"[②]，利用天然的材料（土、木、石等），由于材料的不同特性也就产生了相应的结构技术。[③] 回归到营造的内核，在人类社会之初，面对建筑营造，人们还无法发明创造出人工的建筑材料，因此，自然界提供给人们的建筑材料是最原始的基本物质：土、木、石是材料层级的原型，属于材料要素的第一层级；土坯、夯土、木构件是经过人的初步加工形成的第二层级的建筑材料。以此逻辑类推，如砖、瓦、琉璃等则属于更下一级的建筑材料（图 5-1-1）。西北地区在建筑营造的序列之中也遵循这些基本规律，同时在使用"土材"的方面形成了较为突出的地方特色。

中国传统建筑营造是以木结构建筑体系为主，因而在针对西北地区的区域营造时始终将"木骨泥墙"的发端作为地区特性来看待，这里其实真正地忽视了该区域发展"土结构"的历史地位。西北地区，从原始社会的秦安大地湾文化以

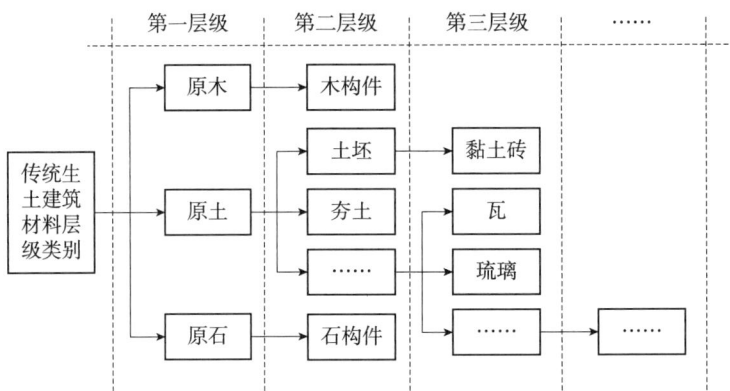

图 5-1-1 建筑材料发展层级关系图

---

① 李允鉌. 华夏意匠：中国古典建筑设计原理分析 [M]. 天津：天津大学出版社，2005：209.

② 五材，本来指"金、木、水、火、土"，古人认为是一切物质的基本组成元素，对于建筑营造而言，则是说明运用一切可以运用的材料进行建造，对于材料的使用原则是无所偏重的，实际上是一种虚指。

③ 中国科学院自然科学史研究所. 中国古代建筑技术史 [M]. 北京：科学出版社，2000：42.

及半坡文化等典型农耕文化开始，一直到封建社会末期科学生产力水平长期处于低下的背景之下，建筑材料长期以天然材料为主，同时伴随区域内木材不断出现短缺的自然现象，尤其在区域内的黄土高原地区以及新疆极度干旱地区，人们对于土材进行简单加工，就可以形成适应该区域生存环境的住屋。所运用的土材仍然是以原土为基准，稍微处理，便可以进行房屋营造，因此所使用材料始终处于第一、二层级之中。① 以现代视角来看，可能会给出西北地区传统生土营造较为原始的论调，但是如果深入思辨之后会发现，这也是在当时社会经济发展的大背景下，应对于脆弱的生态自然环境的一种营造智慧体现。

综上所述，西北地区传统生土材料层级演变逻辑可以归纳为：原始社会时期最早使用的挖余法处于建筑材料使用的第一层级，奴隶社会时期勃兴的夯筑法与土坯砌筑法所使用的材料属于第二层级，封建社会时期则是更高的第三层级，现代社会则是更高的层级了。随着建筑性能与要求不断提升，历史所呈现出的西北地区传统生土营造技艺的发展趋势是建筑材料越来越远离原始层级，并且对于建筑材料的使用呈现出由单一向复合使用的发展特征。

## 5.1.2　构造要素

西北地区传统生土营造技艺的发展过程，需要对"构造"这一基本要素在微观层面或深度方面进行探寻与延伸了。对于普通的土木建筑而言，多材料的构造组合是必不可少的。西北地区乡村内的夯土房与土坯房，将砖石使用在基础与勒脚部位以达到防潮防湿的效果，将小青瓦使用在屋面部位达到有效排水的目的等。因此，做到"因材制用"，也就是将材料按需分配，使得建筑的各个部位都能够有较为适宜的材料作为支撑。这一发展是以材料与材料之间的科学关系为基础的，不仅要明晰每一种材料能够做什么、适于做什么，更要了解材料与材料之间组合的优劣。如夯筑以及土坯砌筑墙体结构都会使用藤条、木板等结合层来提高整体生土墙体的强度和耐久性。

除此之外，西北地区最为典型的传统生土构造形式是同一种建筑材料所形成的建筑结构。例如传统的土窑洞利用土体的自然重力形成土拱结构，这种结构完全是由挖土之后，余土自然形成的力学单一构造。如果说这是自然形成，并不是人为所造。那么，以土坯材料发券作为窑洞腹壁拱券结构的窑洞建筑则应该说明

① 相对而言，现代的建筑材料已经升级为多层级的综合使用，并且人工合成的化学材料层级已经离原型越来越远。而相应的由于复合的人类加工增多所产生的排碳量就增加了。

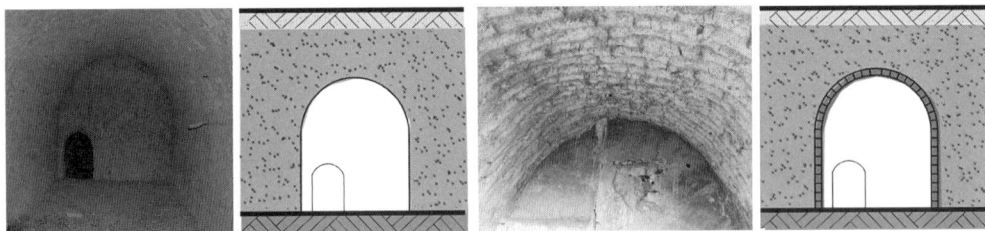

（a）挖余法形成的拱形构造（第一层级）　　　（b）土坯砌筑发券形成的拱形构造（第二层级）

图 5-1-2　单一材料构造实例分析图

单一材料组合成单一构造的实际情况（图 5-1-2）。土窑洞是这种单一土材构造不同层次组合的典型建筑方式。土坯和夯土版筑技术在历史上被单独使用或者混合使用，关天地区的四合院建筑以及甘宁地区的高房子建筑的墙体结构也都反映了这种单一材料不同层级的构造方式。

综上所述，西北地区传统生土营造技艺的建筑构造要素随着技术的发展从单一走向综合，从简单走向复杂。最原始的单一材料构造是自然形成，然后才是人类的深入认知，再者是多元材料的交融结合或者是单一材料的极致使用。可以说，构造要素从单一、原始材料的组合逐渐走向多元、复杂材料的组合，从材料的第一层级的单一构造组合逐渐走向高层级的多元组合构造（图 5-1-3），这种构造要素发展的历时性特征恰恰就是人类营造技术文明发展整体进步的一种体现。

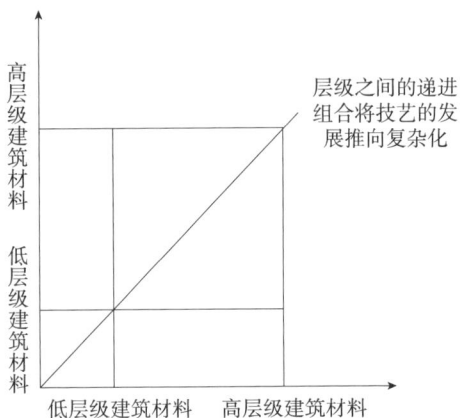

图 5-1-3　基于材料的构造要素发展层级

## 5.1.3　工匠要素

从材料的生产与加工，如伐木、采石、取土、烧砖、制瓦，到制作成为构件，并按一定的构造搭接方式，形成某种结构类型。同时伴随着设计和施工的技术，这些都需要不同工种的工匠来完成。在中国漫长的历史之中，营造技艺的发展形成了一种以材料划分匠作体系的组织系统架构（表 5-1-1），每一种工艺又根据营造事物的不同下分不同的工种，每一种工种对于自身负责的事物进行深入的

传统匠作与手工艺的关系表　　　　　　　　　表 5-1-1

| 技术门类 | 工艺范畴 | 工种 | 技术职责 |
|---|---|---|---|
| 攻木之工 | 木工艺 | 轮 | 制作车轮、车盖 |
| | | 舆 | 制作车厢 |
| | | 弓 | 制作弓架 |
| | | 庐 | 制作戈戟类兵器柄杆 |
| | | 匠 | 营造城郭、宫室，修筑沟洫水利设施 |
| | | 车 | 制作大车、农具 |
| | | 梓 | 制作乐器悬架、饮器和侯（箭靶） |

资料来源：根据戴吾三.考工记图说[M].济南：山东画报出版社，2003：24 整理。

技术职责划分。司职建筑营造的工种称之为"匠"，而对于匠作又按照同样的分类标准进行细分，形成对于不同材料进行营造的工种，每一个工种要对自身所掌控的建筑材料所承担的角色十分清楚，每一种匠作都成为一个独立的系统，包括木作、土作、砖石作、油漆作等（图 5-1-4）。

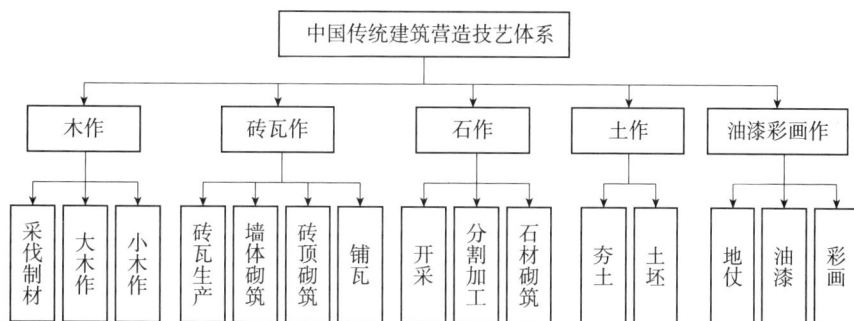

图 5-1-4　营造技艺匠作的营造体系结构图

西北地区传统生土营造技艺系统在遵循中国传统匠作技术体系的基础上，又在土作部分显现出了典型的一面。不仅存在区域上的层级体系，而且存在匠作派系上的层级结构。同时，区域体系与匠作派系在层级上又存在十分紧密的关联。具体来讲，匠作派系营造的过程中主要体现了匠意、匠技以及手风等的不同，这三个方面的内容所集成的建筑结果又形成了建筑类型的风格谱系，也就是形成建筑"地区性"的关键要素所在（图 5-1-5）。

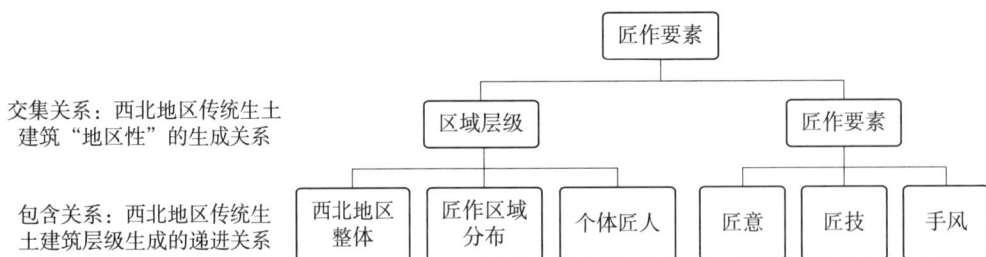

图5-1-5　匠作要素的层级关系图

交集关系：西北地区传统生土建筑"地区性"的生成关系

包含关系：西北地区传统生土建筑层级生成的递进关系

## 5.1.4　工具要素

"工欲善其事，必先利其器"。传统匠作要素不能缺少工具的支撑。建造过程中技艺的发展受到工具要素的制约，有什么样的工具就会有相应的操作技能和智力技能与其相匹配。人是通过不同的工具来塑造不同的动作技能，而智力技能则表现为在一定的操作能力下对材料特性、规律的理解、掌握及巧妙运用，对于工艺、建造程序、规模造价、用工用料等工程内容的灵活控制以及对于建筑空间、氛围和美感的准确把握。[①] 西北地区传统生土营造技艺的生成与发展之中，工具要素还远未发展到这种状态，这一点与区域社会生产力的背景有直接的关系。因此，传统工匠的动作技能始终是其能否成为一个合格匠人的充分标志。一个能工巧匠基本都有着娴熟本领，如夯筑的首领称为"领夯"，在熟练操作的基础上发明了夯歌；窑洞的掌工称为"窑匠"，熟识窑洞营造的每个关键阶段（图5-1-6）。

（a）夯筑建筑的"夯歌"　　　　　　　（b）窑洞营造的"合龙口"

图5-1-6　传统生土建筑营造形成的匠与主交流的民俗形式表达图

（来源：（a）网络；（b）李福爱绘制的《合龙口》转引自郭冰庐.窑洞风俗文化 [M].
西安：西安地图出版社，2004：图版）

---

① 陈泳全.建造过程中人的因素 [D].北京：清华大学，2012：64-65.

相较于木作的营造工具，土作的营造工具显得不够精良，但也不缺少其营造体系化的内涵。这依然是来自于材料本身的质性特征，在相应阶段使用工具进行对象的操控是十分明晰的，主要包括挖土、运土、夯土、刮土、抹土等不同工序相对应的工具。在这些工具之中，有相当一部分来自于农用生产工具（图 5-1-7），尤其体现在窑洞建筑的工具体系之中。同时，有些工具则不似工具，如各种夯筑建筑所使用的夯筑模板器具——板、椽。因此，与土打交道，也就是与土地打交道，生土营造与土的紧密关系使得其与生产力的关联极深。由此可见，西北地区传统生土营造技艺的工具要素与农业生产要素的关系十分紧密。

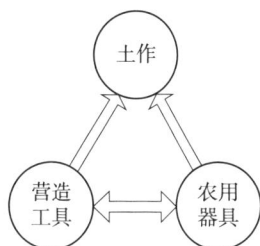

图 5-1-7 传统生土建筑工具要素与农具的交集关系示意图

## 5.2 内生演进规律

### 5.2.1 耦合关系：主客耦合下的材料建构

西北地区传统生土营造技艺系统的组成要素，在历时性的发展过程中不仅存在自我演进的特征，而且要素之间也存在关联逻辑。这些要素之间的关系便体现了人们在历史时间轴上认知与运用自然科学规律形成营造技艺的过程。匠作要素通过工具要素构成了对于材料要素与构造要素的支配作用。这个客体要素发展过程中，由生土建筑材料、构造到形成完整建筑结构的过程成为一个自组织发展的内生逻辑链条。匠作要素对于每一种客体要素都具有主观的控制性，各个客体要素在发展过程中向主体形成反馈机制，匠作要素则根据反馈问题对于单一要素进行调试，单一要素的改变则会形成连锁反应，从而完成建筑营造技艺体系的改进与提升，最终达成建筑结构体系的生成。

夯筑法在历史演进中的序列发展能够很好地阐释这个过程。首先，古人最开始是对于土材进行原始夯打，发现土体能够在外力的作用之下致使其密度增强，同时硬度增加，这样人们就获得了较为坚实的居住面以及在建房时所用的承载地基。其次，古人将夯打土体的技能由土基夯实逐渐拓展到地上墙体的营造，然而在地上进行土体夯筑的结果没有达到预期目的，墙体的强度不够，并且也不容易夯筑，应该是受到穴居以及基础营造的启示从而夯筑的模板才得以成行。最后，从奴隶社会后期开始一直到封建社会末期，工匠在不断夯筑城墙的实践之中不断获得经验，根据土墙的实际功用，进一步对于材料、工具等要素进行改良，从而完成了夯筑法的历史完型。

从时下乡间大量存在的夯土房之中也同样可以洞见这个发展逻辑。传统营造对于土材进行改良，分别从土质本身的质性、含水率与掺和料等方面考虑，如在材料之中加入了瓦砾、碎石等作为骨料，再进行夯筑形成较为坚固的墙体（图5-2-1）。这个层面的改良只是针对材料本身的改良，构造层次与结构并没有根本变化。以此逻辑，不改变土体本身的情况，在构造层次直接加强，开始往土材中加入一些辅助材料，例如在河西地区夯筑墙体时，放入藤条、木板形成加强的连接性构造，在陇南与陕南地区则放入碎石层与瓦片层来改善墙体自身的承力结构，从而达到最终结构的坚固性。如果对于材料、构造都不进行改变，直接进行结构的改造也是可以的。如夯筑土体时，从城墙的梯形结构向土体直立结构发展进阶可为一例。因此，在从材料—构造—结构的历史发展进程中，对于哪一个层面进行完善都会形成技艺本体的提升。

图5-2-1 陇南宕昌何家堡乡、两河口乡夯土墙添加了碎石与石块的农房样貌图

## 5.2.2 基本路径：自组织系统的演进过程

西北地区传统生土营造技艺在其创生与发展的过程中具有一定的发展规律（图5-2-2）：第一，由非组织到组织的过程演化；第二，由组织程度低到组织程度高的过程演化；第三，在相同组织层次上由简单到复杂的过程演化。这三个过

程都具有本质区别。[①]

第一个过程，从非组织到组织，从混乱到有序，它意味着西北地区传统生土营造技艺在人类参与下的组织起源。西北地区传统生土营造技艺作为一种自组织系统，原始社会时期人们通过挖余法的穴居营造技艺完成了第一个可供使用的生土营造技艺系统的创生，脱离了更早时期利用天然洞穴来居住的非组织发展状态

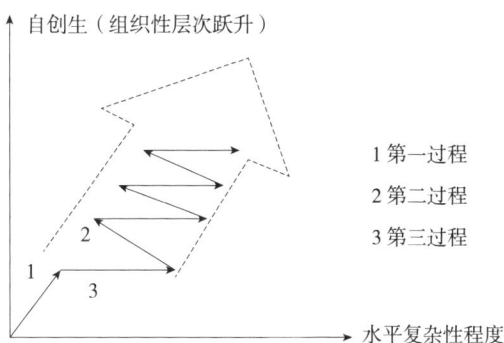

图 5-2-2　自组织系统演化过程图
（来源：吴彤．自组织方法论论纲 [J]．系统辩证学学报，2001（02）：4-10.）

（图 5-2-3）。虽然这个时期的传统生土营造技艺还十分粗糙，但是客体要素组成已经基本全备，只是具有控制力的主体要素还不甚明晰。客体要素所运用的建筑材料也是来自于大自然的原土，构造要素是利用土自身的承力结构。工匠要素还没有形成固定的社会分工，工具要素随生产力的发展还是原始的石质与骨质工具，但是却形成了系统第一层次的基础架构。因此，在主体要素的智力技能与操作技能尚不足的情况下，西北地区传统生土营造技艺的自组织系统完成了创生。

第二个过程，西北地区传统生土营造技艺系统组织层次跃升的过程，是在有序组织程度提升的基础上通过跃升得以完成的过程。一种生土营造技艺的发展，在其不断实践的过程中，由于要素本身的提升或者突变，导致相对稳定的一个组织层次形成组织的涨落，从而完成营造技艺系统的跃升。在此过程中，四种要素是以一

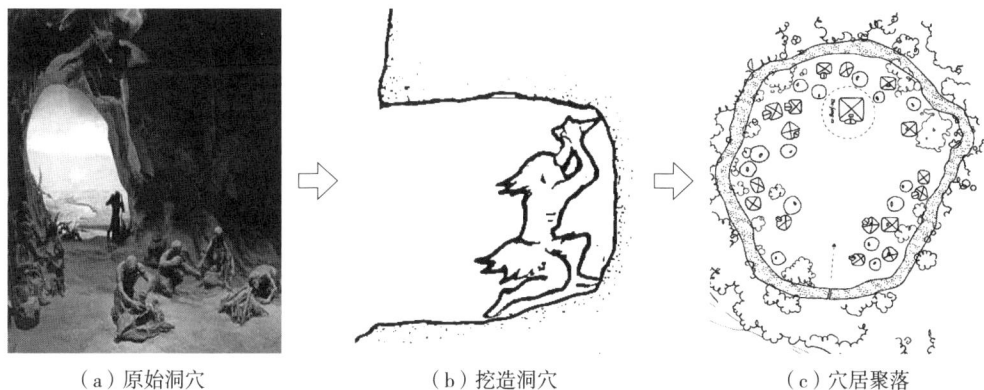

（a）原始洞穴　　　　　　　　（b）挖造洞穴　　　　　　　　（c）穴居聚落

图 5-2-3　非组织到组织的发展过程序列图
（来源：网络整理）

① 吴彤．自组织方法论论纲 [J]．系统辩证学学报，2001（02）：4-10.

种矩阵方式在时间维度上进行耦合发展，如图 5-2-4 所示，阴影部分代表的是同一层次的分界线，上下两个界域则分别代表不同的发展过程，上区为跃升的组合区域，而下区则为退化的组合区域。这也反映出西北地区传统生土营造技艺的一种实验性的演进特质，在发展演变过程中并不一定都是技术的进步。

第三个过程，标志着组织结构与功能在相同组织层次上从简单到复杂的水平增长。传统生土营造技艺的这个过程表现在每一个单一子系统（挖余法、夯筑法以及土坯砌筑法）的发展过程。不同的子系统含有相同的要素，但是结构体系不同。挖余法的窑洞建筑营造技艺从靠崖窑营造技艺逐渐发展出独立式窑洞营造技艺，而这样一个建筑类型营造系统跃升是需要以夯筑以及土坯砌筑发券等营造技艺的增长作为基础的。它的进步是让缺少木料支撑的营造体系得以继续发挥自身的优势，利用土坯、砖石进行发券，仍然以厚重的土体结构作为建筑的外围护结构，从而达到冬暖夏凉的物理舒适环境，同时又节约了木材的使用。

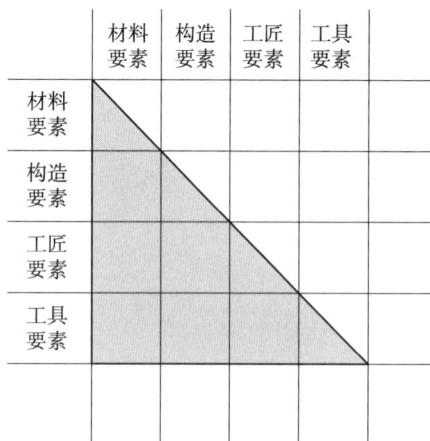

图 5-2-4　要素耦合式系统发展状态图

综上所述，这三个过程形成了西北地区传统营造技艺组织化的连续统一体。不同的传统生土营造技艺子项的升级带来了最终组合型的系统层次跃升，主要体现在如下两个方面：①夯筑法的提升使得独立式窑洞窑腿部分的营建得到提升，土坯砌筑法的提升使得窑洞建筑技艺内部发券技艺的形成，促进了窑洞建筑营造技艺从单纯挖余法向夯筑法与土坯砌筑法综合使用的转变。从这个角度讲，夯筑法与土坯砌筑法的提升共同推进了以挖余法建成的窑洞建筑结构体系向土筑法构筑窑洞的进一步跃升。②夯筑法与土坯砌筑法营造技艺的提升是分属于两个不同层次的，单一的技术层次的发展更加倾向于第三阶段的发展过程，而对于第二阶段的跃升则是子系统共同协作来完成新的营造技艺层次的综合体现。

## 5.2.3　目标路径：发展的随机与必然辩证

西北地区传统生土营造技艺的发展趋势，一直是确定性与随机性的相互交替与演化过程。诚如霍华德·戴维斯对乡村发展所作的阐释："一个健康有序的乡土建筑文化是可以自我适应及改变的，即使这种乡土结构已经处于相当稳定的状态。它具备从历史中获取经验的能力，同时，这种机制也具有在其正常运作之下包容创新的能力。"①

一方面，从前文分析的系统组织发展的基本路径与跃升路径之中发现，构成系统的任何一个要素的随机变动，都会使系统的状态发生某种起伏波动的内部涨落。在外部影响因素相对确定的条件下，系统演化在任何时刻形成的微观组态都不是唯一的，而是大量地以数量级进行发展的。以夯筑法夯筑城墙为例，其材料要素是以原土为基础，在夯筑的发展之中不断尝试对于原土进行加工，在历史上存在"客土""熟土"之谓。构造要素方面则更是对于夯筑墙体的整体性掺入藤条、木板以及瓦石等。这些针对客体要素的改变是多元化的。因此，在众多的微观组态之中实际被确定实现并且应用的高级层次都不是一种十分确定的事情，因此，系统发展的目标具有随机性。

另一方面，由于系统内所有子系统之间以及系统与外部环境之间的独立性，只要外部参量的增长尚未达到特定的阈值，它们的运动并不会导致任何内部涨落的放大，这样系统可以一直保持原先宏观的稳定性。换言之，在外部参量相对确定的情况下，不管从什么初始状态开始，也不管其间受到何种外部扰动与内部涨落，系统的演化都将趋向某种唯一确定不移的宏观态，系统演化可能出现的状态总是较为有限，每一状态可能出现的概率也大体确定，这较为有限的可能状态的集合构成系统演化的"可能性空间"，系统演化的实际结果一定不会超出这一"可能性空间"也是相对确定的，即系统的发展目标具有确定性。②仍然以夯筑法来说明，无论是"客土""熟土"的出现与使用，还是拉结性构造的发明，其目标皆是为了建立坚实的墙体。其结果虽然是西北地区传统生土营造技艺系统按照一种基本认知、发展的逻辑进行的呈现，但是其客观发展是在迈向目标路径上不断缩小而沉淀为某种典型系统生成的必然（图 5-2-5）。

西北地区传统生土营造技艺的基本路径只是系统发展共时下一个阶段性演进所产生的众多微观组态的对象，众多的微观组态在演进中形成了"系统生成域"，在共时的发展阶段，随机形成一个更加成熟的生成点。这个对象被确定下来，就形成了一个相对确定的子系统，而这个子系统在实际演进的过程中又不是一个单一的存在，同样存在多元素的随机的变化，从而向下一个系统层次递进。因此，在系统发展的趋势中，宏观的发展方向是一个相对确定的，而在发展过程中的随机性则是绝对的。也就是说，传统生土营造的整体系统发展目标路径是一个相对

① 寿焘，仲文洲. 际村的"基底"——乡村自组织营造策略研究 [J]. 建筑学报，2016（08）：66-73.
② 胡皓，楼慧心. 自组织理论与社会发展研究 [M]. 上海：上海科技教育出版社，2002：50-51.

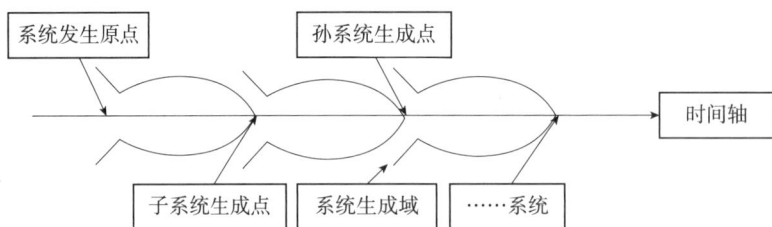

图 5-2-5　传统生土营造技艺系统演化趋势图

确定的，而在这个系统发展的过程中发展出挖余法、夯筑法以及土坯砌筑法等子系统则是随机发生的，这一点又是绝对的。

在此，以挖余法为例来说明系统的发展目标路径。古人第一次选择以洞穴为居住方式是一项较为偶然的选择，可以看作是住居发生的原点，这种选择与西北地区自然环境结合，同时与古人的智力相符，于营造的复杂性而言，挖余法可以更加简便地获得空间。而在挖余法发展的过程之中逐渐发展出了竖穴、袋形竖穴等形式，也就是在其生成域中形成了多个可供选择的子系统生成点，如果按照窑洞的发展序列考虑的话，则在这个生成点的抉择之中，古人选择了袋形竖穴的一支继续发展，进而生成了次一级的横穴生成域，在横穴生成域之中又提供了如半窑洞式、窑洞式与复合窑洞式的生成点，如此往复，加之原本掌握的竖穴营造技艺，古人综合运用营造技艺创新地发展出以复合窑洞式与竖穴相结合的下沉式窑洞建筑（图 5-2-6）。

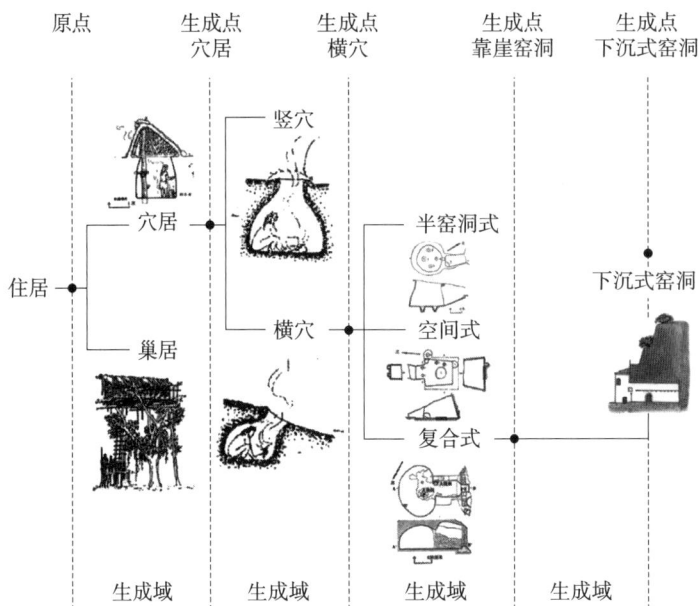

图 5-2-6　挖余法系统演化发展序列图

# 5.3　小结

　　西北地区传统生土营造技艺的演进，遵循中国传统营造技术体系的组成规律。中国传统的匠作体系组成中，每种匠作[①]对应一种材料的具体营造，主要分为木作、瓦石作、土作、油漆作等。工匠明晰各自掌管材料在建筑营造之中所能够承担的角色，并且对于材料的处理都有自己特定的工具以及加工施工方法，有着极强的针对性。这些工匠与对应材料的工具与工艺是在一个相对稳定的材料系统下，经过较长时间的积累才发展起来的，形成了基于材料"认知—熟悉—掌控"模式之中的匠作体系。因此，建筑材料是传统匠作体系形成的根本。在稳定的材料系统下，工匠根据不同材料的建造和使用需求发明完善营造的工具，从而形成了针对单一材料加工、营造的匠作特征，其本体构成要素比较单一，工、料[②]是营造技术的两个基本组成要素。[③]基于这两种要素的组成，结合材料的内部建构逻辑以及工匠施动的主要措施，进而形成了传统生土营造技艺内部发展规律。

　　西北地区传统生土营造技艺的内部发展规律来自于主体要素对于客体要素的认知与操作，体现在营造上是匠作要素对于材料要素的认知与实践的完整序列过程。在外部影响要素基本一定的情况下，西北地区传统生土营造技艺系统就是一个"自组织"系统，并且以材料建构的内生逻辑，依循基本、跃升与目标路径的次序进行发展。

---

　　① 从工匠的名称就可以看出其与材料之间的关系：木匠是专门针对木材的工匠，石匠是专门针对石头的工匠，泥水匠和泥瓦匠也是同理。

　　② "工"通常指从事营造活动的匠人与役夫，是营造技艺的主体；"料"也就是指建筑材料，是营造技艺的客体对象。在深入分析、归纳的基础上，总结了其在含义上实为虚指，工与料的涵盖则更加宽广了。

　　③ 乔迅翔. 宋代建筑营造技术基础研究 [D]. 南京：东南大学，2005：1.

第 6 章

西北地区传统生
土营造技艺的外
部影响机制

# 6.1 外部要素

　　纵观西北地区典型生土营造技艺的历史演进过程，都经历了这样一个过程：从最初对自然生态的直接模仿，到进一步的思索创造，再经过长期与自然之间的调适整合，最后逐步完善积累，形成具有地区特征的营造技艺类型。可以洞见在与自然进行选择和调适的过程中，除了主要对所处自然环境进行应对，还要受到社会传统观念和群体意识的支配，并随着时间的变化而有所分异。[①] 西北地区传统生土营造技艺的历史演变过程就是古人与外部环境不断地进行相互交流，进行物质与信息流的交换，并且通过内部要素的组织变化来完成区域营造技艺体系层次的发展。换言之，西北地区传统生土营造技艺的发展受到了外界的影响，根据刘先觉先生的《现代建筑理论》之中关于建筑影响要素的论证，主要将外部要素分为自然、社会以及经济三个主要的子系统（图 6-1-1）。每一个子系统又由

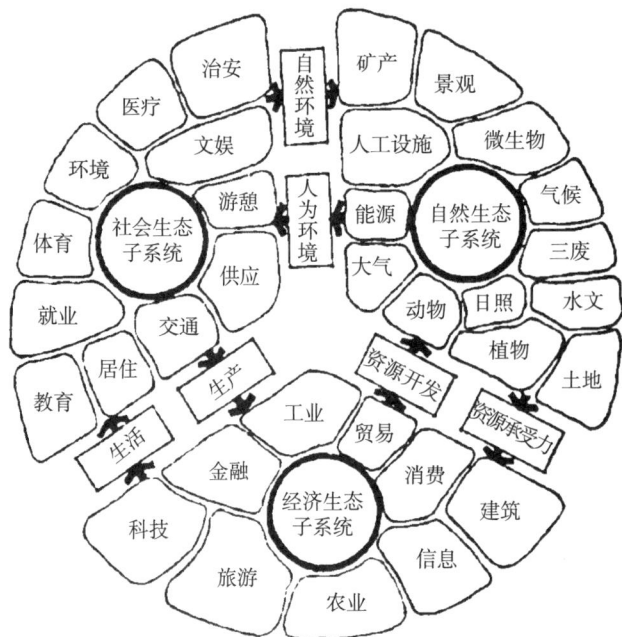

**图 6-1-1　自然—社会—经济复合生态系统图**
（来源：刘先觉. 现代建筑理论：建筑结合人文科学自然科学与技术科学的新成就 [M].
北京：中国建筑工业出版社，2008：598.）

---

[①] 杨大禹. 中国传统民居的技术骨架 [J]. 华中建筑，1997（03）：94-99.

多个互有关联的要素组成，这些要素基本构成了影响建造发展的外部主要因素。然而，仍然存在一些地区，一些随机的、偶发的因素对于营造技艺的影响却是形成自身营造技艺的主要原因。因此，从营造技艺系统这个层级来看，分析应该采用较为宏观的角度，这样有利于去评判一个区域整体发展趋势与影响子系统之间的关系。因此，选择自然要素、社会要素、经济要素等进行重点诠释。

## 6.1.1 自然要素

自然要素，是指自然作为一个整体所赋予传统生土营造技艺的总体资源所形成的支撑与约束。自然资源包括土地资源、气候资源、水资源、生物资源、矿产资源、海洋资源、能源资源、旅游资源等。从生态可持续的角度进行划分，自然资源就可以分为可耗竭资源和可更新资源两大类。也就是通常所说的可更新资源和不可更新资源（图 6-1-2）。[①] 前者是自然资源的本体性征，而后者是人类生态文明可持续发展交集下的取舍。西北地区传统生土营造技艺的历史发展过程中主要受到了土地资源、气候资源、建筑材料等典型自然资源的影响而形成当下的状况，这与区域内山地、高原盆地并存，地势相差悬殊，资源丰度低、生态环境脆弱等突出特点有很大的关系。

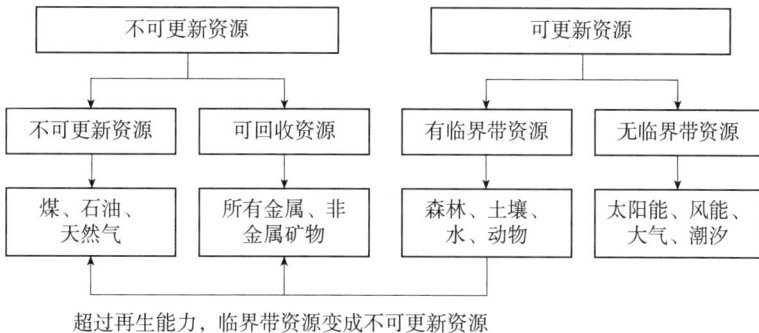

图 6-1-2 自然资源分类图
（来源：何苑 . 西北地区资源型产业发展研究 [D]. 兰州：兰州大学，2007：12.）

---

① 何苑 . 西北地区资源型产业发展研究 [D]. 兰州：兰州大学，2007：12.

## 6.1.2　社会要素

社会要素，是指以人类集群的区域文明对于传统生土营造技艺的支撑与限定。其包括政治、历史、文化以及人口迁移等。这些综合内容体现在，与传统生土营造技艺历史演进相关的是历史文化在时间背景下所沉淀形成的营造文化区划。[①]

西北地区在历史钩织中形成了四圈文化格局：新疆伊斯兰文化圈、青藏吐蕃文化圈、陕甘儒道释文化圈以及蒙宁西夏文化圈。在这四个较大的多种交汇文化圈内和它们的交接地带又有若干小的多种交汇的文化丛，例如甘南、海北、海东地区的东乡、裕固、保安、撒拉、土族等小的少数民族文化社区，他们有的是藏族血统却信伊斯兰教、用汉文；有的是维吾尔族血统却信喇嘛教；有的祖先是撒马尔罕凡母系却多为藏族人，把藏族叫"阿舅"。[②]这四大文化圈和众多的小文化丛即说明了西北社会发展的多样性与交融性。传统生土营造是形成文化区划的重要表征之一，政治、历史、文化以及人口的迁徙等都对这种关联性产生着影响。但是其中却并不是一种单一的组成，对于其中关联之分析，在人类营造史中形成了两种关键的组合模式：他组织模式与自组织模式。

## 6.1.3　经济要素

经济要素，是指社会经济发展能力与水平对于传统生土营造技艺发生与发展的支撑与限定。人类经济活动本是其社会活动中的基本要素之一，应该归入到社会要素，但鉴于其在历史发展过程中，经常裹挟技术对于建筑营造的发展具有特殊的重要性，尤其对于西北经济欠发达地区影响更甚，故将其单独列出进行分析探讨。经济基础决定上层建筑，经济在一定程度上对于政治决策起到了决定性作用。经济活动一方面导致物质生产的区域差异，另一方面也决定了精神追求的区域差异。经济要素在社会发展的过程中所起的作用越来越重要。西北地区的经济发展在封建社会的后半段逐渐沦为当前的经济发展欠发达区域，从而进一步促进了东西建筑整体的土、木营造之间的差异，促成了该区域对于"土材"深入挖掘使用的乡土营造之路。从表征明显的乡土社会来讲，它关乎经济的类型以及相应科学生产力的促进与约束。

---

① 建筑类型的地理分布与文化区划形成交集，因此传统建筑演变特征也可以作为文化区划的重要表征而存在。

② 刘文香，胡铁球.略论西北文化的根本特点 [J].陇东学院学报，2009（01）：95-100.

## 6.2　外部单一要素作用特征

### 6.2.1　自然要素：缓慢生成的层级性体系影响

自然要素是影响西北地区传统生土营造技艺体系在地理空间上分布差异的最基本要素。其又包括地形地貌、气候环境现状、物产资源禀赋等因素，这些因素在地理分布上形成了一种叠合的交织关系，勾勒出传统生土营造限定的基本框架，成为自然影响要素的第一层级。第二层级所囊括的因素可以是单一条件的差异，比如说在高原之内也同样存在平原与谷地；气候条件在局部存在小气候的变化与不同；物产资源在使用过程中存在可再生与不可再生的区别，等等。其中各项之间进行排列组合就会形成多样的支撑条件，从而致使在传统生土营造技艺演变之中存在些许差异。但是，其所划定的第一层级的基础框架却始终具有控制力，自然要素的相似性对于典型传统生土营造技艺的地理分布影响成为第一原则。黄土高原与青藏高原，都是高原地势，但是地形与土质差异较大，陕北地区的黄土沟壑纵横，土质壁立性能强，因此挖窑法得以在沟崖之中施行；海东地区则多在平地起屋，为了阻隔冬季西北寒流，在房屋的外侧先起一圈厚重的夯土墙。二者皆需要阳光，前者是在窑前形成敞院（兼具夏季热流疏导作用），而后者则是形成封闭的四合院。这是营造技艺作为系统直接面对外部影响因素而形成的正向反馈的第一步，表现特征如下：其一，结合自然地理条件，对于建筑选址的合理性提出建议，所谓"因地制宜"；其二，结合自然资源条件，对于建筑材料的性能经过长期的实验形成经验性的营造技艺，所谓"因材制用"；其三，结合自然气候条件，对于建筑的形态与制式进行营造，所谓"因势利导"。自然要素的相似性构成了传统生土营造技艺体系在区域特征上形成固化，不同要素之间的叠加则促成了体系内部多种类型的分异。

**1. 影响的缓慢性**

自然要素的发展与演变，相对于人类社会的发展是缓慢的。针对与建筑营造的相关程度，主要从以下几点进行阐释：①地形地貌的变化；②材料资源的变化；③气候条件的变化。

首先，地形地貌对于传统生土建筑的营造是一种必备条件，地貌的变化除了来自于自然力作用下和降雨径流等导致的变化，更多的则是来自于人类的活动。董志塬是黄土高原变化最大的区域，但是对比其古代与现代的变化，其边界的差异在几千年文明之中的演化还是相对微小的（图 6-2-1），其塬面形成短则几百年，长则上千年。[①] 因此，黄土高原的自然地形地貌存在一个非常缓慢的变化过程。这对于该区域传统挖余法营造技艺的生成与稳固发展都有一定的促进作用。

其次，建筑材料资源的禀赋是建筑营造的必要条件。传统生土建筑营造所需材料多为生土，而在历史发展时期，黄土高原台塬区恰是植被受到大面积破坏，恢复植被和田间水保工程无以为继的问题所在的区域。以黄土高原的周原地区为例，仰韶、龙山文化时期，在人类影响相当微弱的情况下，周原的土壤侵蚀模数为 743.009t/km² · a⁻¹，历史时期沟谷发育、土壤侵蚀呈现加剧态势，并使台塬日趋破碎。在侵蚀强度演变上，这个时期以来周原土壤侵蚀模数增加了 41.36%。[②] 基于这一现象所提供的数据理由是土塬的形成与植被破坏以及水土流失直接相关，导致木材的稀缺以致土材获得的被动性，从而促进了该地区即便是没有可供直接依附的土崖，但

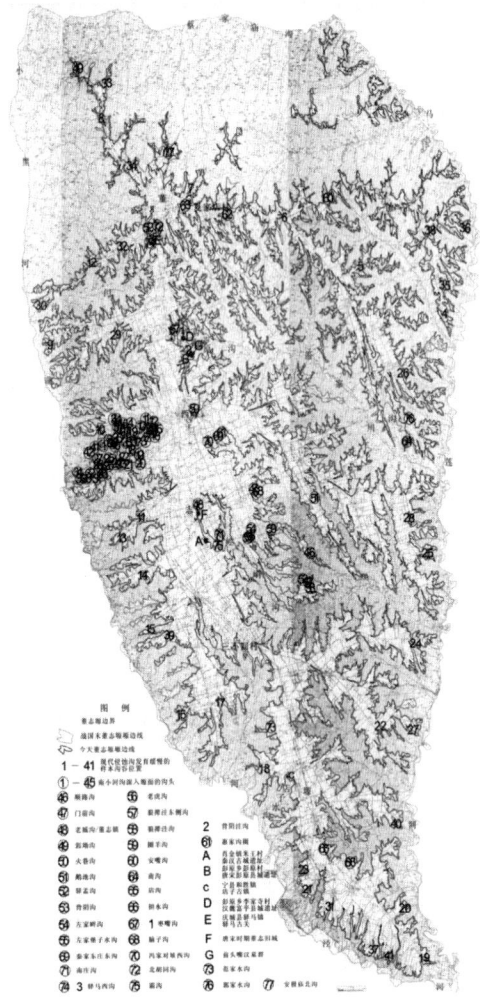

图 6-2-1 董志塬边线古今对比图
（战国末年与 2008 年）

（来源：姚文波. 历史时期董志塬地貌演变过程及其成因 [D]. 西安：陕西师范大学，2009：226.）

有厚实的黄土，因此下沉式窑洞在三原地区进一步固定下来（图 6-2-2）。

最后，气候条件的变化是建筑营造响应的直接条件。周朝以前黄土高原森林植被、草原植被繁盛，黄土高原广大地区植被保持着较好的自然生态环境；周朝后期草场退化、植被带南移；战国时期农耕快速发展，黄土高原南部如关中平原、汾河中下游平原被大量开垦成耕地，平原地区的森林、草原植被逐步为耕地所取代，两晋、南北朝时黄土高原天然植被仍占较大比重，隋唐时期农耕业继秦

---

① 姚文波. 历史时期董志塬地貌演变过程及其成因 [D]. 西安：陕西师范大学，2009：218-224.
② 桑广书. 黄土高原历史时期地貌与土壤侵蚀演变研究 [D]. 西安：陕西师范大学，2003：124.

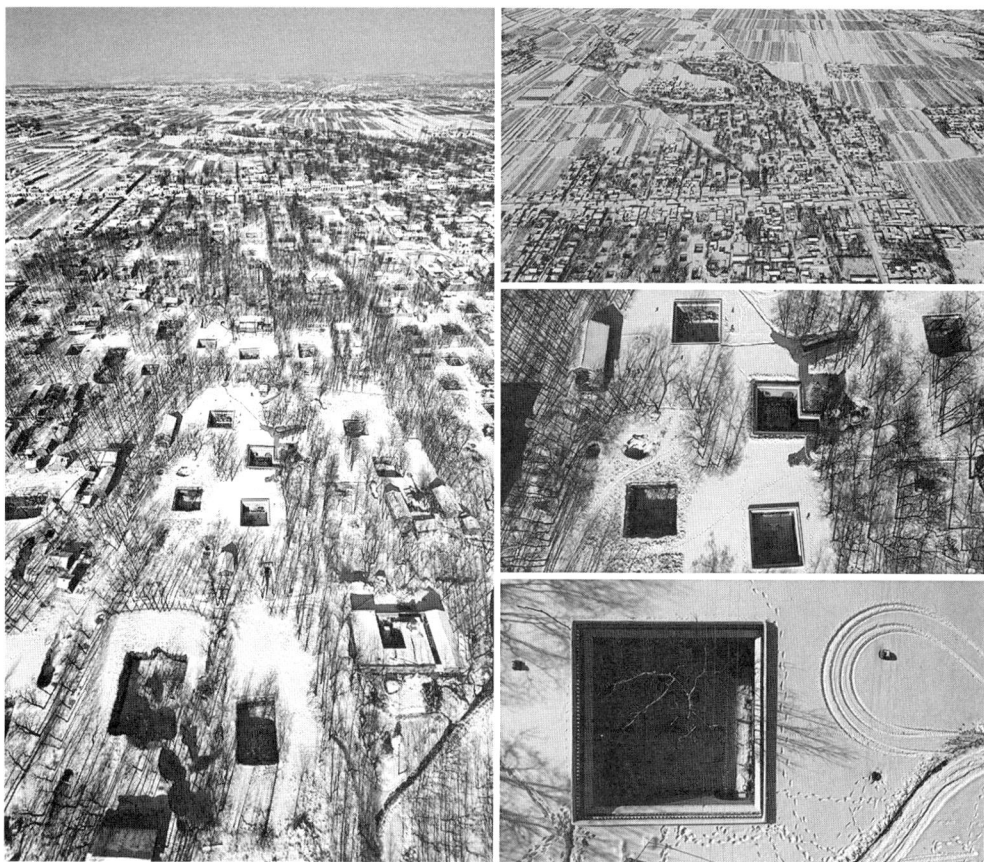

图 6-2-2　三原柏社村地坑院样貌图
（来源：网络整理）

汉以后达到新的高峰并不断向黄土高原中北部、西部推进，原有的林地、草地变
为农田；随着隋唐暖湿期的结束，唐末黄土高原气候趋于干化，黄土高原植被已
发生很大变化，北部毛乌素沙地南侵，植被带继续南移，植被覆盖度整体大大降
低；北宋时黄土高原植被状况进一步恶化，金元时期、明清时期黄土高原被进一
步开垦坡地，黄土高原自然环境进一步恶化。[1] 黄土高原气候随着植被界限的不
断南移，从近百年该区气候平均值相比可知（图 6-2-3），从相对湿冷期向相对干
暖期过渡，年降水量在该区西部地区的速率显著增加。[2]

　　整体来讲，缓慢的地理变化与气候变化趋势使得人们对于该区域传统生土营
造技艺可以持续地传承与改进。如果传统生土营造所对应的自然条件是一个经常

---

[1]　王毅荣，张强，江少波. 黄土高原气候环境演变研究 [J]. 气象科技进展，2011（02）：38-42.

[2]　任婧宇，彭守璋，曹扬，霍晓英，陈云明 .1901—2014 年黄土高原区域气候变化时空分布特征 [J]. 自
然资源学报，2018（04）：621-633.

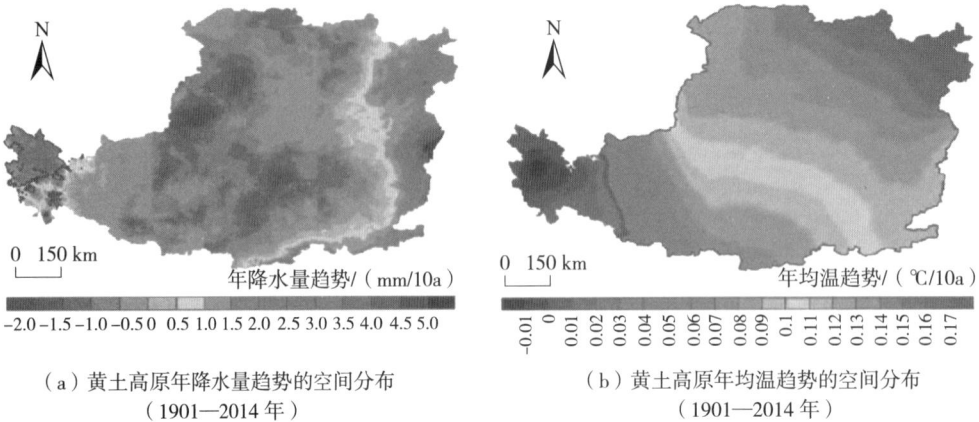

（a）黄土高原年降水量趋势的空间分布
（1901—2014 年）

（b）黄土高原年均温趋势的空间分布
（1901—2014 年）

**图 6-2-3　黄土高原气候发展趋势图（1901—2014）**
（来源：任婧宇，彭守璋，曹扬，霍晓英，陈云明 . 1901—2014 年黄土高原区域气候变化时空分布特征 [J].
自然资源学报，2018（04）：621-633.）

改变的系统，不存在可以遵循的一般规律，那么建筑营造本身也就不会形成一定的规律性。因此，这种自然要素影响的缓慢性促成了相对稳定生态环境背景下西北地区传统生土营造技艺体系的形成。

### 2. 影响的层级性

自然要素的组成虽然各自独立，但也相互作用。西北地区传统生土营造技艺的形成与发展，虽然其针对自然要素每一子项都要做出应对，但实际考虑的却是一个处于动态关联作用的复杂系统（图 6-2-4）。例如，自然的降水会造成江河径流的变化，对于地形地貌进行侵蚀，风与日照等因素同样夹杂这些表征对于地形地貌进行着雕琢，地形地貌由于这些气候因素的变化，土质以及植被等都跟随变化，这一现象会导致地理条件的进一步变化，地形地貌的转变也会导致局部小气候的改变。因此，这个系统的变化交融复杂，而且并不是单线的变化，而是多层级的影响，并没有一个所谓的固定的平衡态。这样一个自然多层级系统有了传统生土营造技艺的介入，使得这些要素处于一种更为紧密的关系。

客观来讲，人类的建筑营造活动

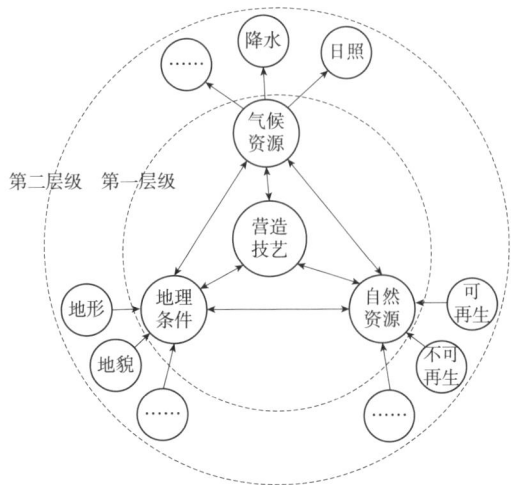

**图 6-2-4　自然要素与营造技艺相互作用关系图**

对于自然环境生态都会有所破坏，而如何将这种伤害程度尽可能降到最低则是一种智慧。西北地区传统生土营造技艺对于自然环境系统的"应对"与"反馈"则是重要体现，这主要针对西北地区寒冷、干燥、风大的自然气候，多样的自然地形地貌以及并不丰富的建筑材料资源做出合理的反馈。其一，传统生土营造技艺首先要为古人提供住居空间，不仅要防范走兽袭击，更要满足人们对于区域气候的四季变化，尤其在西北地区的冬季，大部分地带是处在严寒与寒冷区域，同时在夏季又如新疆地区的炎热，以及河西地区、青海地区的紫外线强烈。冬季防风取暖，夏季通风散热成为西北地区住居最主要的诉求。因此，在西北地区传统营造采用热惰性极好的土材是首选。其二，传统生土营造技艺不仅体现出其对于土材的应用，更加注意到了所处自然地形地貌的特点。西北地区存在高原、丘陵、盆地以及河谷等不同地形地貌的自然环境，古人结合区域土材的物理性征，不仅在黄土高原地区创造出典型的挖余法，同时在其他地区结合区域特征进一步创造出土筑法。这是对于各种地形地貌充分利用的结果。其三，西北地区作为传统建筑营造体系来讲，自然物产显然并不丰厚，必须在这个应对过程中充分利用自然提供的资源禀赋来达成应对的目的。因此，作为建材的土料被发掘出来并得到重点利用，不仅是区域营造体系发展的一种被动之举，同时更应该是古人对于该区域自然资源禀赋的一种智慧利用。整体对于自然条件的限定，基于人类秉持的文明与信仰，西北地区将营造文化反馈于自然环境，并最终确定出符合黄土高原物候的挖余法、适合青藏高原物候的夯筑法以及具有普世价值的土坯砌筑法。

## 6.2.2　社会要素：他组织与自组织的纵横交融

### 1. 政治决策的他组织

人类社会在历史的发展过程中总是伴随着文明之间的冲突。代表人类群体发展方向的是权力机构，西北地区历史上曾经出现多个不同的国家政体，尤其包括诸多少数民族政权支撑的国家。从汉族主体角度来讲，西北地区文明史就成为中国的"另一半民族史"以及"西部边陲安防史"。因此，在西北地区传统生土营造技艺的历史演进之中，不仅关乎平民百姓的个人住居，同时也关乎国家政体的整体安全。从而，在古代政体统一与分裂的交织中，通过采用不同的政策导向对于传统生土营造的发展予以由上至下的干预，致使在生土营造技艺之中形成有如夯筑法进入到官方建筑营造发展的序列。

首先，中国政治中枢地带经历了中原中枢（殷周至北宋）和近海中枢（南宋至清末）两个阶段。而中原中枢也恰在西北地区的边缘地带，亦可称黄河中枢。[①]
西北地区历史上由于处在农牧两大文化的分界线，文明的冲突时有发生。特殊的
时代政治背景与地理区位造就了该区域不同的历史发展机缘。从地理分型结构来
讲，西北地区承托着中原国家重要的防卫功能，因此，中原国家在西北地区设置
了层层叠叠的圈层，这也是作为社会要素的重要影响，因而在西北区域内则形成
了以政治中枢为核心的拱卫关系。

　　以西北地区的河陇地带为例，其地域形胜存在着显著的地域分层结构特征。
并且这种分层拱卫的政治地理思想，影响着整个社会空间发展格局：其一，其严
格地控制着历史上河陇地带的各级行政区划；其二，其控制着河陇军事力量的空
间布局；其三，其控制着城市的规模与空间结构；其四，其控制着移民安置的地
域；其五，其导致了区域文化的分野。在河陇地区就有河西走廊、兰州盆地、宁
夏平原、河湟谷地、陇西渭河流域、陇东泾河流域等核心区。不同核心区在防御
时相互配合，形成作用不同的拱卫地带。拱卫地带又按照层级围绕着国家级拱卫
中心，由内向外，各有分工，在空间上依次展开，呈现出同心圆状的圈层结构，
即地域形胜的分层结构。河陇作为中原中枢区的藩卫地带，其拱卫作用的强弱，
是随着中原政治中枢的转变而变化的。社会政治的原因导致从春秋战国开始，历
经汉唐到明代戍边，大部分封建社会时期对于西北地区长城、寨堡的建设是以一
种军事防御工事来完成的。因此，政治的决策力在这个阶段对于传统生土营造技
艺的发展具有绝对的话语权。也正是因为历代政治决策的他组织，从而促使西北
地区传统夯筑法营造技艺得到了空前的发展与巩固，当下在申遗成功的丝绸之路
上留存下来的土遗址就是西北地区在夯筑法上的典型代表（图6-2-5）。这些夯土
长城在官方体系的支撑下不断完善。

　　其次，政治决策对乡土建筑的发展同样具有操控力，主要体现在两个层面：
一个是古代社会对于等级的划分，不同阶级的人享有不同的建筑，建筑成为一种
身份的象征；另一个则是其圈层结构内部统治划一促进了营造技艺的进一步交
融。河陇地区围绕着关中盆地，由内向外，形成圈层状拱卫地带（图6-2-6）：以
徽县、天水、平凉、固原、庆阳等城镇为形胜核心的第一圈层；以临夏、临洮、
兰州、靖远、中卫、灵武、银川、盐池为形胜核心的第二圈层；以河湟谷地中的
西宁和河西的武威、张掖、酒泉、安西、敦煌为形胜核心的第三圈层；第四圈层
则在中原王朝力所能及时便延伸至新疆地区。[②] 因此，在靠近中原文化的第一圈

① 李智君. 关山迢递：河陇历史文化地理研究 [M]. 上海：上海人民出版社，2011：372.
② 李智君. 边塞农牧文化的历史互动与地域分野 [D]. 上海：复旦大学，2005：23-31.

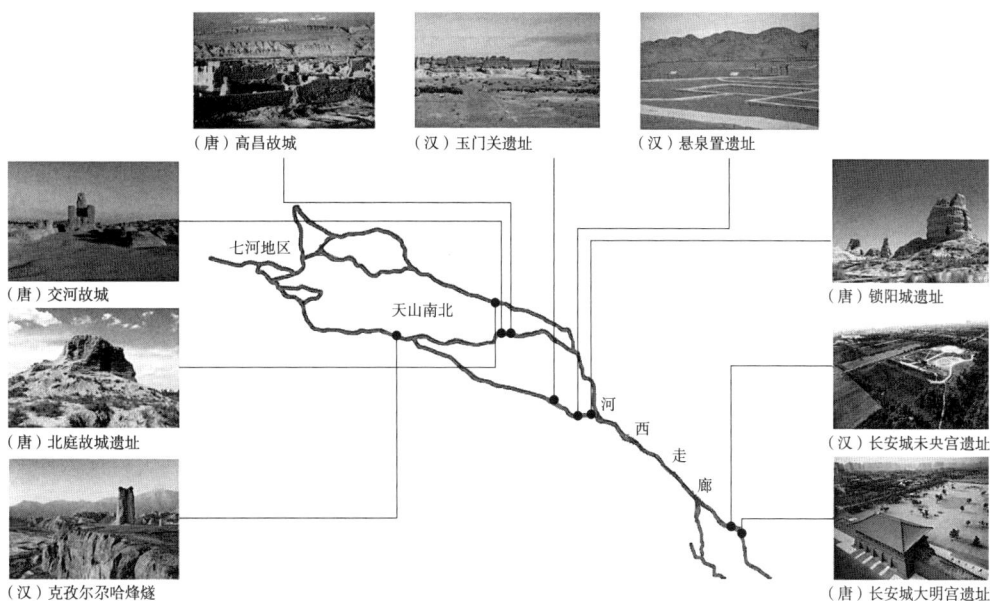

图 6-2-5　丝绸之路西北地区世界文化遗产土遗址分布示意图

层与远离中原文化的第四圈
层之间存在较大的差异，如新
疆地区位于拱卫区的第四圈层，
始终是少数民族文化所形成的
游牧文化，致使其传统生土建
筑技艺的运用形成了独树一帜
的体系。根据自身文化的需求，
土坯砌筑法在新疆区域形成了
拱形顶与穹窿顶结构，而中原
地区则基本不使用此类结构。
但是，在地理区位的连带关系
上，如第三圈层的河西地区的
土坯砌筑法则明显受到了来自
于新疆以及中原地区的

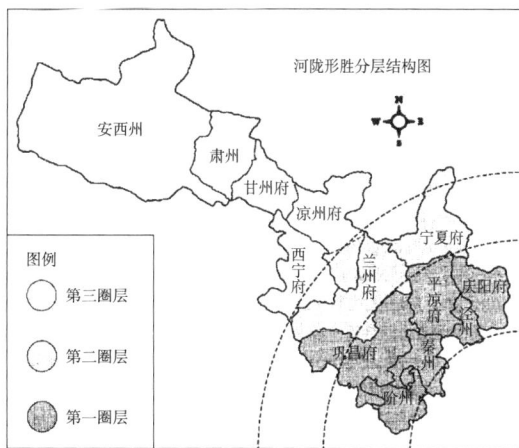

图 6-2-6　河陇形胜分层结构示意图

（来源：李智君 . 关山迢递：河陇历史文化地理研究 [M].
上海：上海人民出版社，2011：29.）

共同影响。同理，处在同一圈层之内的互联区域之中却存在相似的营造做法。庆
阳府与平凉府在传统挖余法的应用上十分相似，整体称为"陇东窑洞区"；阶州
与秦州的夯筑法也存在不小的共性，整体称为"陇东南地区"。因此，同一圈层
的各区域如果自然条件相似，在政治统一管理下又进一步地明晰了营造技艺的
共性。

### 2. 社会发展的自组织

西北地区传统生土营造技艺的历史发展进程中，政治文化导向以一种直接的、快速的、强硬的手段对营造技艺系统进行了干预，而民系文化风俗则是以一种间接的、缓慢的、渗透的手段对营造技艺系统产生影响。如果说政治文化在一定程度上是对于营造技艺发展的限定与激化，那么民系文化则在一定程度上是对于营造技艺发展的修正与沉淀。政治文化与民系文化相互作用形成了历史上的各种文明形态。农耕文明、游牧文明、狩猎文明在西北地区并存交错分布，建筑营造作为文化意识形态的重要表征而形成不同的组织序列。这种由社会历史、文化以及宗教等社会因素为主因，由民系文化持续浸润而促成了该地区传统生土营造技艺发展与演变的自组织演变过程，体现在地理空间的变化主要有文化圈层与文化廊道两个典型宏观层面。一种是面域空间发展，另一种是线域空间发展。面域文化圈层基本是结合较为封闭的民族文化或者相异的生产文明发展所确立的，而线域文化廊道则是贯穿这些文化圈层，并且带来更多交融的机会。线域空间发展条件其实是以中原文化与各少数民族文化进行充分交融的廊道空间形态而出现的，尤以古道的线性空间最为突出，其中又以"丝绸之路""河西走廊""茶马古道"等最为著名。这些廊道空间皆是汉文化与少数民族文化交融的交通要道，通过物产经济的往来最终达成不同文化的交融，以致在传统营造技艺的发展过程中形成地域内的线域发展链接，将文化圈层逐渐纳入到线域的支脉之中。

面域空间发展，如青海地区特有的庄廓建筑（表 6-2-1），现在相关的研究基本按照民族类型划分为土族庄廓、撒拉族庄廓、回族庄廓与汉族庄廓，但是归结到传统生土营造技艺的角度，相似性却是极强的，其营造皆来自于同一种营造技艺原型——庄廓院。无论是哪个民族，在盖房子时首先皆是在基址上营造出厚厚的夯土墙，不同的只是在内部的装饰根据民族不同各有差异。这说明虽然在历史过程中人类由于信仰不同形成了多元的民族文化，但是在长期的文化交融过程中，面对自然因素的相似性却会形成一致的建筑营造认知。

线域空间发展，"北茶马古道"[①]沿线传统生土民居建筑存在谱系演进问题。北茶马古道的线路比较复杂，分为甘川线与甘陕线，甘川线大致走向是：望关—长坝—黑马关—咀台（康县城关）—岸门口—三河坝—铜钱—阳坝—托河出境，

---

① 根据考证，北茶马古道的线路从四川、陕西进入甘肃，最远可达青海和西藏。康县境内的茶马古道始于汉唐，盛于明清，而发现石碑的康县望关镇，恰好为古代中原地区前往西部少数民族地区的要津。社会要素实证研究皆来自于笔者的文章：孟祥武，张莉，王军，靳亦冰.多元文化交错区的传统民居建筑区划研究[J].建筑学报，2020（S2）：1-7。

青海地区多民族庄廓建筑比较分析表　　　　　　表 6-2-1

| 民族名称 | 平面形式 | 剖面形式（地理区位） |
|---|---|---|
| 汉族 | | <br>（贵德县河东乡卜罗家村，户主：关生财） |
| 回族 | | <br>（化隆回族自治县巴燕镇，户主：马成云） |
| 土族 | | <br>（互助土族自治县土司故居） |
| 撒拉族 | | <br>（循化撒拉族自治县街子镇，户主：韩晓丽） |

资料来源：根据崔文河.青海多民族地区乡土民居更新适宜性设计模式研究 [D]. 西安：西安建筑科技大学，2015：30+47+51+57 整理绘制。

经陕西燕子贬可南下四川。甘陕线大致走向是：望关—长坝—巩集—云台大山岔（古散关）—白马关—大南峪（古兰皋镇，大南驿）—窑坪出境，经陕西木瓜园到略阳，再往东可到汉中。[①]北茶马古道以陇南为核心联系陕甘川三地，结合实地调研与文献资料的收集，笔者考察了362个北茶马古道沿线的传统聚落（图6-2-7），包含甘肃境内190个，陕西境内96个，四川境内76个传统村落。社会发展要素作为自组织系统影响传统生土营造技艺也并不是单一的，而是由多元的因

图6-2-7 北茶马古道线路传统聚落样本分布示意图

子构成。各地区的传统民居形制表达着地区文化的价值系统、民族心理、思维方式和审美思想。文化融合是地区文化调整的最主要方式之一。当文化由传播而发生接触，每种文化都在互相碰撞的过程中进行着社会选择，经过调适、整合，进而融为一体，形成新的趋于综合与稳定的文化体系。建筑作为这些文化的表征，将文化的印记以时间的方式散落在这些地理空间之中。其区域内涉及地理、风土、气候等自然要素的综合影响，同时更受到综合的人文社会历史的浸染（图6-2-8）。因此，北茶马古道在西北地区历史上提供了一个宏观的"线域"空间，该线域传统生土民居建筑营造谱系的生成与发展从一个侧面能够更加反映出在自然条件基本确定的基础上，社会要素以何种方式体现在建筑营造之上。同时，北茶马古道又在微观层面将各个本不典型的区域连接在一起，以基本民居营造单元的视角来阐释传统生土营造技艺在社会文化交融背景下所发生的变化，进而形成以"线域"空间为发展特征的地区营造文化。

常青教授认为，构成某一风土建筑谱系的基本特质，可分为聚落形态、宅院形制、结构类型、装饰技艺、营造禁忌等五个方面。[②]依循这一理论的实际内涵，结合北茶马古道沿线传统生土民居的实际情况，充分分析归纳传统生土民居的特

---

① 郑国穆.甘南陇南地区有关茶马古道文化遗产的考察和研究：甘肃茶马古道文化线路遗产考察之一[J].丝绸之路，2011（16）：18-27.

② 常青.我国风土建筑的谱系构成及传承前景概观——基于体系化的标本保存与整体再生目标[J].建筑学报，2016（10）：1-9.

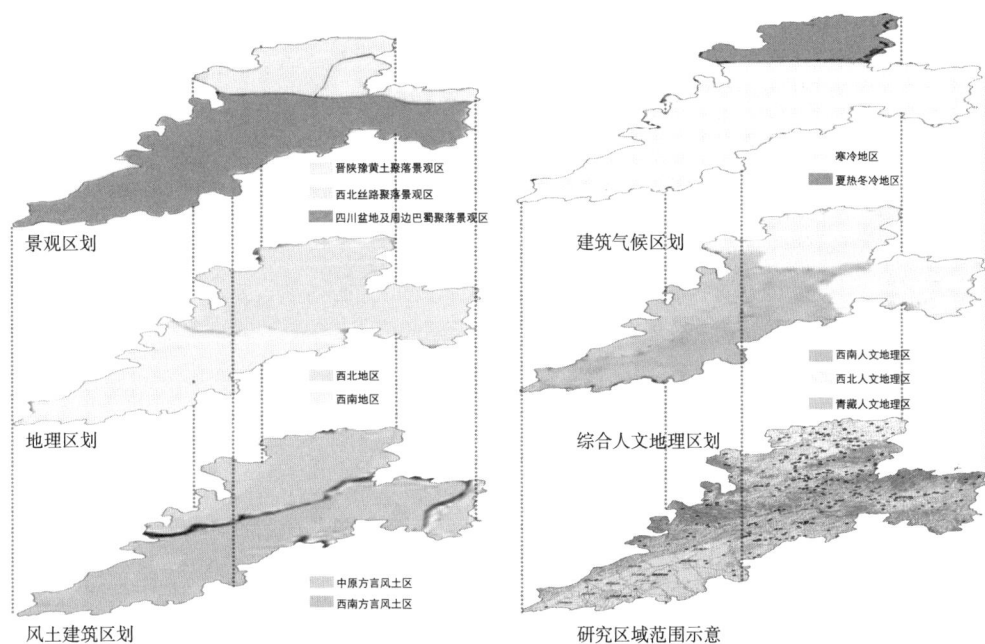

图 6-2-8 样本区各类区划对应图
（来源：根据相应区划图分析增绘）

征属性，将"建构"逻辑作为营造技艺的根本，将其因子分为院落环境、空间形制与营造技艺等类别（表 6-2-2）。院落环境与空间形制属于民居基本的宅院形制，屋顶形式、结构构造与材料装饰则是涵盖结构类型与装饰技艺的建构体系，营造技艺则是对于区域营造钩织所成文化的充分认定。

民居特征因子及其属性表      表 6-2-2

| | | |
|---|---|---|
| | 院落环境 | 合院型、院坝型 |
| 民居特征因子 | 空间形制 | "L"形、"一"字形、"凹"字形、"回"字形、一正两厢式 |
| | 屋顶形式 | 双坡屋顶、单坡屋顶、平屋顶 |
| | 结构构造 | 穿斗式、抬梁式、组合式 |
| | 材料装饰 | 夯土、木材、石材 |
| | 营造技艺 | 巴蜀匠派、秦陇匠派、关中匠派 |

资料来源：作者自制。

    综合六类传统生土民居的特征因子及其所涵盖的内容进行详细的阐释，形成对应的划分标准（表 6-2-3）。

民居特征因子及其划分表　　　　　　　　　　　表 6-2-3

| 民居特征因子及其划分标准 | | | |
| --- | --- | --- | --- |
| 院落环境 | | 平面形制 | |
| 合院型 | 院坝型 | 基本平面形制 | 平面变化 |
| 由建筑主体与院墙围合限定空间，形成院落空间，根据建筑围合的面形成多种变体 | 院落多为矮墙围合地坝或者为不围合的地坝与民居建筑组合形成的开敞空间形式 | "一"字形："一"字形平面是最简单最基本的平面形式，多为三开间，一字排开，中心间为堂屋 | |
| 独栋院落<br><br>二合院落 | 独栋院坝<br><br>院坝二 | "L"形：在"一"字形基础上在一侧加上厢房，呈一横一顺式，是"一"字形扩展空间的变体 | |
| 三合院落<br><br>四合院落 | 院坝三<br><br>院坝四 | "凹"字形：在当心间，向内收入一定距离，以作祭祀或者会客等功能的建筑平面形制 | |
| 屋顶形式 | | "回"字形：民居建筑四面围合，以连廊空间联系各功能用房形成整体的建筑平面形制 | |
| 双坡屋顶：两面坡度大于3%的屋顶形式，区域内多为硬山双坡顶、悬山双坡顶 | | 一正两厢式：以一正房与左右两厢组成的建筑平面形制 | |
| 单坡屋顶：单面起坡，坡度大于3%的屋顶形式，区域内民居坡度随降水的增多而增大 | | 结构构造 | |
| 平屋顶：区域内，降水量少的地区民居起坡小，小于3%的屋面形式 | | 抬梁式：指在柱子上放梁、梁上放短柱、短柱上放短梁，层层叠落直至屋脊，各个梁头上再架檩条以承托屋椽的木架结构体系 | |
| 材料装饰 | | | |
| 土：以当地夯土作建筑的主要围护材料，通常以夯土墙、土坯砖、竹编夹泥墙的形式存在 | | 穿斗式：指沿房屋的进深方向按檩数立一排柱，每柱上架一檩，檩上布椽，屋面荷载直接由檩传至柱，不用梁的木架结构体系 | |
| 木：以木板嵌方的方式作为民居建筑的围护结构，门窗、屋面等均使用木材 | | | |
| 石：以片石砌筑地基与墙体，或者是掺入土料一同夯筑成墙 | | 组合式：穿斗与抬梁两者结合的木架结构体系 | |

续表

| 民居特征因子及其划分标准 | | | |
|---|---|---|---|
| 院落环境 | | 平面形制 | |
| 合院型 | 院坝型 | 基本平面形制 | 平面变化 |
| | 巴蜀匠派 | 秦陇匠派 | 关中匠派 |
| 营造技艺 | 以穿斗木构架制作为主，即以选址、砌基、排扇、立架、上檩、上瓦、装修维护为主要营建工序 | 注重抬梁木构架的制作，以选址、夯基、立柱、上梁、夯墙、上檩、上泥沃瓦为主要营建工序 | 注重材料的综合施用，抬梁式木构营造、砖石工艺精湛。以选址、夯基、立柱、上梁、上檩、砌墙、上泥沃瓦为主要营建工序 |

资料来源：作者自制。

　　根据调研村落进行分类数量统计，借助 ArcGIS 平台，将这些村落传统生土民居的特征因子及其属性与其地理坐标链接，形成陕甘川交界处传统生土民居分异的空间分布图（图 6-2-9）。通过对各个民居特征因子属性分异的可视化分析，可归纳多元文化交错区内传统生土民居建筑分异的基本特征，进行初步区划。

　　单一属性的叠合可以综合分析区域内传统民居营造文化特色的同一与分异。将传统民居特征因子属性空间分异图进行叠合处理（图 6-2-10），可以发现六个特征因子呈现出的不同分区结果有多处重叠之处，重合最高处则是其相似度最

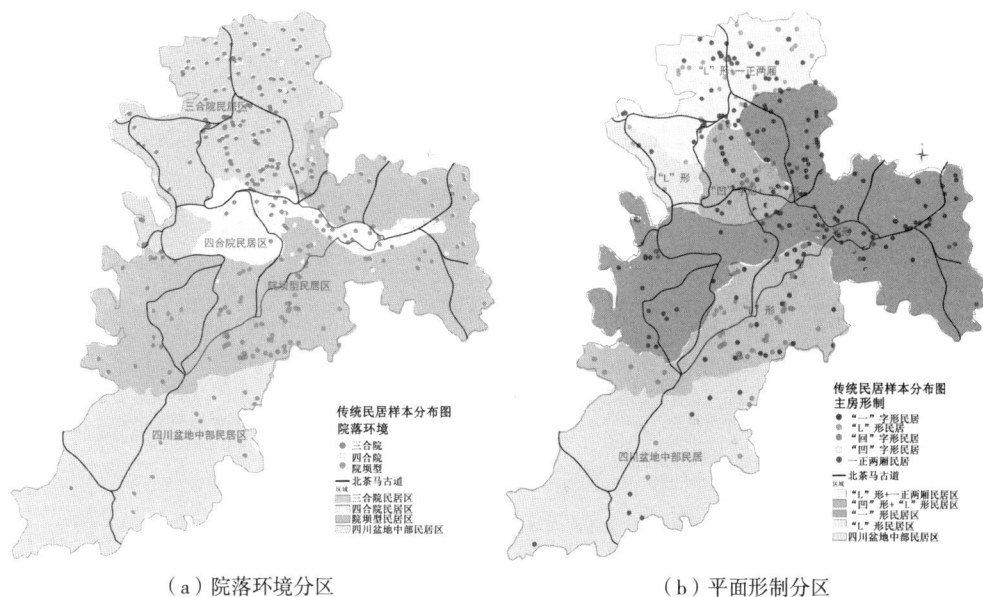

（a）院落环境分区　　　　　　　　　（b）平面形制分区

图 6-2-9　"北茶马古道"线域传统民居单一要素分区分析示意图

（c）结构构造分区　　　　　　　　（d）材料装饰分区

（e）屋顶形式分区　　　　　　　　（f）营造技艺分区

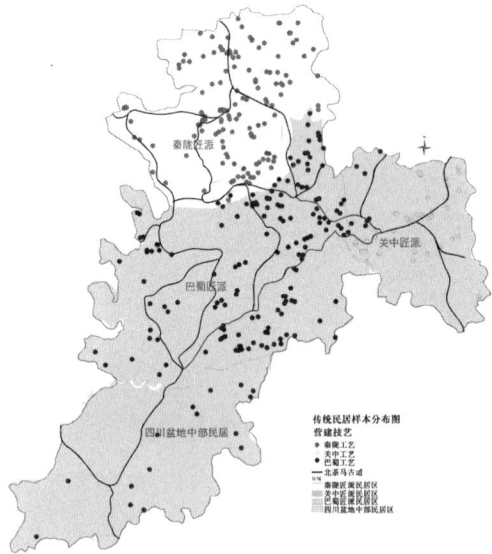

图6-2-9　"北茶马古道"线域传统民居单一要素分区分析示意图（续）

高，共有特征最多处，可划分为一区。在对此区域因子叠合分析时，形成了以民居院落环境为主导的第一次分区（图6-2-11）。第一次分区结果为：A区——三合院民居文化区、B区——四合院民居文化区、C区——院坝型民居文化区、D区——四川盆地中部民居文化区。对于每个区域内部民居比对分析，产生第二次分区。形成的第二次分区结果，在每个民居文化区内划分了多个亚区。最为显著

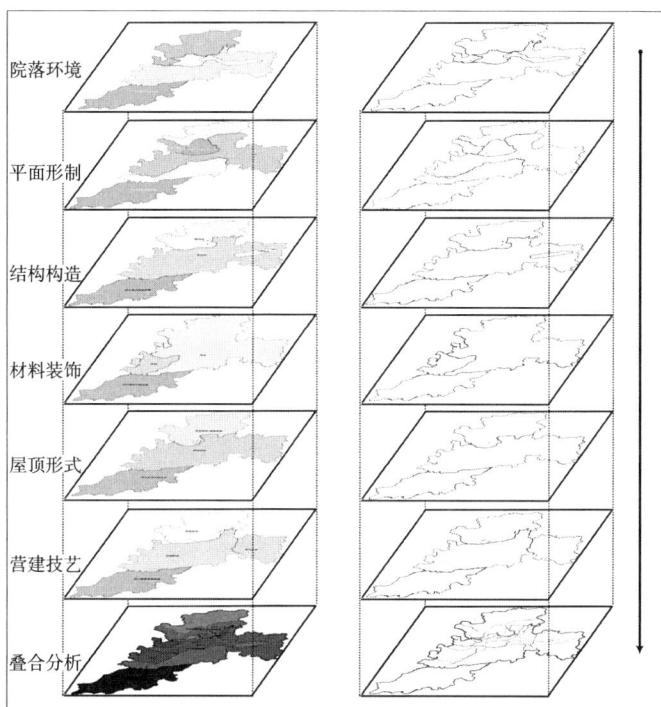

图 6-2-10　"北茶马古道"传统民居特征因子叠合分析示意图

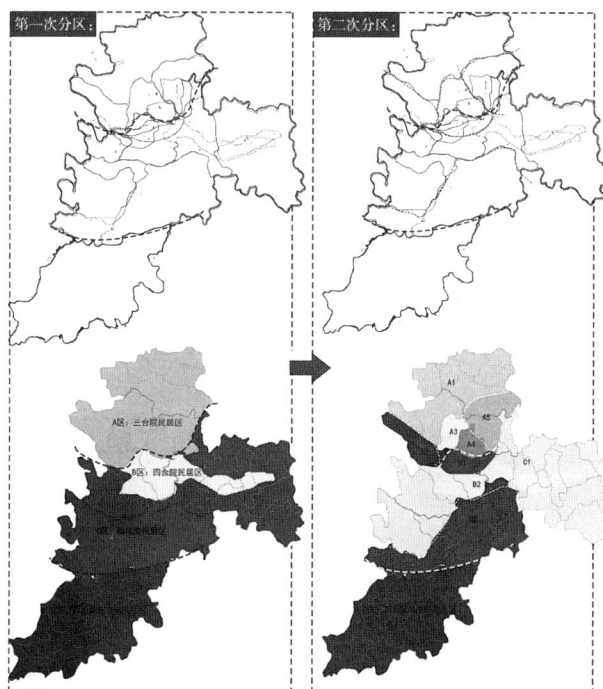

图 6-2-11　"北茶马古道"传统民居院落环境分区步骤示意图

的是对比 A 区内民居特征，发现其内部地域分野明显，可分为 5 个亚区。因此综合分区之下，研究区域可划分为 9 个文化亚区。

北茶马古道沿线传统生土民居之中的合院型分布界域基本处于市域的边界地带，并且由外向内进行传播。这种现象多是由于外围相对强势的文化意识形态的影响所致，而在相对文化意识形态迥异的交界地区，则会出现一种突变的现象，而这种现象则更多的来自于社会因素的影响。[①]以"北茶马古道"文化线路切入进行分析，发现传统生土营造在线路界域之中确实形成了一种以线型文化传播为主不断辐射周边的演进路径，政治决策的他组织在这里没有起到决定性作用，反倒是社会发展的自组织形成了演变过程的主旋律。由此可见，在以古道为主的线域空间之中，大多数的乡土民居建筑一直以社会发展自组织状态下的交融路径进行发展与演进。

## 6.2.3 经济要素：经济类型与能力的双重约束

经济要素对于西北地区传统生土营造技艺演进的影响主要体现在长期受限的整体经济不发达背景下，对于自然生土材料的依赖以及由于科学生产力低下而保有耕地生产资料的现实问题之上。落在传统生土建筑营造方面，主要体现在材料获得的容易程度以及是否能够聘得起工匠，这其实对应的是材料费与工时费的经济成本支出问题。如果经济状况极好，可以聘请最好的工匠，购买最好的材料；相反，如果经济状况极差，材料与工匠都变成了最为突出的现实问题，施工的每一步都要精打细算。然而，在历史发展过程中，这两者都是极端个案情况，普遍存在的建筑营造基本介于二者之间，因此，经济要素始终影响人们对于建筑材料的获得以及工匠的聘请。这两个方面在历史进程中促成了西北地区传统生土营造技艺注重尽可能地利用自然建筑材料，这样既不需要使用额外费用去购买建筑材料，同时在工匠的使用上又形成了互助建房的协作模式，从而尽可能地节约营造的开支。

### 1. 经济类型的约束性

经济类型是对传统营造方式的重要限定，而生产方式是一个社会经济类型发展的直接表征。农耕经济与畜牧经济的交融是西北地区传统乡土社会精神世界形成的基础。农耕经济是一种定居型的生产方式，而畜牧经济则是一种游牧型的畜

---

① 孟祥武，骆婧．北茶马古道沿线陇南传统民居类型化研究 [J]．建筑学报，2016（S2）：38–41.

牧生产方式。定居型农业的出现，使人们获得了一个相对稳定的生活环境。小农之间的联系和交往是自然的、血缘的、地缘性的，而畜牧经济则是业缘的、开放的、世界性的。封建社会中前期，在相当长的历史发展阶段，畜牧经济曾在西北地区占主导地位。在数千年民族融合的历史波澜中，西北畜牧经济总体自东向西逐渐退潮；随着牧业经济地理的西移变迁，至古代的中后期农业经济主导地位逐渐确立。[①]

西北地区的经济类型是这两种生产方式的不断结合，是从畜牧经济向农耕经济的过渡。从建筑营造的角度来看，农耕文明要比畜牧文明更加先进，这种定居模式促进了营造技艺的进一步固定与发展，但在与自然经济形式相联系的宗法小生产结合的过程中，逐渐带有了因循守旧、墨守成规、封闭保守的特点。传统农业生产是凭借祖宗留下来的经验常识行事，正是这种特性促成了中国传统生土营造技艺的传承性格——保守封闭的传袭方式，对于经验积累的重视远高于科技创新意识的发展。体现在乡土社会是对"血缘""地缘"的理解：其一，形成了以宗族为核心的"血缘"乡土社会结构；其二，形成了对于土地极为重视的"地缘"式封闭社会结构。"血缘"的"宗族制度"成为人们限制自己行为的道德标准，在作为手工业的传统营造技艺传承之中影响巨大，"师徒相承"很大一部分来自于"血缘"的承袭，这在当下传统手工业存留较多的日本仍然体现得非常明显。"血缘"将专业性的技能推升到顶点，这是在古代小农经济类型背景下以"业缘"进行谋生的必然。不过也同时使得"留守土地"的"地缘"在处于一种相对封闭的乡土生活体系之中形成了"远亲不如近邻、近邻不如对门"的乡土社会中人与人之间的互助关系，这一点对于传统生土营造技艺的施行方式影响颇大，以村落为单位在内部进行"协力造屋"成为西北地区传统生土建筑营造的主要特色。现如今在青海地区以及河西走廊地区营造庄廓院还是村里人齐上阵，整体协作来应对于经济的约束（图 6-2-12）。

图 6-2-12　青海循化庄廓院营造现场图
（来源：团队提供）

综上所述，西北地区传统农耕经济与畜牧经济在以文明交融的方式进行着

---

①　王致中，魏丽英. 融合与发展——中国西北社会经济史简论 [J]. 甘肃社会科学，1995（06）：69-72+4.

不断的融合，主要是将农耕社会的"小农经济"文明意识形态带入到西北社会多民族融合的社会结构之中，其在宏观角度上不仅对当地传统生土营造技艺体系的形成具有一定的促进性，同时对于传统生土营造技艺体系的发展构成了约束性。

### 2.经济能力的约束性

唐代中期以后的一千多年里，西北地区的政治、文化与经济中心地位持续下降，经济发展基本上处于滑坡和停滞，甚至倒退的状况。[1] 多民族在此区域内相继割据政权，战争频仍，西北地区的经济环境破坏严重，再也不是盛唐之时的"富庶无出陇右"的西北，当下也仍处于全国经济发展最为落后的区域。因此，基于国家精准扶贫对于西北地区的调研数据进行分析，可以明晰西北地区在经济发展之中的欠账十分严重。2017年最新公布的全国贫困县的数量为592个区县，西北地区总共有143个区县[2]，占比为24.2%。

例如，西北地区的甘肃省，其贫困发生率在全国排名第二，全省86个县（市、区）中，有58个属于集中连片特困地区县，还有17个县属于插花型贫困县（表6-2-4）。2016年对甘肃地区贫困县的村落住居情况以及收入情况进行了抽样调研，发现这些贫困县经济状况越差就越与传统生土关系密切，这也体现出经济发展状况与传统生土营造技艺之间的反向关系。

甘肃省贫困县分类统计分析表　　　　　　　　　　表6-2-4

| 市州（县区） | 所辖县市区（86个） | 其中贫困县（75个） | | |
|---|---|---|---|---|
| | | 国家集中连片特殊困难地区贫困县（58个） | | 插花型贫困县（省扶县）（17个） |
| | | 国家扶贫工作重点县（43个） | 仅是国家片区县（15个） | |
| 临夏州（8个） | 临夏市、临夏县、康乐县、永靖县、广河县、和政县、东乡县、积石山县 | 临夏县、康乐县、永靖县、广河县、和政县、东乡县、积石山县 | 临夏市 | — |
| 定西市（7个） | 安定区、通渭县、陇西县、渭源县、临洮县、漳县、岷县 | 安定区、通渭县、陇西县、渭源县、临洮县、漳县、岷县 | — | — |
| 庆阳市（8个） | 西峰区、庆城县、正宁县、环县、华池县、合水县、宁县、镇原县 | 环县、华池县、合水县、宁县、镇原县 | 庆城县、正宁县 | 西峰区 |
| 天水市（7个） | 秦州区、麦积区、清水县、秦安县、甘谷县、武山县、张家川县 | 清水县、秦安县、甘谷县、武山县、麦积区、张家川县 | — | 秦州区 |

---

① 李清凌.西北经济史 [M].兰州：甘肃人民出版社，1997：序言.

② 具体数量分配：陕西50个；甘肃43个；青海15个；宁夏8个；新疆27个。

续表

| 市州<br>（县区） | 所辖县市区<br>（86 个） | 其中贫困县（75 个） | | 插花型贫困县<br>（省扶县）<br>（17 个） |
| | | 国家集中连片特殊困难地区贫困县（58 个） | | |
| | | 国家扶贫工作重点县（43 个） | 仅是国家片区县（15 个） | |
| 平凉市<br>（7 个） | 崆峒区、泾川县、灵台县、庄浪县、静宁县、崇信县、华亭县 | 庄浪县、静宁县 | 崆峒区、泾川县、灵台县 | 华亭县、崇信县 |
| 兰州市<br>（8 个） | 城关区、七里河区、安宁区、西固区、红古区、永登县、皋兰县、榆中县 | 榆中县 | 永登县、皋兰县 | 七里河区 |
| 白银市<br>（5 个） | 白银区、平川区、靖远县、景泰县、会宁县 | 会宁县 | 靖远县、景泰县 | 白银区、平川区 |
| 武威市<br>（4 个） | 凉州区、民勤县、古浪县、天祝县 | 古浪县、天祝县 | — | 民勤县、凉州区 |
| 陇南市<br>（9 个） | 武都区、成县、徽县、宕昌县、西和县、两当县、文县、康县、礼县 | 武都区、宕昌县、西和县、两当县、文县、康县、礼县 | 成县、徽县 | |
| 甘南州<br>（8 个） | 迭部县、碌曲县、玛曲县、临潭县、舟曲县、卓尼县、夏河县、合作市 | 临潭县、舟曲县、卓尼县、夏河县、合作市 | 迭部县、碌曲县、玛曲县 | — |
| 张掖市<br>（6 个） | 甘州区、肃南县、山丹县、民乐县、高台县、临泽县 | — | — | 甘州区、肃南县、山丹县、民乐县、高台县 |
| 酒泉市<br>（7 个） | 玉门市、敦煌市、肃州区、瓜州县、金塔县、肃北县、阿克塞县 | — | — | 玉门市、瓜州县 |
| 金昌市<br>（2 个） | 永昌县、金川区 | — | — | 永昌县 |

资料来源：根据甘肃扶贫网资料整理绘制。

　　进一步对甘肃省经济进行调查研究，发现"因房返贫"现象比较严重，建房对于一户人家是不小的负担。按照甘肃省的政策：重建住房的建筑面积原则上1~3 人户控制在 60m² 以内，且 1 人户不低于 20m²、2 人户不低于 30m²、3 人户不低于 40m²；4 人及以上户人均建筑面积不超过 18m²，不低于 13m²。对于兜底改造的房屋面积按下限标准控制。[①] 以 60m² 为例，按照 1000~1500 元 /m² 的造价，一栋房子大概需要 6 万 ~9 万元的资金。除去国家精准扶贫以及地方政府的配套资金2 万元，大概还需要 4 万 ~7 万元。对于甘肃省的会宁县、陇西县以及临夏县的抽样调查，现场核查的贫困户平均收入为 3140.11 元 / 年（表 6-2-5）。

---

① 兰州将围绕"四类重点对象"展开农村危房改造并给予一定补助 [N]. 兰州晨报，2018-09-20.

甘肃地区贫困县经济收入抽样调查表　　　　表 6-2-5

| | 会宁 | 陇西 | 临夏 |
|---|---|---|---|
| 各县平均值 | 6027（元/年） | 6388（元/年） | 5474（元/年） |
| 各县危改总户数 | 48670 户 | 20737 户 | 26870 户 |
| 各县危改农户年人均纯收入 | 3840（元/年） | 3588（元/年） | 2880（元/年） |
| 各县贫困户人均收入平均值 | 2756（元/年） | 2855（元/年） | 2855（元/年） |
| 各县贫困线 | 2855 元 | 2855 元 | 2855 元 |
| 各县低保线 | 2835 元 | 2855 元 | 2193 元 |
| 各县五保线 | 2835 元 | 4116 元 | 4525 元 |

资料来源：根据住建部村镇司 2016 年全国典型乡村经济调查数据整理绘制。

　　除去生活成本，每年所剩无几，能够支配在建房上面的也就更加有限了。因此，不难说明越是经济受限的地方就越会保有传统生土营造技艺的痕迹。从一些调研案例的分析来看，村落之中的贫困户所居住的房子大概都是 20 世纪 70~90 年代所盖的传统生土建筑。由于经济受限，老房子一直使用至今，使用过程中村民对于房屋一直进行修葺。一些农户家中还留存传统夯具以及制坯的模具，因此，在经济情况不好的地区，我们可以确信，在当前的经济面前，减少建造成本是最大的一项问题。①

　　经济能力的受限致使人们依然向节约成本的建筑材料进行索取，如庆阳地区的土窑房建筑营造，一般的院落营造方式是靠崖建造几孔窑洞，而在厢房位置建造土窑房，这明显来自于建筑资料的节约，从而在没有崖面依靠的地方仍然以土坯发券，在屋面覆瓦（图 6-2-13）。甚至在一些地区，因为盖房，会自支柴窑烧瓦（图 6-2-14），这样可以大量减少购买建材所需的费用。

　　这也是土资源在传统乡土营造之中的优势，除此之外，如果发挥乡村互助建房的方式来完成，则可以减少大部分的雇工的费用（表 6-2-6、表 6-2-7）。因此，在经济欠发达的西北地区，采用传统生土营造技艺变成了一件非常自然也是必然的选择。

---

　　① 甘肃地区在 2016 年"精准扶贫"的攻坚战之中，充分发扬西安建筑科技大学周铁钢教授的加固方式方法，避免了拆除房屋，大概花费 1 万多元即可将原来的土木混合结构的房屋进行加固。

图 6-2-13 甘肃庆阳土窑房样貌图
（来源：团队提供）

图 6-2-14 甘肃陇南地区自支的烧瓦柴窑样貌图

传统生土建筑营造与现代乡村建筑营造经费对比表
（甘肃陇南地区）　　　　　　　　　表 6-2-6

| | 材料 | 用途 | 传统夯土民居费用 | 现代砖房费用 |
|---|---|---|---|---|
| 材料费用 | 石头 | 地基 | 无（来自河流中） | 60 元 /m³ |
| | 原木 | 柱子 | 无（采自当地山中，只需人工费用） | 200~300 元 /m³ |
| | | 梁 | | |
| | | 檩 | | |
| | | 椽子 | | |
| | | 门窗 | 无（木工雕制） | 木门窗 50~60 元 /m² |

续表

| 材料 | 用途 | 传统夯土民居费用 | 现代砖房费用 |
|---|---|---|---|
| 烧结砖 | 墙体 | — | 0.3 元 / 块（非水泥砖） |
| 生土 | 墙体 | 无（当地生土） | — |
| 瓦 | 屋顶 | 无（泥瓦匠烧制） | 0.4 元 / 片（琉璃瓦 2.5 元 / 片） |
| 水泥 | 屋顶、抹面 | 无 | 330 元 / 吨 |
| 沙子 | 混凝土 | 无 | 80 元 /m³ |
| 油漆 | 抹面 | 无 | 8 元 /m² |
| 涂料 | 抹面 | 无 | 50~60 元 / 桶 |
| 总计 | | 0 | 4.5 万 ~5 万元（以 80m² 砖混计） |

材料费用（第一列合并单元格）

资料来源：作者自制。

传统生土建筑营造与现代乡村建筑营造经费对比表
（甘肃河西地区） 表 6-2-7

| 工程项目 | 参与工种 | 传统夯土民居价格 | 现代砖房价格 |
|---|---|---|---|
| 门窗工程 / 木结构体系 | 木工 | 2000 元 / 间 | 70~80 元 / 天 |
| | 小工 | 村中帮工，只管吃饭钱，每天 500 元 | 帮工形式 |
| 围护结构 / 土方工程（场地平整和开挖土方）/ 基础工程 / 屋面系统 | 泥瓦匠 | 1000 元 /10000 片，需 2000 元的瓦 | 70~80 元 / 天 |
| | 土工 | 2000 元 / 间 | 无 |
| | 小工 | 村中帮工，只管吃饭钱，每天 500 元 | 帮工形式 |
| 油漆工程 | 油漆工 | 无 | 70~80 元 / 天 |
| 涂料工程 | 饰面工 | 无 | 70~80 元 / 天 |
| 混凝土工程 | 大工 | 无 | 200 元 / 天 |
| | 小工 | 无 | 120 元 / 天 |
| 总计 | | 2 万元左右（以 3 间 70m² 夯土房计算） | 3.5 万元左右（以 80m² 砖房计算） |

人工费（第一列合并单元格）

资料来源：作者自制。

# 6.3 外部多元要素耦合关系

## 6.3.1 叠加性：时空多元组合

西北地区传统生土营造技艺所体现出的演进特征是基于自然、社会以及经济等多元要素耦合作用下的结果，是一种具有深层叠加性的综合表达。根据营造技

艺的不同，表现出叠加程度的不同。例如位于
陕甘宁地区的土窑洞，使用的是最为基本的挖
余法，此类传统生土营造技艺是最为接近于建
筑原型的建筑营造模式，根植于自然的根本地
形地貌。因此，所体现的与社会要素间的叠加
性就越弱，反而是与经济要素的叠加情况更为
紧密。

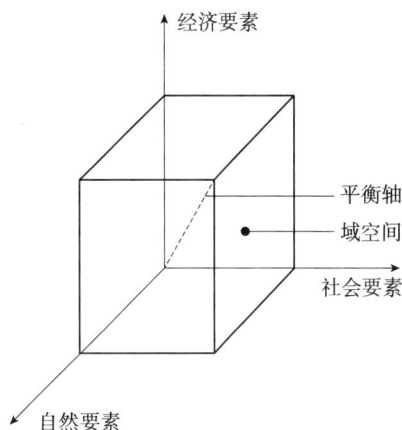

图 6-3-1　要素叠加域空间发展图

　　如图 6-3-1 所示，平衡轴代表三种要
素均衡叠加发展的理想状态，域空间则显示
出这种叠加性的多种可能性，并且是一种非
线性的发展情况。但是，对于这种强弱关系
的评判同样是存在相对性原则：首先是在同一时代不同区域之间的共时性组合
关系；其次是对于发展过程中体现出的历时性强弱关系。共时性组合关系是对
于时间的静态观察，对于营造技艺客观断面的呈现，体现出的是不同区域之间
的共性与差异。历时性组合关系则是对于时间的动态观察，在纵向历史发展之
中，对于营造技艺发展趋势的判断。如果按照第一类的模式分析，在传统生土
营造技艺创生的时候，自然因素是最强的影响因素，经济因素是最弱的影响因
素，而社会因素则根据不同群落有着不同形式的文明发展，从而显示了营造技
艺水平的不同。如果按照第二种模式进行分析，则很容易发现文明水平在初始
阶段较为低级。现代是处于一种文明高度发展的阶段，在现时代社会因素则以
更深入的态势影响着建筑营造的发展方向，并且呈现出多元化的发展态势，现
时代的风格与流派是对其最好的说明。因此，随着社会文明的不断进步，社会
要素以更强的方式介入到营造技艺系统的生成之中，并且发展的层级性并不是
简单的一种宏观的交融方式，因为每一种要素又可以分为多个构成元素，而每
一种元素在系统之内所处的位置与所发挥的作用都不一致。这种非线性的元素
之间的耦合机理最后形成了传统生土建筑演进表征的机制。时下，从建筑学科
发展出的多元理论也可以看出这种层级耦合关系的复杂性与多元性，诸如生态
建筑学、绿色建筑、建筑伦理学、建筑文化学，甚至到人居环境科学等。这些
理论构成学科之间的交叉，更多的是来源于影响要素之间耦合关系的复杂性促
使学科不断进行细化或是整合，这也充分地体现了建筑的复杂性与矛盾性的客
观存在。

## 6.3.2　次序性：人类需求核心

传统生土营造技艺在应对各种外界影响因素的时候，似乎会有先后，即要素影响的次序性。次序性其实存在两个层面：理论生成层面与实践运行层面。

首先，理论生成层面是从静态的结果来审慎分析，对于要素影响的应对次序是存在逻辑关系的。从海东地区传统庄廓建筑的多民族营造来看，无论是哪一个民族，都无一例外地选择了夯筑法来完成建筑的核心院落营造，表明的是一种对于地方自然要素影响应对的共同手段，成为地区营造的第一原则。那么，试想是否可以将自然要素的影响列为排序之中的第一次序呢？这要从人类学的根本思索获得，如果根据马斯洛人类需求层次（图6-3-2）的塔形层次来分析的话，人首先是自然的人，人应该先解决的是与生物相类似的需求层次问题。建筑营造的初衷是提供一个能够遮风避雨以及免受自然动物袭击的客观事物，因而人类作为自然界的一个生物物种，对于自然的各种不安全因素的屏蔽是最根本的目标，无论什么时代，什么地区，对于自然要素影响的应对都应该是第一顺位。因此，人类通过对于自身住居庇护的建造从自然的人演化成社会的人。可能有人会反对这样一个观点，如果在营造的时候就已经明晰了营造的结果，那么这个阶段可以放在策划阶段来完成。当前人们的社会属性在人的属性之中所占比重越来越多，更多的人已经开始漠视自然属性的需求，但是忽视并不等于不存在。就如同说，一个人连温饱都已经成问题了，你还要与他谈精神食粮是一样的。

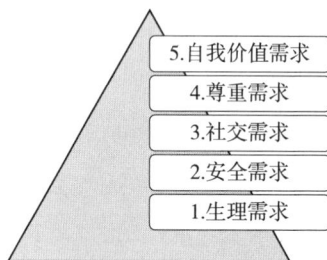

图6-3-2　马斯洛"人类需求层次"塔形图

那么，接下来是什么要素对于营造技艺产生影响，似乎就不那么清晰了。这要根据特定的社会背景进行深入分析，并作出合理的解释。传统挖余法普及的黄土高原地区，在自然条件基本已定的情况下，还是出现了差异，如姜耀祖宅院与普通窑洞住居的营造对比，两者之间经济要素的差异似乎更大，但是后者可以看出是因为经济要素排在自然要素的次席，社会文化要素则在最后。难以分辨的是前者在经济受限较少的情况下是先考虑了社会文化表达还是经济许可与否。但是，建筑营造作为身份的一种象征，也是彰显文化内涵的重要考量。从这个角度考虑，似乎社会文化应在次席。再如，少数民族地区的传统生土建筑营造，其民族信仰就一定是排在经济要素的前面，甚至是所有的经济供给都是为了彰显其文化特质。

其次，实际营造层面上则是一种动态过程，以多种要素融合对营造技艺形成影响，而且是不间断的状态。三种要素之间的关系犹如建筑师在设计一个建筑的过程，不能说他是先考虑了平面、立面还是立体空间，而是在这个完整的设计过程中，这几个方面不断促进建筑师对于设计方案的思考进行完善，从而完成最终的方案。因此，这三类要素对于传统生土营造技艺发展的影响始终是并行的，但是，在特定的时间与区域内，根据不同的自然、社会与经济状况，经由人的主体要素选择，对其中某一种的考量比重可能会更大一些。因此，这种特征机理为我们提供了一种观察事物的方法，理论性所给出的是一个基本的典型图示，而实践性则往往与理论谈论的典型有着差异，不是线性的均衡发展，而是空间上的密集分域点。这就形成了历史演进过程之中的复杂路径，面对未来各种要素对于营造技艺发展的影响，应该从什么样的视角来抉择，让哪一种要素在进一步的演进过程中起到更加主要的导向作用则更加关键。

## 6.3.3 辩证性：实践博弈互补

西北地区传统生土营造技艺在受到外部因素影响的过程中体现出了叠加性与次序性，而在体现这种特性表征的过程中，多种要素之间又进行着辩证统一的相互作用。这种辩证性可谓是叠加性与次序性在系统具体运动过程中的特性，主要体现在两个方面：一种是要素之间的博弈性；另一种是要素之间的互补性。

首先，传统生土营造技艺活动在各种影响因素进行支配过程中为了达到目标往往会出现互相抵触的现象，称之为"博弈性"。这与美国作家亨德里克·房龙（Hendrikran Loon）的"绳圈"图解（图6-3-3）应该是有很大的相似之处。①

这种博弈现象在大部分传统生土建筑营建之中都会出现，尤其是在"社会要素"与"经济要素"之间，这也是在次序性中难以抉择先后的重要表现所在。博弈性的最终结果也是多样的，如果社会要素占优则体现出对于人文的注重，而经济要素占优则体现出经济至上的营造原则。社会要素占优的多存在于人文价值理念十分清晰的地方，在少数民族地区存在共同宗教信仰的地区尤其突显，甚至会让"经济要素"成为"人文要素"实现的根本基础。如甘南州传统生土建筑的营造，对于建筑的人文情怀是靠重要的经济基础作为依托的。经济要素占优的则多

---

① 绳圈理论：当绳圈为圆形时，各影响因素作用力相等；当绳圈被拉成椭圆形时，其各影响因素作用力存在强弱之分，形成了一种博弈性的状态。但是建筑营造技艺体系作为一个系统始终是处于一种平衡状态，只不过这种状态在历时性的发展上形成了动态的平衡。

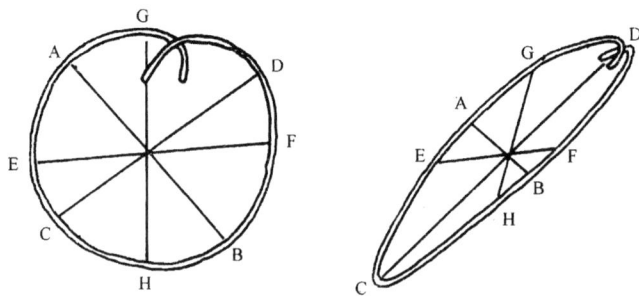

**图 6-3-3　亨德里克·房龙提出的"绳圈图解"**
（来源：侯幼彬．中国建筑美学 [M]．哈尔滨：黑龙江科学技术出版社，1997：6.）

存在于经济发展的两个极端层面：一个是经济落后区域，严重受限于营造资源的获得；另一个是经济发达区域，容易造成在建筑营造之中互相攀比的不良风气，从而铸就了对于人文要素的漠视。相较而言，第一种经济受限情况下对于人文影响是出于一种无奈，其结果会对于自然资源进行充分利用，从而回归建筑自身基本营造的诉求，获得一种朴实的建筑生态伦理观念；而第二种则是出于内心的膨胀，其结果是在更大程度上造成建筑资源的过度浪费，从而导致建造失去其自身真正的内涵。

其次，在一定范围内，各种要素之间也存在一定的互补性，并且形成了组合式相互促进的互补机制。目下的现状表现出自然生态制约了经济的大发展，但又有利于社会人文发展的远期愿景；经济发展又往往造成对自然生态环境的污染，但在合理条件下，经济、社会人文的良性发展又有助于恢复自然生态的原生状态，有利于保护生态环境。[①] 经济的良好发展取决于是什么样的业态，是否对于自然生态环境构成威胁，经济的发展使得人们的生活逐渐富足，也同时会带来"居安思危"的思想意识，这是对原生自然环境保护的先决条件。

综上所述，博弈性与互补性促使外部影响因素共同形成了辩证统一的关联体。西北地区传统生土营造技艺的生成与演进过程也正是以营造为核心来协调这些外部影响要素关系的一个过程，因而营造技艺同时也成为人们将自己的社会、经济内涵赋予建筑以应对自然的一种手段。只不过要看这种应对手段运行的初衷以及结果是否在使人居环境沿着良性的路径发展。

---

① 周庆华．黄土高原·河谷中的聚落：陕北地区人居环境空间形态模式研究 [M]．北京：中国建筑工业出版社，2009：83.

# 6.4　小结

  西北地区传统生土营造技艺的历史演进过程中存在一定的内在发展规律，同时也受到外部要素的综合影响。

  在西北地区传统生土营造技艺的历史演进过程中，无论在哪一个历史分期都受到了来自于外界自然、社会与经济要素的综合影响，其结果只是表现出哪一种要素的影响更为突显而已。其在历时性发展当中形成了营造文化的地区性，其主要原因来自于缓慢变化的自然要素，他组织与自组织的互相交融以及经济类型与能力的双重约束。这些要素在发挥作用时同样存在互相作用的叠加性、次序性以及主控关系的辩证性。

第 7 章

西北地区传统
生土营造技艺
的体系建构

# 7.1 体系建构的依据

西北地区传统生土营造技艺发展的历史之长、类型之多、演变之繁、分布之广，在全中国可谓是首屈一指，它所承载的文明信息代表了中国长达几千年的建筑历史文化的区域创造。因此，传统生土营造技艺体系所具有的综合价值是关系到区域人类创生、社会融合发展的历史伟大进阶，其重大意义只有从整体宏观的历史角度才能清晰定位。

从历史发展的维度观察，西北地区与东南地区在建筑营造方面形成了较大的差异，在中国传统土木结合的框架下，建筑营造的变化在胡焕庸线形成了分界，由东南向西北呈现出"用木逐渐减少，用土逐渐增多"的现象（图7-1-1）。尤其在国内的西北地区，形成了以"土材"为主要建材的营造体系。西北地区传统生土营造技艺已然成为一种区域性的建筑文化特征，而这种文化的生成来自于体系化的综合影响结果，而非某一种建筑类型的发展表象所能覆盖。因此，建立西北地区传统生土营造技艺的理论体系是认清西北地区营造文化深层内涵的关键所在。

所谓理论体系的建构，是针对一个系统最简要的概括表达。框架中各要素不是孤立地存在，每个要素都在这个有序的层次结构中占有一定位置，起着特定的作用，而没有高低贵贱之分。要素之间互相影响、互相制约，形成一个不可分割

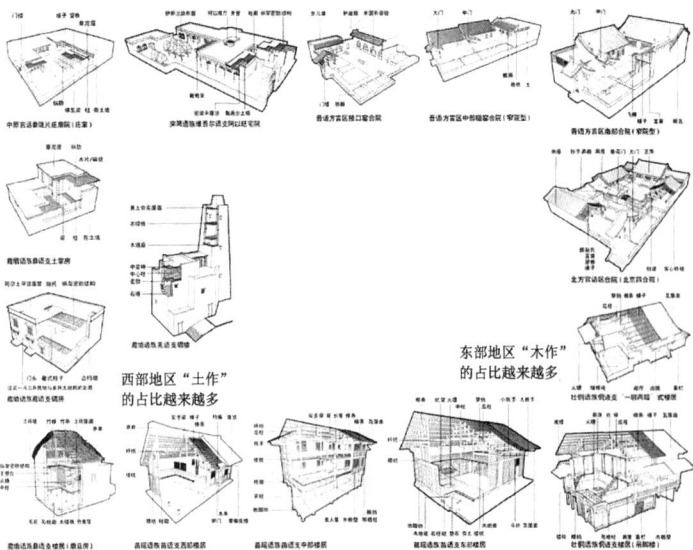

**图 7-1-1 中国东西部建筑营造谱系分类与分布分析图**
（来源：根据常青.我国风土建筑的谱系构成及传承前景概观——基于体系化的标本保存与整体再生目标 [J].建筑学报，2016（10）：1-9 改绘）

的有机整体。① 这个系统的整体结构即为理论的框架构成，而结构的动态发展逻辑则是其中的关键机理。

从科学范畴来讲，营造技艺属于应用技术科学，而实际来讲，营造技艺又是科学与艺术之间构建的桥梁，② 并且进一步发展上升到了技术哲学层面。因此，不能简单地以一种技术观念来对待，其在区域的整体时空之中形成了典型的"建筑观"。这种重整体的思维一直是中国传统文化的哲学，然而时下对于西北地区传统生土营造技艺体系的建构尚不清晰，只是懵懂的认知表象在现实当中的循环往复则难以成就区域性的宏伟巨制。纵观时下与建筑营造技艺相关的体系建构理论着实不多，因此当向建筑理论建构的方式方法问道。

钱学森先生倡导系统科学、复杂巨系统，面向城乡建设实践的建筑科学也被列入十一大现代科学门类。③ 这是从学科立论的角度将建筑理论建构在了与其他科学大类并列的行列之中，足以反映建筑理论体系内涵的博大。张彤先生对于整体地域建筑理论框架的建构中，分别针对地域建筑与自然、文化以及技术层级形成横轴，以每部分目标的纵深发展形成纵轴来完成系统的整体搭建，并且强调系统的开放性、批判性与综合性的建筑观。④ 其主要是对于地域性、整体性的强调。邹德侬先生试图建立的建筑理论框架，被界定为广义的范畴，由基本理论、应用理论、跨学科理论以及评价理论组成，是一个基于要素组成的系统归纳。⑤ 其主要是对于要素之间的关联以及研究的系统方法予以强调。张钦楠先生的中国特色建筑理论体系构建指出中国最主要的特色是贫资源和高文明，提出了具有启发性、开放性和可变性的体系建构初步设想，从基础理论问题、应用理论以及建筑实践等各层面体现了框架对于时代性的应对。⑥ 该理论在普世性理论的基础上进一步强调了地域性建筑理论的建构的内涵核心与应对目标的动态性。吴良镛先生从"广义建筑学"到"人居环境科学导论"的系统研究，拓展了建筑学科的内涵，基于建筑系统论的基础建构了更为博大精深的人居科学理论的体系框架，从而形成了多学科融贯以及多方法交融的开放体系。

综上所述，对于建筑相关理论建构的方式方法不约而同地指向了系统论的架构基础，这是以客观静态呈现动态发展的研究过程。事物本来就是一个整体，很

---

① 张向炜. 谈基本建筑理论体系的建构——以五位中国现代建筑师的探索为例 [J]. 建筑学报，2007（12）：58-60.

② 秦佑国. 建筑、艺术与技术 [J]. 新建筑，2009（03）：115-117.

③ 吴良镛. 七十年城市规划的回眸与展望 [J]. 城市规划，2019（09）：9-10+68.

④ 张彤. 整体地域建筑理论框架概述 [J]. 华中建筑，1999（03）：20-26.

⑤ 邹德侬，赵建波，刘丛红. 理论万象的前瞻性整合——建筑理论框架的建构和中国特色的思想平台 [J]. 建筑学报，2002（12）：4-6.

⑥ 张钦楠. 建立中国特色的建筑理论体系 [J]. 建筑学报，2004（01）：21-23.

难分割，只有坚持整体与系统的观点才能把握全面的特征，因此，西北地区传统生土营造技艺的体系建构要在系统论的基础上注重整体性的把控。同时，体系应该对未来的需求提出借鉴，必须更深层次地认识其内在的规律，不仅需要对事物进行还原，还要将之分解成若干要素；需要认清事物的整体特征变化是要素之间变化的综合表现，事物虽由要素组成，但要素不是事物本身，它不能脱离事物而独立存在。[①] 因此，既要把握要素的变化来认识事物的特征，又要认识要素之间的相互关系与整体结构特征。进而，形成了以整体论为研究基础的"典型类型"与"历史演进"；以系统论为研究目的的"本体要素""规律机制"；这些研究结果之间纵横交错，通过显性的历史发展形成的典型特征，利用科学方法揭示其隐性要素与规律，从而来完成历时性发展集成的整个区域内传统生土营造技艺系统。

## 7.2　显性整体：类型—历史节点—整体

### 7.2.1　挖余法：建筑文明创生下的乡土营造

挖余法是人类住居历史上最早的建筑营造方式，是窑洞建筑营造的原型，也是人类建筑文化的开端之一。传统挖余法营造技艺可以看成是人类认知建筑结构营造的发端，其在建筑文化的意义上是人类住居文明的开始。表现有三：其一，作为完整房屋建筑空间的获得，其承重结构与围护结构皆是利用挖余法形成的自然土体来完成，这为后续建筑营造奠定了认知基础。其二，作为独立的建筑类型，人类有了建筑营造的基本概念，其在人类与动物相区分的蛮荒时代刻下了浓重的痕迹。其三，挖余法单独形成的窑洞建筑类型，以乡土营造的方式存续至今，绵延在西北地区的广阔大地之上，尤其在黄土高原地区获得了长足的发展，为资源受限的人居环境贡献巨大。利用挖余法建成的传统窑洞建筑已经不仅仅是单一的建筑类型，更多的是成为西北地区建筑文明的重要代表。由于传统挖余法所呈现的特殊建筑形式，成就了中国西北地区黄土高原的传统聚落模式——层叠式丘陵窑洞聚落，这也是黄土文化得以定型的关键。因此，传统挖余法一直在乡土建筑营造体系的历史演进中占有重要历史地位。

纵观历史，西北地区传统挖余法经历了以下几个重要阶段（图7-2-1）：

---

① 吴良镛. 中国人居史 [M]. 北京：中国建筑工业出版社，2014：8.

| 历史分期 | 时间轴线 | | 生成要素背景 | 典型营造特征 | 案例图示 |
|---|---|---|---|---|---|
| 近现代社会 | 中华人民共和国 | 1949年 | 背景：经济发展受限严重<br>生产力：科学实验刚起步<br>匠作：专业的建筑工作者与传统匠人组合 | 城市现代窑居宿舍 |  |
| 封建社会 | 清朝 | 1840年 | | 陕北姜耀祖庄园 |  |
| | | 1644年 | | | |
| | 明朝 | | | | |
| | | 1368年 | | | |
| | 元朝 | 1276年 | 材料：分配进一步阶级化，窑洞建筑走向民间乡土建筑的发展序列 | 官方：建筑体系之中基本剔除了挖余法的营造 | |
| | 两宋时期 | 979年 | | | |
| | | 960年 | 工具：青铜工具向铁质工具发展 | |  |
| | | 907年 | | | |
| | 唐朝 | | | 新疆交河故城 | |
| | 隋朝 | 618年 | 匠作：形成了普世的民间营造匠人，专职营造的称之为"窑匠" | 乡村：普世存在的各种样式的窑洞民居建筑，尤其在陕北、陇东地区 | |
| | 三国两晋南北朝时期 | 581年 | | | |
| | | 280年 | | | |
| | | 220年 | | | |
| 奴隶社会 | 秦朝 | 公元前207年 | | | |
| | | 公元前221年 | | 筒形拱横穴 |  |
| | 战国 | | 阶级分化：窑洞作为氏族与民的恩赐 | | |
| | | 公元前475年 | | 穹室与筒形拱组合 |  |
| | 春秋 | 公元前476年 | 工具：石质工具向青铜工具发展 | | |
| | 西周 | 公元前770年 | | | |
| | | 公元前1046年 | 匠作：对土直立性能进一步了解，促使建筑模式发生转变 | 穹室陶复、陶穴 |  |
| | 商朝 | 公元前1600年 | | | |
| | 夏朝 | | | | |
| | | 公元前2070年 | | 窑洞式建筑 |  |
| 原始社会 | | | 氏族公社 | | |
| | | | 工具：骨质、石质 | 半窑洞式建筑 |  |
| | | | 匠作：无 | | |
| | | | | 竖穴 |  |

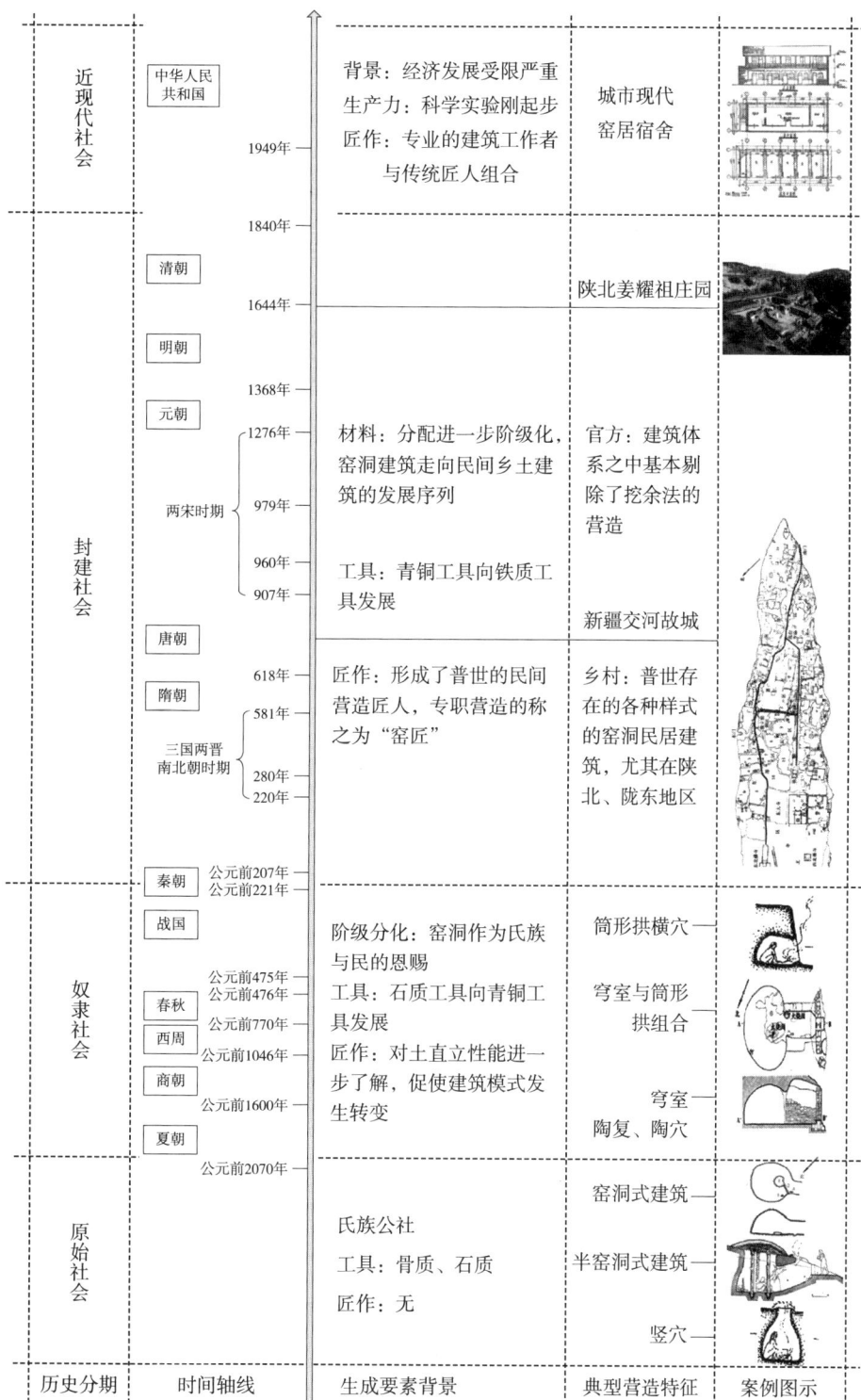

**图 7-2-1　传统挖余法历史演进特征图谱**

①原始社会时期，由地下竖穴、横穴，再到半窑洞式建筑以及窑洞式建筑的缓慢发展阶段。

②奴隶社会时期，窑洞式建筑经由"陶复陶穴""穿室"，再到"穿室与筒形拱组合"，并最终完成传统生土窑洞建筑的定型。

③封建社会时期，挖余法完全进入到"乡土建筑"的发展序列，并且在营造模式上形成了多样的窑洞营造方式，甚至在唐代能够营造出生土城市聚落。

④近现代社会时期，国内百废待兴，在生产资料极为受限的背景下，科学研究与传统挖余法进行结合，将长久使用在农村的挖余法应用在城市住居之中，为城市住居发展开辟了新天地。

因此，挖余法始终是因地制宜、节约耐用的优秀生土营造代表，在历史文明的开端以建筑创生的高姿态与西北地区形成密切的关联，在近现代社会又以乡村反哺城市的方式发挥重要的历史作用。挖余法成就了西北地区传统窑洞建筑多元发展的乡土风貌，孕育了黄土高原史诗般的建筑文明。此外，挖余法的重要贡献还在于其减法营造方式很有可能会成为建筑发展的一种逆向思维或者是一种革命，使人类建筑文明重新走向地下空间的综合使用。

## 7.2.2 夯筑法：官式推崇下的城市聚落营造

夯筑法是建筑墙体结构营造的雏形，其在建筑文化的意义上是人类从地下走到地上的"革命式"的文明进步。表现有二：其一，作为房屋建筑承重结构或者围护结构，其形成了建筑的重要组成部分——墙体。其二，作为独立建筑，其在奴隶社会末期以及封建社会早期所形成的城墙、长城等建筑类型，以单一的夯土长城建筑式样存留至今，绵延在广阔的西北地区。这已经不仅仅是建筑文化遗址的留存，更多的是见证西北地区作为"丝绸之路"陆路主线的文明构成。

由于传统夯筑法所呈现的特殊建筑形式，成为中国传统聚落模式——"城"得以定型的关键。因此，传统夯筑法一直在官方建筑营造体系的历史演进之中占有重要历史地位，在宋《营造法式》以及清代《工部工程则例》对其营造都有相应规范记载。从这一点来说，传统夯筑法与挖余法、土坯砌筑法的差异就明显体现出来。

纵观历史，传统夯筑法经历了从没有模具的"夯"开始逐渐演化到有模具进行"夯筑"，主要经历了如下几个关键历史节点（图7-2-2）：

①原始社会时期，人们发现了"夯"这样一种营造方式会使土体比原土更加

| 历史分期 | 时间轴线 | 生成要素背景 | 典型营造特征 | 案例图示 |
|---|---|---|---|---|
| 近现代社会 | 中华人民共和国<br>1949年<br>1840年 | 背景：经济发展受限严重<br>生产力：科学实验刚起步<br>匠作：专业的建筑工作者与传统匠人组合 | 全国学习"干打垒"精神 |  |
| 封建社会 | 清朝<br>1644年<br>明朝<br>1368年<br>元朝<br>1276年<br>两宋时期<br>979年<br>960年<br>907年<br>唐朝<br>618年<br>隋朝<br>581年<br>三国两晋南北朝时期<br>280年<br>220年 | 材料：土材之中添加石子、砂砾，夯层之间添加藤条、木板、石瓦片<br>工具：夯锤从自然的圆木转向有木质把手的石夯锤、铁夯锤<br>匠作：形成了普世的民间营造匠人，专职营造的称之为"领夯" | 明长城河西段<br>官方：城池、长城、堡寨等建筑体系大量使用<br>乡村：普世存在的各种样式的夯土民居建筑<br>汉长城河西段 |  |
| 奴隶社会 | 秦朝<br>公元前207年<br>公元前221年<br>战国<br>公元前475年<br>公元前476年<br>春秋<br>公元前770年<br>西周<br>公元前1046年<br>商朝<br>公元前1600年<br>夏朝<br>公元前2070年 | 战事频繁：作为国家、城池的安全设施<br>工具：木质工具，单人<br>匠作：形成规模化，夯筑形成模数化 | 方块夯筑<br>分段夯筑<br>版筑椽筑 |  |
| 原始社会 | | 氏族公社<br>工具：骨质、石质<br>匠作：无 | 地面<br>柱基夯实 |  |

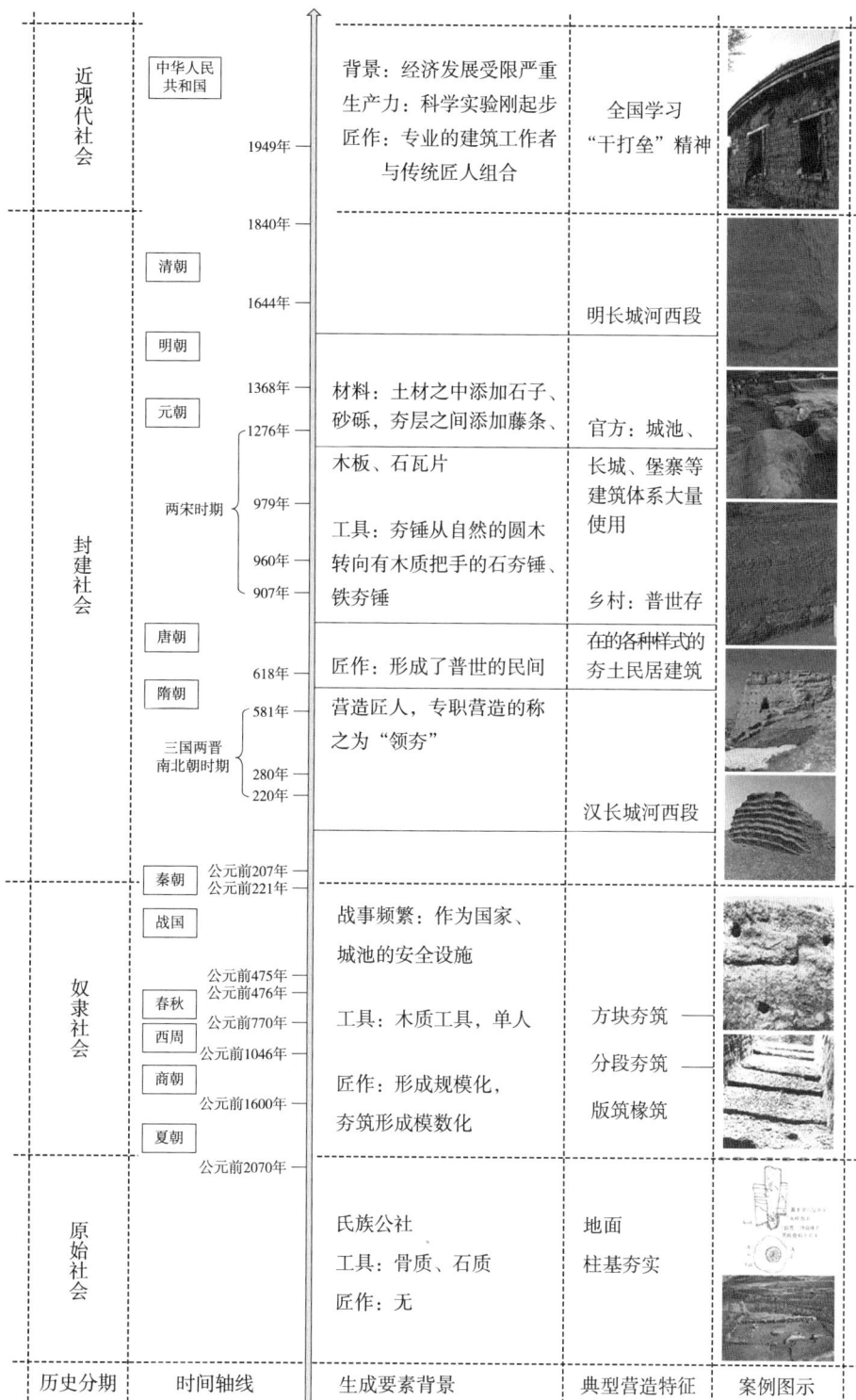

图 7-2-2　传统夯筑法历史演进特征图谱

密实与坚硬，建筑的居住面经过夯打可以防潮，柱基经过夯实，建筑则更加稳固。

②奴隶社会时期，人们发明了夯筑所使用的工具与模板，版筑用于城墙与大型墩台建筑，椽筑用于小型建筑与围墙营造。尤其在版筑上发明了分段、方块夯筑的施工方式，最终形成了以版、堵、雉为标准模数的夯土墙营造规制。

③封建社会时期，人们延续了以往的筑城方法，并且对于土体以及夯筑工具进行优化改良出多种方法，最终在官式与乡土双方面都取得了不小成就。

④近现代社会时期，新中国成立初期，百废待兴，在经济状况极为窘迫的背景下，全国人民响应国家对于"干打垒"精神的传承，为建设工业化的新中国而反哺城市建设，经过建筑科学工作者的研究，形成了覆盖全国的夯土营造壮举。

## 7.2.3 土坯砌筑法：乡土文明下的普世营造

土坯砌筑法与夯筑法有很多的交集，在历史演进中有不少呈现，但整体来讲，没有像夯筑法一样得到官方的充分重视，在黏土砖发明之后即走向了属于中国特色的乡土文明发展序列。虽然西北地区传统土坯砌筑法来自于中原以及西域、西亚地区间的文化交流，但是其根源却来源于生土堆叠法与夯筑法的有效结合。尤其是制坯开始有了模数化的规制，大概是来自于夯筑法的仿造。但是，最终小型土坯砌块的发展却为砖砌筑体以及现代建筑营造开辟了新的结构体系，同时使建筑营造的预制化、工业化、高效化成为现实，这一点从清代《工部工程则例》当中对于砖砌体的营造规范可见一斑。

纵观历史，土坯砌筑法的演进主要经历了以下几个重要历史阶段（图7-2-3）：

①原始社会时期，新疆地区的土坯砌筑法来自于西亚，而关中地区的土坯砌筑法则来自于河南地区，因此，西北地区的传统土坯砌筑法的起源不是单一途径，应该是一个长期发展与交融的过程。并且，这个时期的土坯模制的情况不是十分明显。

②奴隶社会时期，出现了以模制土坯砌筑的墙体，并且尺寸规格较大；同时湿制坯与干制坯等主要制坯模式都已经出现，相比夯筑法的应用来说，土坯砌筑法处于辅助应用的地位。

③封建社会时期，两汉时期的规格都不统一，差异较大，与当时此区域之间的多民族常年的战争有关。从唐代至明代，土坯规格明显变小。随着土坯尺寸规格的变小趋势，传统土坯砌筑技艺得到了进一步发展，根据墙体性质采用不同的砌筑方式：承重墙如山墙面以"四六锭子"为主，内隔墙则以"单裱墙"为主。

| 历史分期 | 时间轴线 | 生成要素背景 | 典型营造特征 | 案例图示 |
|---|---|---|---|---|
| 近现代社会 | 中华人民共和国<br>1949年 | 背景：经济发展受限严重<br>生产力：科学实验刚起步<br>匠作：专业的建筑工作者与传统匠人组合 | 全国学习"干打垒"精神 |  |
| 封建社会 | 1840年<br>清朝<br>1644年<br>明朝<br>1368年<br>元朝<br>1276年<br>两宋时期<br>979年<br>960年<br>907年 | 材料：土材之中添加石子、砂砾，砌筑层间添加藤条、木板等加强措施<br><br>工具：杵打坯是主要的形式，模具分单坯模、双坯模等，夯锤为平夯 | 规格变小<br><br>官方：建筑体系之中影响了黏土砖营造；乡村：普世存在的各种砌筑样式<br><br>规格较大 |  |
| | 唐朝<br>618年<br>隋朝<br>581年<br>三国两晋南北朝时期<br>280年<br>220年 | 匠作：形成了普世的民间营造匠人，从制坯到砌筑形成单一营造的模式 | 规格差异较大 | |
| 奴隶社会 | 秦朝<br>公元前207年<br>公元前221年<br>战国<br>公元前475年<br>春秋 公元前476年<br>西周 公元前770年<br>商朝 公元前1046年<br>公元前1600年<br>夏朝 | 夯筑法影响：土坯砌筑作为一种辅助营造<br>工具：模具出现，湿制坯与干制坯全备<br>匠作：形成模数化 | 规格较大<br>模制成坯<br>湿制干制类型齐备 |  |
| 原始社会 | 公元前2070年 | 氏族公社<br>工具：土块堆叠<br>背景：文化交融 | 规格不一<br>无模制坯 |  |

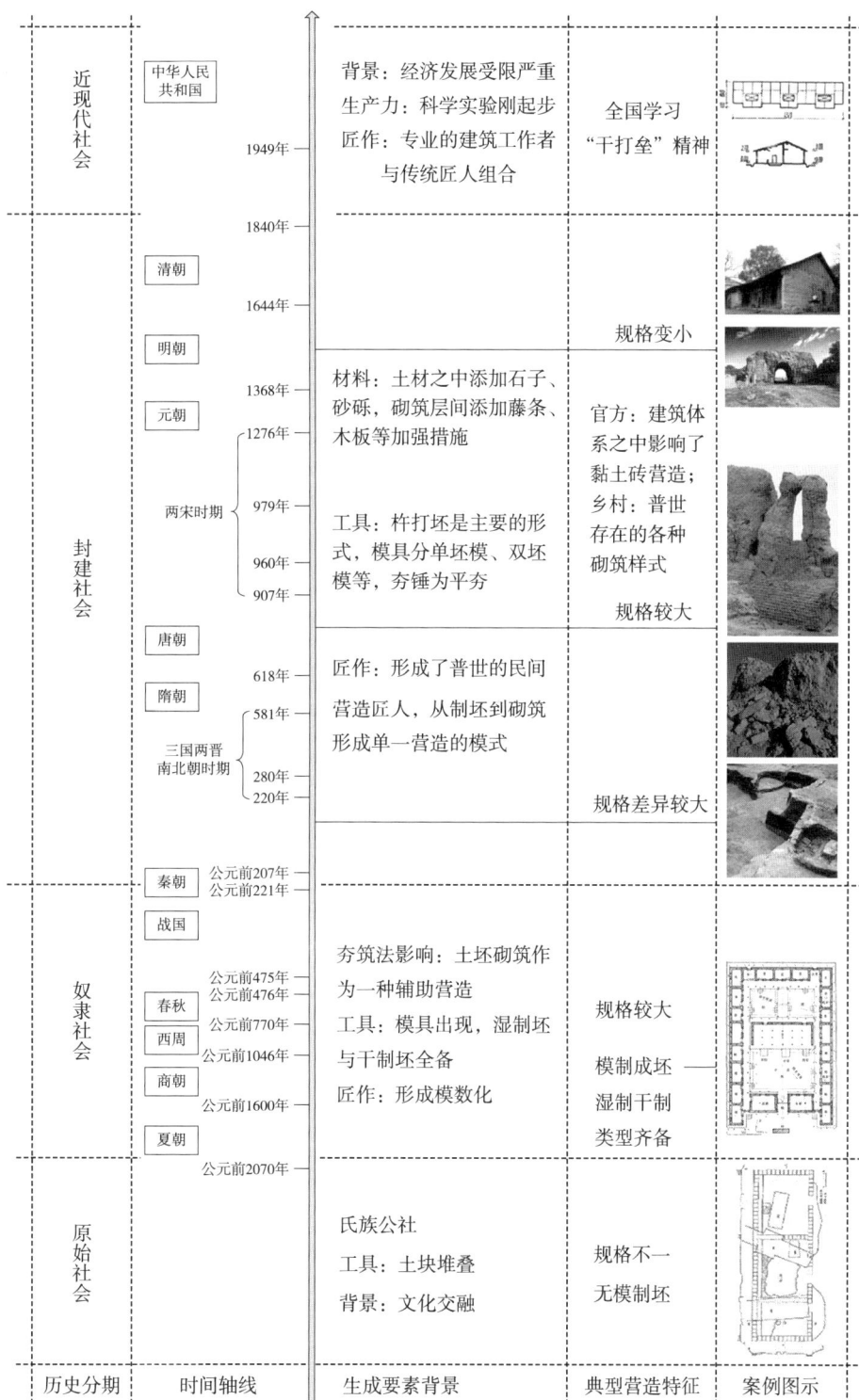

图 7-2-3　传统土坯砌筑法历史演进特征图谱

④近现代社会时期，传统土坯砌筑法除了在乡村之中继续充分使用之外，同时也加入到西北地区近百年的城市建筑科学实验当中，为反哺城市贡献了力量。

从传统土坯砌筑法的历史演进过程来看，它一直是辅助的土作营造方式，但又是乡村之中使用最为广泛的，究其原因有以下几点：其一，大约公元前2000年，土坯砌筑法受到夯筑法的冲击处于衰败期；其二，原始社会与奴隶社会时期主要是由于夯筑法营造的勃兴，封建社会时期则是由于砖的出现，两者技艺相当，但砖的一些物理性能指标优于土坯，因此其历史地位始终是以一种填补式的角色出现在历史当中。但是，土坯毕竟拓展了建筑营造的方式，从不规则的生土块到有模具的土坯砖，形成了模数化的营造模式。推测其发明创造也应是来自于生土夯筑法的启示，并且由于体量小，制坯方便，因而更多地应用在乡土建筑之中。不仅是在新建筑营造方面，同时也在日常的建筑维护修缮方面都发挥了积极作用。

## 7.2.4　营造技艺整体：因应复合生态系统的区域营造

中国早期"主国空土以居民"的最高工官——司空，其称谓就与土作有一定关系。中国的象形会意汉字，反映以土为材的建筑方面的如墙、垣、壁、壕、壩（坝）、堰、坏、坊、墠（坛）等，以及从穴居的"穴"字派生的建筑方面的汉字，如弯、窑、窟、窗等都蕴含着中国建筑历史当中的土文化元素。[①] 因此，传统生土营造技艺是中华文明的本源之一，更是西北地区建筑文明的灵魂所在。

西北地区传统生土营造技艺通过历史的发展演进，从创生发展出适宜区域的典型，在不同的历史节点发挥出重要的作用，将其归纳总结则呈现出区域生土营造文明的整体。文明初始，本无什么固定方式，古人利用最为原始的材料进行建筑营造，尤其西北黄土高原地区又是一个在几百万年前就形成的黄土地带，客观的材料要素将挖余法送上了生土营造历史的舞台。穴居方式则是挖余法所呈现的最典型的建筑模式，利用了原土构造来完成建筑空间，根本原因是由于古人对于材料搭接的构造要素并没有掌握。随着古人对自然材料认知的不断深入，作为抵抗潮湿的重要营造手段，夯土方法出现了。木材也被使用到建筑营造之中时，应该同时也是由夯土向夯筑发展的阶段。在原始社会时期，同样出现了窑洞式建筑内部柱的遗迹，这说明墙体营造要晚于柱梁的构造，因而木骨泥墙的发展与夯土墙的发展成了从穴居到地上建筑的关键构造要素。这一

---

① 杨国忠，直长运.论"土"在中国古代建筑中的作用与地位 [J].河南大学学报（社会科学版），2010（06）：94~99.

点在奴隶社会的早期还未能够得到根本的解决，从《诗经》之中对于西周窑洞建筑的描述可以判定，"陶复陶穴""穿窒"还是人们较为高级的生活住所。奴隶社会末期，文明之间的冲突促使夯筑技术进入了快速发展的阶段，营造承托屋架的夯土墙体成为那个时代最大的文明进阶。伴随着木构架技术的成熟，二者相得益彰，构筑了与柱共同使用的墙体，同时夯筑技艺还营造了宫殿建筑的高台，同时营造出了属于自己的建筑类型——城墙、长城等。也正是因为春秋战国这样的历史社会背景，才让夯筑法营造在奴隶社会与封建社会之交就达到了高光时刻，并一举进入到官式建筑的序列，奠定了封建社会整个时期的历史地位。这是外部社会影响要素的重要推动，同时进一步促进了以木构架为主的发展序列，致使挖余法与土坯砌筑法都同时走向了乡土建筑的发展历程，恰如唐代之后西北地区逐渐退出政治、经济、文化中心的发展阶段使然。千百年来的历史沉淀，一方面经济要素不断地以约束机制出现，另一方面社会文化要素则与典型木构架的东部文化进一步区分，一切回归到自然营造的本身，利用最方便的生土材料来回应这些要素的影响，而自然要素的多元又促使这一生土营造体系呈现出缤纷的整体状态（图 7-2-4）。

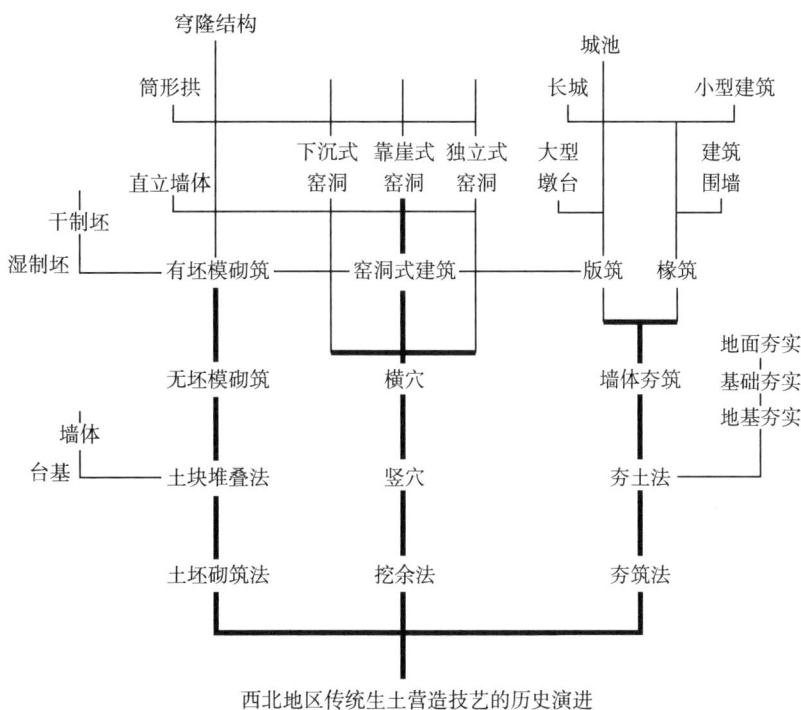

图 7-2-4　西北地区典型传统生土营造技艺历史演进树状图

综上所述，西北地区以土为营造核心形成了区域传统生土营造的整体。深入分析可作出如下预判：挖余法是 1.0 版，最大优势是可以形成独立的建筑空间，其限定则来自于自然条件提供厚重且有独立性能的土层。夯筑法是不能完全形成独立完整建筑的，主要体现在墙体营造。从生土营造的发展历史可以看出，夯筑法可以被看作是 2.0 版，夯筑法最开始是从夯打土基开始的，但是却使人们的住居模式从土中穴居逐渐脱离出来——墙体营造的发端之一，并在中国式文明背景下达到了一种登峰造极的程度。即便是对于木构架的营造方式，都具有很大的推动意义，其解决了墙体与梁架，屋顶之间的组合关系问题，为中国建筑营造体系的进一步发展贡献极大。从科学技术的角度来说，对于中国建筑文明的发展方向更具有特别意义。人们利用自己的智慧主动对土进行加工，不是被动的，相比较窑洞的挖余法文明又进了一步。但是传统夯筑法一定是需要多人协作的，既体现了社会要素发展出的协作景象，同时也是一种工程的限定。相比较而言，土坯的出现是基于这样一种协作模式的升级版，可以看作是 3.0 版，将这样一种营造模式的整体协作，提升成单独人可以进行备料、砌筑施工等。从施工的效率来看，比挖余法与夯筑法更具有适应性。三种类型的并行交融发展，在历史进程之中形成了"类型—历史节点—整体"的显性发展现象，体现出社会组织情况从互利协作、单独施工到综合施工的工业化与商品化的整体变革。从这个角度来看，西北地区传统生土营造技艺的历史发展也是由地形地貌到社会整体变化的综合影响下而逐渐完善形成的。

## 7.3　隐性系统：要素—规律机制—系统

### 7.3.1　工料组合的要素内涵：主客耦合下的"科""技"往复

西北地区传统生土营造技艺系统在历时性的演变之中充满了变化，但是将其落地于物质发生发展的核心，还是要归结到要素层面。西北地区传统生土营造技艺系统可以总结为两个关键要素的组合：一个是以材料为主线的物质本体构成；另外一个是以工匠为主线的人本主体构成的非物质本体构成。这也充分验证了古代对于营造要素总结的"工""料"两性的科学内涵：以"工"为主的工匠是营造过程的主体，在施行营造的过程中产生了次一级的工具要素；以"料"为主的材料是营造过程的客体，在营造过程中产生了构造、结构等建构本体要素（图7-3-1）。主体要素与客体要素所形成的组合关系是揭示传统生土营造技艺科学规律的重要要素组成。

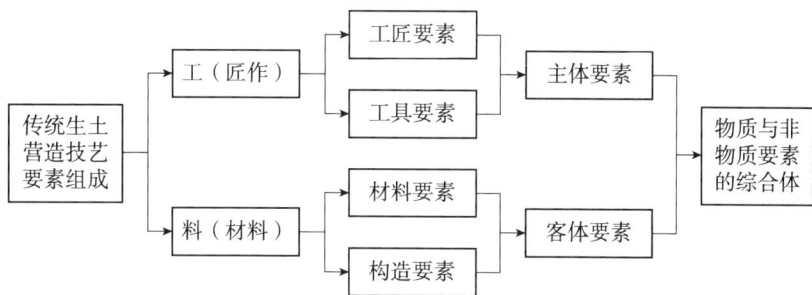

图 7-3-1　营造技艺在微观表征方面的要素组成关系图

　　主体要素与客体要素的关联性则成为传统生土营造技艺系统生成的逻辑。回归到传统生土营造技艺的根本发生，其是由人所创造与掌控，不能够脱离人而存在，人是营造技艺的主体。因此，营造技艺系统是由主体——匠人以及主体所作用的客体——自然界的土所组成的，是以建筑作为载体的物质与非物质之综合体系。体现在西北地区传统生土营造技艺系统之中的主要包含两个方面：其一，人类对于土材本身的科学认知，通过实践的过程不断地对于营造的材料、构造以及结构等内容增加了解，其是认识论的本质。其二，通过对于生土营造技艺的认识所取得的经验成果，形成一定的营造理论基础，不断针对建筑营造实践之中的问题进行调控。两个进程是不断循环往复的，认知是科学的本质内涵，而实践是通过营造对人居环境的改造则恰恰是生土营造技艺提升与改进的本质内涵（图 7-3-2）。因此，对于西北地区传统生土营造技艺则可以表述为：西北地区的人类为了满足住居与生产需求而对生土材料进行认知与实践所获得的生土建筑经验与智慧的总和，是"科学认知"与"技术发展"二者不断循环往复的结果。

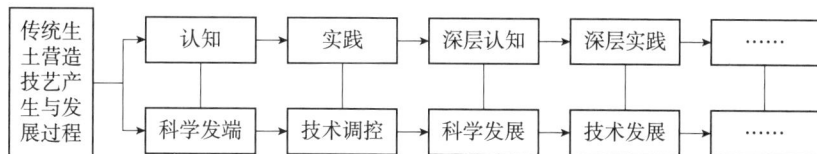

图 7-3-2　营造技艺的产生与发展过程图

## 7.3.2　自组织系统生成规律：匠作控制下的材料建构

　　西北地区传统生土营造系统在外界综合影响下，始终沿着自身的"工料协同"发展规律来呈现。系统要素的一个基本耦合关系是由匠作要素控制，从材料

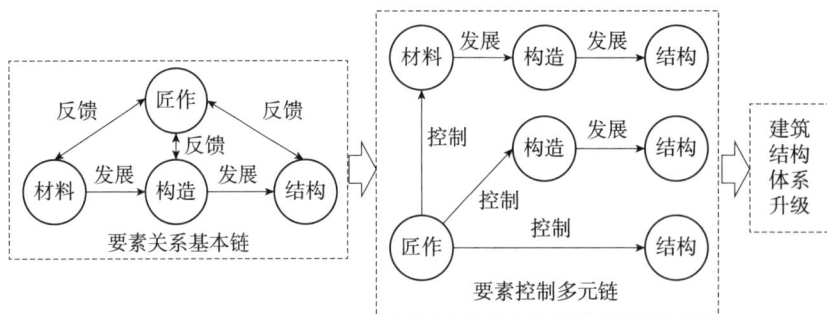

图 7-3-3　内部要素耦合关系图

到结构形成建筑结构的完型过程，这是系统演进发展的一个基本规律。无论是挖余法、夯筑法还是土坯砌筑法，其内生逻辑皆是如此。并且，在外部影响机制的复合作用下，每一种传统生土营造技艺类型都形成了一个自组织系统。由此，在传统生土营造系统演进过程中完全遵循这样一个基本发生链以及系统演进链的理论模型（图 7-3-3）。

从模型上还可以揭示：其层次的递进是由基本链上的各个要素对于匠作进行反馈，经由反馈形成再认知、再实践，可以从各个要素进行提升，从而形成有序的良性提升。进而，系统发展提升，从每一个基本要素的提升去完成新层次的创生都具有可能性。这些物质层面的客体要素改变首先都是遵循自然科学的物质构成规律，但是却都要依靠匠作要素进行认知与实践才得以实现。也就是说，虽然材料本体有其自身的特性，但是匠作要素也同时存在自身的差异，从根本上来自于认知能力以及实践能力的高低，因此才体现出不同区域中所形成的建筑类型的多样化。但是，需要明确的是这些影响因素是外化影响的表象，其实并没有改变传统生土营造技艺自组织系统发展的内涵。

根据这样的客观发展逻辑，主体与客体要素的充分结合就形成了一个自组织系统，客体要素之中任何要素进行提升，系统都会相应变化达到一个新的层次，也就标志着系统向着复杂性迈进了一步。客观地讲，每一个新层次的出现都代表着系统的进化。其中新层次是在旧层次的基础上产生的，旧层次构成新层次产生的基础。新层次的产生是在构成系统要素的递进变化过程中获得的。然而新层次一旦产生，就会对旧层次产生根本性的影响，改变旧层次的现实存在方式，使之适合新层次的需要。在新的自组织系统内，旧层次虽然在一定的环境下仍然保持其系统的独立性，但新的层次则以适应当下的需要而决定着历史阶段的发展本质，也就是其主流发展方式（这一点主要是以社会整体的导向为准的），而旧层次则逐渐消隐乃至退出历史发展的舞台。<sup>①</sup>因此，在同一个历史阶段之中，既存在最高层次的自组织系统，也存在其演变发生过来的低层次自组织系统，形成一种自组织系统的多个层次并存的社会现象。

## 7.3.3　多元复合的影响机制：动力与约束机制的转换

西北地区传统生土营造技艺系统在多元复合的环境影响下，呈现出以挖余法、夯筑法以及土坯砌筑法互相独立却又互相交融的发展过程。在每个历史阶段，都会由于外部要素的影响而形成重点应对的突出特征，产生某种要素影响为主其他要素辅助的现象。因此，多元要素耦合的结果是以一种机制的模式对系统产生影响，就其所产生效用的类型可以具体分为动力机制与约束机制。并且两种机制在具体的社会背景下可以互相转换。

### 1. 动力机制

传统生土营造技艺发展的动力机制，根本在于对其发生、发展起推动作用的各种要素耦合形成的积极力量。具体涵盖促进这些力量生成与强化，并使之在发展之中不断持续、有序发挥作用的方式，是以既定资源为约束、资源配置方式为条件、各种制度为保障的综合系统。

西北地区在漫长的历史发展之中一直以农业作为自己的产业支撑，并且形成了以小农经济为根基的传统农耕文化，以血缘关系、礼俗为社会基础，传统的家庭、宗庙等思想极为稳固，<sup>②</sup>成为维护小农经济以及技能传承封闭性的决定性文化。西北地区一直是在向中原地区不断融合发展的畜牧文明，既定的资源有限，营造工具的发展尚不如中原地区，因此，在各种限定条件下，层级分明的政策制度为传统生土营造的发展提供了动力支撑。各个历史时期，城墙、长城、堡寨等生土建筑的持续建设，有力地推动了传统夯筑法的大发展。国家安全、地方安全都对于各自政治军事的代表性建筑进行大量的鼓励性，甚至是强制性建设。最典型的当属赫连勃勃的统万城了。根据《魏书·铁弗刘虎传》《晋书·赫连勃勃载记》等文献记载，公元 413 年赫连勃勃以叱干阿利为将作大匠，阿利性尤工巧，乃蒸土筑城，锥入一寸，即杀作者而并筑之。对于夯筑城墙的质量要求之高、管理之严是让传统夯筑法得以快速提升的重要影响因素。这种因为国家实际需求而得到

① 孙志海.自组织的社会进化理论：方法与模型 [M].北京：中国社会科学出版社，2004：3.
② 张沛，董欣，侯远志.中国城镇化的理论与实践：西部地区发展研究与探索 [M].南京：东南大学出版社，2009：93.

政府政策支持与鞭策的方式是传统夯筑法得以发展的主要动力。夯筑法在官方大力推行的同时也促进了其在乡间的发展，乡村之中与围墙相关的构筑物与建筑物基本都是由夯筑法来完成的，根据各自的需要来达成目标，而不是如官方建造城墙要求墙体强度的极致。因此，在传统生土营造技艺的历史发展进程中，政治决策以一种直接的、快速的、强硬的手段对营造技艺系统进行干预，而民系风俗则是以一种间接的、缓慢的、渗透的手段对营造技艺系统产生影响。如果说政治文化在一定程度上限定了或者是激化了营造技艺的发展，那么民系文化在一定程度上是对于营造技艺发展的进一步修正与沉淀。

### 2. 约束机制

西北地区基于自然、社会以及经济现实条件的限制，历史演进的过程承受着多方面的综合约束，如建筑材料资源匮乏、文明发展制约、产业基础薄弱等，这些约束力耦合形成制约西北地区传统生土营造技艺系统发展的约束机制。表面来看，约束来自于经济资本的匮乏。西北地区一直是小农经济，土地资源、水资源以及气候资源十分脆弱，区域上的种种劣势使得人口资源不足。一方面，农业生产一直是重复广种薄收的人力型耕种，导致人均占有资本低下，并且住房营造资本相对提升。另一方面，营造材料不足、基础公共设施滞后以及交通不便利都给营造形成了巨大的约束力，致使营造向自然进一步索取。剖析实质，约束应该来自于社会人文发展的束缚。西北地区，从汉唐之后逐渐从社会政治与文化核心的地位转到了经济与文化发展的落后边缘地区，更是多元民族文化融汇的聚集地，对于中原文化的学习兼容有一定的滞后性以及固守性特征。信息交流的不便致使文化传统的分异[①]，这种历史时间的累积成为一种牢固的约束力，同时使得营造技艺的认知与使用逐渐沉淀下来。这与中国古代为什么发展木结构体系[②]的主要原因无二：[③]西北地区传统生土建筑发展的过程中，人们突破了以生土材料进行营造的相关技术难题，从而在技术方面逐渐固化，进而形成了生土营造文化。

### 3. 转换机制

动力机制与约束机制都是来自于要素耦合关系的结果，根据不同的发展目标，耦合力的方向也不同。因此，两者之间存在互相转换的可能，关键在于什么样的背景下采取什么样的策略，从而将两种机制进行正向的引导与调整。

---

① 历史时期，西北地区人类文明的发展相对滞后，并且当朝沿用过去时代的文化传统现象比比皆是。

② 人们突破了木构架这一技术难题，形成了他们认为最为合理的构造方式，从而固定下来，成为一种经过选择和考验而建立起来的技术标准。

③ 李允鉌.华夏意匠：中国古典建筑设计原理分析[M].天津：天津大学出版社，2005：31.

以政策动力机制为例，因为其在发挥作用的时候是以法制强制或者政策引导约束力施行的，因此，其强度巨大。如果政策执行不利于传统生土营造技艺的发展，那么其就不能称为是一种动力机制，反而是一种约束机制。如在 21 世纪以来对于乡村社会政策的执行之中，我们看到了这种机制在历时性上的转变。新农村建设在一定程度上将西北地区传统生土营造技艺完全抛弃了，并且同时为农村又植入了一种"旧与穷划等号"的观念。相反，近年来美丽乡村以及传统村落等以"经济产业发展"为目标导向，从而在当前形成"乡村振兴计划"的全方位的政治决策。政策从片面关注走到全面重视，尤其是将中国传统文化这种社会要素进行植入，从思想意识层面形成了对于西北地区传统生土营造技艺可持续发展的动力机制。这是非常典型的约束机制向动力机制转换的实例。

以经济发展约束机制为例，西北地区大部分的传统生土建筑位于经济落后的乡村，经济较好的村落早已将这些老旧的生土房屋与意识一并清除了。其实营造技艺本身并没有贫富之分，而是关乎地区适宜与否的问题。那么对于西北地区经济不发达的约束现状，社会要素的良性发展可以转换这种机制。当下，西北地区一些生土建筑风貌比较原生态的传统聚落①，社会文化赋予了这类村落以深远的历史文化内涵，促使原本贫穷的村落由于文化的介入从而使资金不断地涌入，形成西北地区特有的以生土风貌聚落特征为号召力的品牌效应。虽然在当前以旅游发展为主的模式不能一概而论，但还是可以认定这种机制经由人类社会文化的智慧可以将本来的约束机制向动力机制转变的可能性。

## 7.3.4 营造技艺系统：内外条件交融影响的建构逻辑

从内生要素角度来看，传统生土营造技艺系统可以具体涵盖物质和非物质两个层面：物质层面的构成主要包括建筑物质本体从材料到结构形成所涉及的建筑材料、建筑构造等建构要素；非物质层面的构成则主要包括建筑的营造思想、营造流程、营造做法以及营造风俗与禁忌等与社会学、人类学以及民族学相关的一些社会性要素。物质层面的形成是基于建筑生成的建构逻辑，而非物质层面则是以匠作为基本生成的组织逻辑。

从外部影响的角度来看，传统生土营造技艺系统仿佛显得难以掌控。由于存在时间、空间以及工匠的差异，系统始终处于一种变化状态之中：第一，时间上

---

① 除了西北地区已经列入国家级传统村落名录的之外，宁夏中卫地区原本荒废的村落打造成"黄河宿集"，同样取得了非常好的示范作用。

的差异说明一种营造技艺的形成存在发生、发展甚至衰败的动态过程；第二，空间上的差异说明即便是同一种营造技艺也会因为区域的不同而存在差异；第三，工匠的差异说明由于不同个体的认知、熟练程度、手风、流派不同以及实践过程所遇到的问题不同致使营造技艺的差异。由此可见，传统生土营造技艺，并不是指唯一的、静态的一种工艺或单一技术，而是由多样因素影响下的综合的、动态的营造系统。

西北地区传统生土营造技艺在历时性的发展之中，一直处于外部条件的综合影响之下，而其始终以匠作主控下的"材料建构"自组织体系的发展来呈现出不同时间节点、不同界域以及不同匠作的传统生土建筑营造，从而形成了"要素—规律机制—系统"的隐性发展链。这是西北地区传统生土营造技艺发展的深层规律。并且，由于外部条件的复杂多样，造成这种系统发展的不确定性和不唯一性，更加偏重工匠在实践营造过程中的具体呈现，这也是传统生土营造技艺系统深层规律被掩盖的重要原因。

# 7.4 生土营造理论体系建构

## 7.4.1 理论体系的框架特征

通过对于西北地区传统生土营造技艺的典型特征分析，结合历史演进之中的重要节点性的判识，呈现出该区域的传统生土营造技艺的显性整体；通过内部与外部要素的单一与耦合分析，结合实际的案例比较，揭示出隐性系统的发展规律与影响机制。在此基础上，进而形成西北地区传统生土营造技艺基于整体以及系统的重要理论框架。

### 1. 显性整体

首先，西北地区在历时性的演进过程中形成了当下区域内以挖余法、夯筑法以及土坯砌筑法为典型的传统生土营造技艺体系。

其次，西北地区在历史演进之中的不同时期，典型传统生土营造技艺发展出各自不同的路径，且互有关联又彼此影响。

### 2. 隐性系统

首先，传统生土营造技艺的本体要素生成逻辑是基于科学与技术的认知与实践过程的循环往复，而体系演进的基本内涵是主体要素控制下的材料建构的发展逻辑。

其次，传统生土营造技艺在以材料与工匠为核心要素的作用下形成了自组织系统规律发展模型，同时在多元复合的外部要素影响下形成了动力机制与约束机制，二者之间在不同的背景之下进行转换以推动或者制约体系的发展。

综上所述，西北地区传统生土营造技艺体系在要素耦合的基础上，以深层次的建构规律应对于外部复杂的影响机制，在历史演进的过程中根据自然、社会与经济的发展形成了典型营造技艺的序列分异：挖余法、夯筑法以及土坯砌筑法，构成了西北地区典型传统营造技艺的发展谱系（图 7-4-1）。首先，本体要素是构成物质本身的基础；其次，要素之间的耦合关联形成事物发展的内生规律；再次，这种事物内生规律在外部复合环境综合影响的作用下，以典型本体特征形式呈现出不同时代背景下的区域特性；最后，整个体系是在历史演进的历程之中最终形成西北地区富有内涵的综合价值。体系建构以本体要素、规律机制形成内部发展的基质，而本体类型则是基质在历史演进轴上的物象表征，最终体系所形成的综合价值则在不同的历史阶段得到固化。

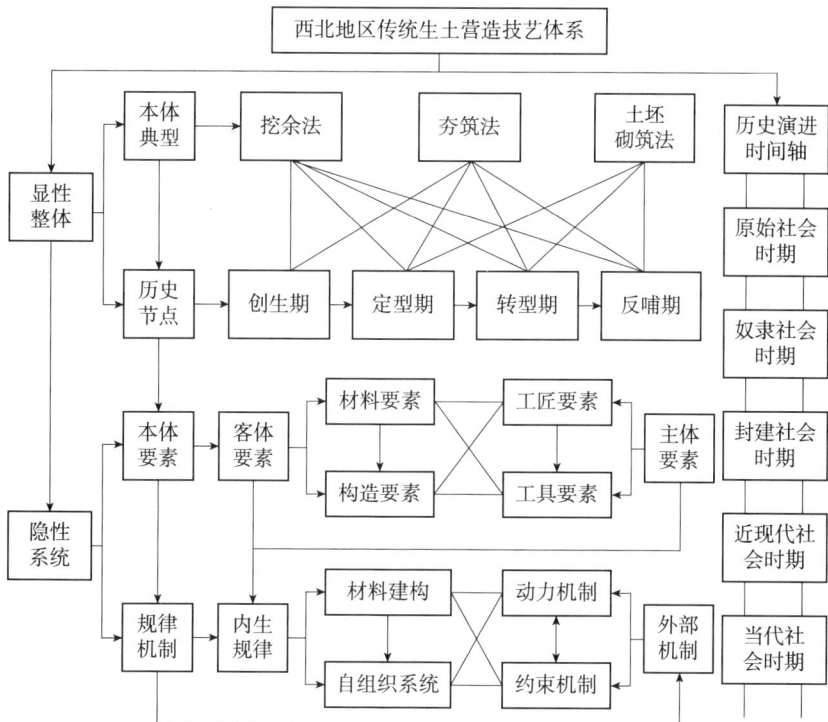

图 7-4-1　西北地区传统生土营造技艺的体系建构框架图

## 7.4.2　理论体系的认知要点

西北地区传统生土营造技艺体系理论的建立是在基于西北地区特殊的自然条件、人文历史与经济环境交融的背景下，经过千百年的时间累积，以生土建筑材料使用的典型性进行归结的区域建筑理论。其把握的是体系整体的发展，由于建筑营造技艺的介入，不同的生土建筑营造类型从不同的建构方向发展，反映出一个侧面的同时，它们之间既可以相互积累共识，也可以相互争鸣而各有所得。[①] 当下，对于西北地区传统生土营造技艺理论体系的建立既是从系统与整体出发，也是在以动态的历时演进基础上，无限靠近这个区域普世建筑营造的真理。

首先，系统整体论更加强调空间的层次性；而生成整体论则更加关注时间的延续性和系统的动态性。其次，系统整体论强调系统构成的时间先后性，即先有部分，后有整体；而生成整体论则强调先有整体，后有部分。最后，系统整体论强调构成论；而生成整体论则强调生成论。生成论观点可以表述为系统的整体和部分都是生成的，而非给定的。它回答了事物生成的起点何在，生成的过程、机制、规律如何等问题。[②] 西北地区传统生土营造技艺体系则是在人类社会的不断发展之中逐渐生成的，从整体来看，生成整体论是其发生与发展的核心内涵；而从局部断面分析来看，系统整体论则是复原其层次性的重要依据。

### 1. 系统整体论：从还原分析到辩证考察

西北地区传统生土营造技艺是一个系统、一个整体，势必要用系统论的相关方法来分析其基本要素构成，还原其系统生发的根本元。在历史演进的过程分析之中，清晰地看到其作为系统整体初创时的不完备，通过外部环境的影响逐渐促成营造技艺系统的生成。在这个初创过程中，类似于建筑营造发端的原型，还原了西北地区传统生土营造技艺体系的系统组成。然而，在系统生成的历时过程之中，却始终以一种整体的模式应对于外部环境的变化，从而形成了自组织系统，具备了多层次性、突变性和开放性并存的系统整体特性。

### 2. 生成整体论：从显性分析到隐性揭示

西北地区传统生土营造技艺从创生至今，在区域内形成了营造技艺的典型。这些多元的营造技艺类型在发展之中形成了社会现象对于系统内涵的遮蔽。通过

① 张钦楠，张祖刚.现代中国文脉下的建筑理论[M].北京：中国建筑工业出版社，2008：11.
② 江海.从系统整体论到生成整体论的方法论启示[D].上海：东华大学，2013：11-12.

历史学的史料发掘以及建筑学的实践分析研究，逐渐获得了区域内典型营造的显性特征。这些特征形成了普世传统生土营造技艺深层研究的基础，同时还呈现了重要历史节点。追根溯源，从而逐步明晰影响历史发展的隐性要素，进而通过"建构学"的逻辑，阐释出以"工料组合"为源头的隐性发展规律，结合区域发展的多元背景以及案例揭示影响机制的类别及特性。在此基础上，达成了从显性现状到隐性揭示的科学研究路径。

### 3. 从系统整体论到生成整体论

西北地区传统生土营造技艺作为整体一直处于生长和变化的过程中，每一个部分都是整体的展示，部分作为整体的具体表达而存在于各个历史阶段之中，并且在重要的历史节点之处形成了可供重点提取的显性特征。整体通过连续不断地以部分的形式显现自身的历时性发展序列，对于每一个组成部分的研究都是为了更清晰地认识体系的整体。注重体系的动态发展应对，从横向（断面节点）与纵向（体系延伸）形成钩织在一起的时空动态发展网络，从显性（典型的综合应对）到隐性（要素的机制关联）形成整体论与还原论的辩证统一。

## 7.4.3　理论体系的切实意义

不可否认，时下的中国建筑市场正处于一个多元建筑思想共生的时代。也可以说，未形成一个具有主导控制力的建筑理论体系来为建筑发展提供预见的目标。其社会现实也是一个理论衰微的现状，反倒是要以建筑实践去检验相关建筑思想的普适性来进一步催生理论的生成。这虽然符合事物的发展规律，但是在现实之中缺少整体与系统的梳理与总结，致使传统建筑营造思想始终处于一种"单兵作战"的状态，理论的生成与传续过程显得那么势单力薄。钱学森先生很早就提到过建筑学理论的建构问题，经其首肯由顾孟潮先生绘制的图表显示出建筑理论内涵的博大精深（图 7-4-2）。张钦楠先生认为钱学森的建筑理论思想的实际意义在于："使我们对建筑哲学在转变人们观念上的重要作用有了新的认识，更明确了建筑哲学的复杂性、重要性、开放性，要向社会哲学和艺术哲学吸收营养等。"[①] 西北地区传统生土营造技艺系统理论的归纳与总结就是追寻这些理论哲学思想，在复杂性科学视野下，从系统整体论到生成整体论，已经超越了具体某个学科的研究范畴。这也恰恰说明了传统生土营造技艺系统理论是以技术哲学为

---

① 张钦楠，张祖刚.现代中国文脉下的建筑理论 [M].北京：中国建筑工业出版社，2008：27.

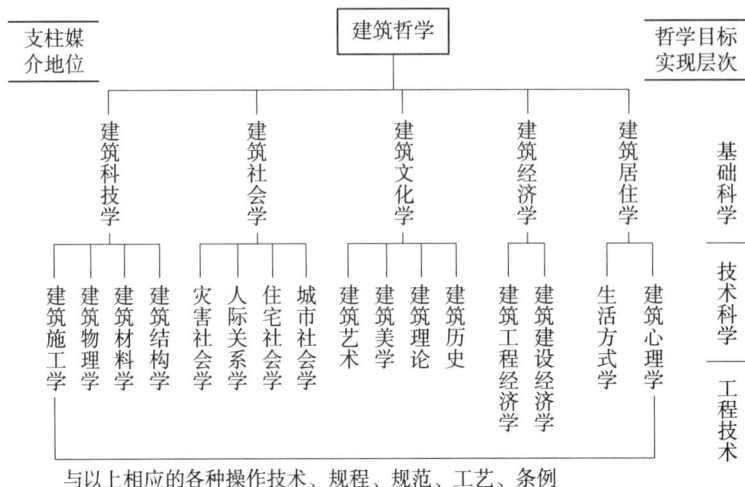

图 7-4-2　建筑科学技术体系图
（来源：根据张钦楠，张祖刚．现代中国文脉下的建筑理论 [M].
北京：中国建筑工业出版社，2008：27 改绘）

基础，形成了真正跨越多学科的复杂性科学理论，其整体已经上升为一种关乎区域建筑营造的哲学理论体系。

西北地区传统生土营造技艺理论的生成是在系统论的基础上，加入地域性以及时代性的多重体系组合。时下，对于以时间为轴所形成的传统生土营造技艺理论体系的发展并不是一成不变的，而是反复处在一种在社会大背景下不断进行修正的发展状态；更不应该将西北地区传统生土营造简单地归结为一种技术体系，它所富含的内容不单单是自然科学方面的，更多地要体现其社会科学以及艺术审美方面的内涵。因此，系统总结西北地区传统生土营造技艺理论之现实与未来价值，可以体现为以下几点：

**1. 理论匡正建筑教育**

西北地区传统生土营造技艺理论是以技术为切入点而构建的。现实的问题在于建筑教育有漠视营造技术的倾向，同时新型技术有的并不在建筑技术领域，而是在生态、智能、能源等相关领域，技术教育的淡化呼唤技术适宜论的回归。近期，《世界建筑》开辟了"改进建筑 60 秒"专栏，国内如赵辰、王路、赵万民、魏春雨、俞挺等知名建筑师与建筑教育学者都不约而同地提出了有关建筑教育技术缺失的见解，倡议应该在建筑教育当中重视营造对于建筑设计的作用，不能够仅仅存在于空间与表皮的艺术讨论，还应该对于如何建构，使用什么样的材料等有关营造的技术知识进行细心学习。

### 2. 理论反哺地区营造

西北地区传统生土营造技艺理论的建构是在这片有边界的黄土区域之中生发形成的，因此它自身携带着深深的"地区性"。这种地区性的构成也是在西北地区的自然、人文与经济的综合影响下所呈现的，其针对性构筑了区域的建筑文脉环境，更多的是区域整体的营造智慧。基于区域建造资源匮乏、经济贫瘠的漫长岁月，理论体系主要表现出以下价值：首先，对于自然生态系统的敬畏，以致对于土材的使用达到极致化；其次，对于人文社会系统的传承，形成了多元又统一的传统生土营造模式；最后，对于经济环境欠发达的回应，形成了成本可控的落地式适宜性低技术。这些价值对于时下西北地区的发展更是一种理念反哺，对于传统村落的振兴具有切实的指导意义。

### 3. 理论健全设计市场

西北地区传统生土营造技艺理论是通过对建筑历时性的发展凝练出来的，更是通过建筑历史的洗礼最终生成建筑史学所关切的问题——现代建筑设计该往什么方向去走？中国建筑史学在很多具有时代意义的问题面前逐渐失语，要么为限于学科权力话语而固步自封的托辞，要么为学术思想僵化而退而求其次的选择。[①] 西北地区传统生土营造理论的构建将发挥建筑史学兼具建筑文化资源积累和建筑文化批判的研究意义。实则提供了一种设计方法论，不仅存在典范案例，同时存在批判过程，依此可以促进现代建筑创作的进步，从而健全新建筑设计市场的健康发展。

综上所述，西北地区传统生土营造技艺理论建议以一种自下而上的方式去认识建筑，从寻常的事物中发现不寻常的事物，主动调动知识，使那些僵化的知识重组，思维的丰富性和创造力就在这个过程之中被塑造，从而使营造技术真正回归到建筑学教育的本体，不仅可以对于区域建筑营造添砖加瓦，而且可以更好地传续建筑设计之路（图 7-4-3）。

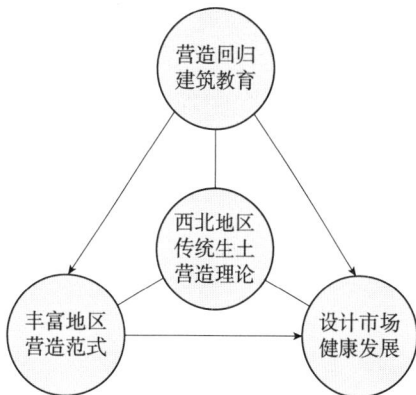

图 7-4-3　西北地区传统生土营造理论的切实意义关系图

---

① 吴国源，刘克成 . 中国建筑史学基础理论研究论纲 [J]. 建筑学报，2016（03）：1-5.

# 7.5 小结

    西北地区传统生土营造在历史演进的过程中，形成了当下的现状，在进行深入总结与关系梳理的基础上，分别从显性整体以及隐性系统两个方面逐渐形成区域传统生土营造的理论体系，其对于当下乃至未来都有切实意义。

    西北地区传统生土营造技艺的体系建构是在系统论的基础上，兼具地域性与时代性的动态组合理论。其是以历史演进的时间为轴，呈现出以当代典型技艺为表象，以要素耦合为本质内涵的深层动态系统。

    西北地区传统生土营造技艺在历时性发展过程之中形成了重要历史节点，每一种典型传统生土营造技艺在区域内发展出不同的路径，同时又由这些关键路径集成为该技艺体系的历史演进的动态整体，而当下遗留下来的典型特征则成为西北地区传统生土营造技艺演进至今的整体显性表征。

    西北地区传统生土营造技艺系统生成的基本逻辑是遵循科学与技术的认知与实践的循环往复过程，其表征为以匠作控制下的材料建构的自组织系统生成规律。同时，该系统在多元复合的外部影响下受动力机制与约束机制双重影响，从而形成了内外条件交融影响下的西北地区传统生土营造技艺系统的隐性逻辑。

    西北地区传统生土营造技艺理论体系的生成，从系统的整体到系统生成的完型，通过对于显性的本体特征的分析研究揭示隐性的规律机制，关乎整体、系统以及动态、区域等重要限定要点，最终归纳总结出区域营造理论体系建构之意义：匡正建筑教育、反哺区域营造以及健全设计市场。

第 8 章

西北地区传统
生土营造技艺
的当代发展

# 8.1　体系的当代转变

当下，重新审视新型生土营造技艺体系的整体发展，其架构与传统生土营造技艺的体系可谓一脉相承。要素组成的发展逻辑以及应对于外部环境的发展因应关系都没有发生根本变化，只是局部深度发展使得体系形成了新的跃升。如现代夯土营造技艺从材料、构造、匠人与工具等方面取得了全方位的成效：对于生土材料进行物理与化学方面的混合配方，同时结合使用气动夯锤与高强模板等工具，促使夯土的各种性能得到极大的提高。在此基础上，通过对施工细节的改良，使夯土具备了"低难度技术、高品质触感、高质量表现"等特征，从而让夯土建筑及其技术面对当代人的诉求形成良好的应对，有了广泛的市场与推广价值。[①]

## 8.1.1　从材料到结构的转变

西北地区新建筑使用传统生土营造技艺的比重越来越少，这是事物发展的必然规律，新的营造体系从科技进步、住居需求角度提供了更好的生活体验，形成了新层次的递进。比较而言，传统生土建筑基于现代人类的诉求却呈现出了种种弊端：建筑容易出现基础沉降、墙体裂缝与饰面脱落等问题（图 8-1-1）。新旧建筑营造层次的共同存在，使体验更差的生土久居人群形成思想意识的整体趋同。

首先，国际上如欧美等发达国家已经过大量实验研究，有效地克服了生土材料在力学、耐久性以及清洁方面存在的固有缺陷。国内也有王澍教授、穆钧教授等学者为新型生土建筑体系研究进行开拓。如穆均教授的《新型夯土绿色民居——建筑技术指导图册》（2014），利用改良原状土中的级配结构，形成了新型的"生土混凝土"，密度可达到 1800~2100kg/m³，比一般的烧结黏土砖的密度还要大，有效地解决了以往力学性能方面的缺陷。并且沙子、砂砾的掺入以及高强度的夯击有效地提升了材料的耐水性和抗冻融能力。经过一段时间的雨水侵蚀，在墙体表面会逐渐形成一种趋于钙化的保护层（图 8-1-2）。可以看到，从生土建筑材料本身的提升，已经达到了很高的水平，完全可以满足时下人类住居的安全要求。出于现代审美的考虑，夯土可添加不同的掺和料，使得整体的颜色发生

---

① 崔陇鹏. 生土建筑的发展与未来 [J]. 建筑与文化，2017（12）：11.

图 8-1-1　传统生土建筑的典型弊病样貌图（裂缝、基础沉降、墙面脱落）

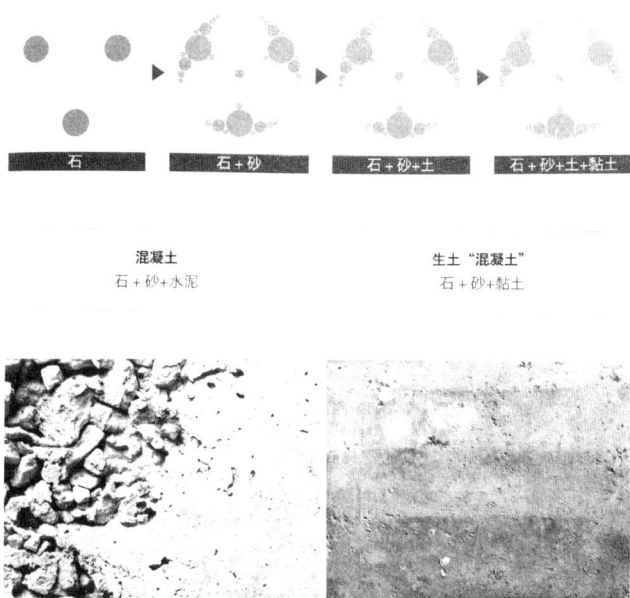

图 8-1-2　生土混凝土的配给原理图
（来源：穆钧，周铁钢，王帅，王梦帏 . 新型夯土绿色民居建造技术指导图册 [M].
北京：中国建筑工业出版社，2014：21.）

变化，再利用夯筑过程中土层间的有机调配，在墙体的立面上形成一种写意式的现代艺术美感（图 8-1-3）。

　　其次，新型生土建筑在结构体系上也进行了有效提升，从而避免传统生土建筑的病害发生。主要措施如下：①在基础施工时，改变以往基础的处理方式。在整体基槽开挖、夯实的基础上，对于基础的处理选用钢筋混凝土或者砖砌的

图 8-1-3　新型夯土墙的艺术装饰效果图
（来源：网络整理）

整体圈梁式基础。②在墙体夯筑时，增加立柱，并且注意立柱与土墙体形成整体结构，因此在立柱周边进行配筋。鉴于国家当前去产能的实际背景情况，可以考虑将钢柱使用在夯土建筑结构之中，形成土钢结构整体框架[①]（表 8-1-1）。③在墙体横向中部进行钢筋拉结，墙体顶部进行圈梁的整体浇筑，这样不仅可以进一步提升建筑的安全性，而且在建筑可持续发展的目标上前进了一大步。

新型土钢结构立柱周边墙体构造节点集成表　　　　表 8-1-1

| 类别 | "一"字形墙体构造 | "L"形转角墙体构造 | "T"形交接墙体构造 |
|---|---|---|---|
| 土钢构造 |  |  |  |

资料来源：作者根据 DB63/T 1687—2018：青海省改性夯土墙房屋技术导则[S].青海省住房和城乡建设厅，2018.10.30 整理绘制。

---

① 土钢结构技术在去钢材过剩产能和木材逐步作为稀缺资源的前提下，利用土钢结构代替传统木材作为承重结构。土钢结构技术指在轻钢结构上焊接钢筋连接构件，并插入夯土墙体和生土砖墙体与内部的竹筋和钢丝网片连接，同时夯土墙和生土砖墙通过加置纤维丝和固化剂，在增强墙体抗裂性能的同时又将轻钢结构紧密包裹，综合发挥钢和生土两种材料的优势从而整体提升结构性能。

## 8.1.2　从工具到匠作的转变

首先，新型生土夯筑技艺的工具要素提升主要包括两个方面的内容：夯筑模板以及夯筑工具的选择（图 8-1-4）。为了提升夯土墙体的密度与力学性能，夯筑工具已经采用电动气锤。这种气动夯锤的冲击力大，可以反复夯击达到以往传统夯锤与人力配合无法达到的强度，冲击力较大，致使夯筑模板也开始进行相应的改良与完善。根据以往夯筑墙体的损坏机理，对于模板尤其是在转角整体夯筑提供了改良的设计，在双向垂直模板之间可以增加斜向三角支撑，从而来避免模板的变形。同时对于模板本身的材料也进行了提升，以轻质高强为遴选原则，以轻质型钢作为框架，以竹胶面板为板身（也有以生态木材作为板身），以螺栓为联系构件。新型夯筑工具不但提供了强度提升的有效支持，同时也在营造协作上提高了工作效率。

其次，当下建筑师作为新型的匠人来完成工匠要素组织的构建，这是具有历史意义的改变。有了现代建筑师的加入，他们带来科学技术的同时更是带来了一种信号，生土营造从某种意义上来讲对于现代的价值得到了重新审视——不仅可以就低，也可以随高。也就是说，不仅可以以适宜性技术出现在广大的静谧乡间，也可以以高端文化的面貌出现在喧嚣城市。职业建筑师以当下人们的实际需求为出发点，利用现代科技以及建筑设计的先进手段，促进传统生土营造技艺获得再生。这里仅以建筑师谢英俊为例进行简要说明。

**图 8-1-4　新型夯土墙工具要素的钢框架模板以及气动夯锤使用图**
（来源：网络整理）

谢英俊的介入模式是从工业化之后现代建筑基本构筑的原则起始。其营造模式特征可以概括为："开放系统、适用科技、简化构法、居民参与"。[①] 这些设计思想和方法都是在面对和解决各种现实问题的过程中逐渐摸索和完善出来的（表8-1-2）。从自然环境的角度，提倡具有生活化、普世化的"绿建筑"；从社会文化的角度，尊重每一位居民的生存权、工作权，通过居民参与、协力互助、集体劳动，凝聚村落的文化意识，保持文化的多样性；从经济发展的角度，利用剩余劳动力从事材料加工与房屋修建，并就地取材降低对主流营建市场及货币的依赖，简化生产设备，减少资本投入。[②] 这种匠作介入模式不仅很好地结合了项目的实际背景，更是对自然、社会与经济组成的复合外部环境系统的应对；不仅对于传统生土营造技艺的匠作体系有所提升，同时更加有效地验证了新型生土建筑营造也是要遵循外部机制的整体发展规律。

谢英俊模式的介入特征统计分析表　　　　　表 8-1-2

| 建筑师的介入方式 | 客体要素 | 主体要素 | 介入角度 |
|---|---|---|---|
| 科学实验、引导衔接 | 轻钢结构 | 协力造屋 | 地区受限：救援 |
| 只做"有限度"的工作，探寻、建构房屋的各种原型，包括结构与材料力学分析、各种构件实验等，并非设计最终的建筑 | 重量轻、易组装、施工简便、建造快速、抗震性佳、环保节能、可持续 | 有钱出钱、有力出力，共同协作，完成建筑营造 | 灾后重建、少数民族偏远地区建设与社区重建 |

资料来源：作者自制。

综上所述，新型夯筑技艺基于发展的内生规律，形成了材料—构造—结构的系统提升，并且在施工工具、匠作群体等要素方面都得到了整体提升，这样就使以材料、工具为基本要素构成的建筑系统获得了新时代的转变，在建筑质量、施工效率等方面充分体现出优越性（表8-1-3），同时也呈现出了新型生土营造技艺体系在外部机制的影响下所焕发出的巨大生命力。

传统生土营造当中的夯筑法在科学发展的基础上，通过对于建筑材料的改良、构造与结构体系的提升成为当下的营造新锐，国内外大有一些知名建筑师使用新型夯土营造技艺来从事建筑创作（图8-1-5），这是因为夯土营造在内生规律的四要素方面都得到了提升，同时又因应了时下的复合影响条件所致，然而挖余法与土坯砌筑法却没有形成这种层次的系统跃升。

---

① 谢英俊，张洁，杨永悦. 将建筑的权力还给人民——访建筑师谢英俊 [J]. 建筑技艺，2015（08）：82-90.

② 李晓鸿. 关系到70% 人类居所的思考与实践——关于谢英俊建筑师巡回展 [J]. 建筑学报，2011（04）：110-114.

现代夯土技术与传统夯土技术对照表 表 8-1-3

| 要素类别 | | 传统夯土技术 | 现代夯土技术 |
|---|---|---|---|
| 材料要素 | 材料 | 原土：材料力学性能和耐水性能差 | 原土、细砂和砾石混合物：皆为本地材料，可极大提升材料力学和耐水性 |
| | 耗水量 | 耗水量相对较大 | 耗水量小，尤其适合干旱地区 |
| | 力学性能 | 抗压抗剪性能差 | 可达到烧结黏土砖的力学强度 |
| | 防水耐久性 | 极差 | 具有较高的防水和耐久性，外墙面无需粉刷处理 |
| | 成本 | 成本低廉 | 成本略高，但低于常规建筑模式：利用适应性技术、设备和本地材料可使建筑成本降低 |
| 工具要素 | 夯锤 | 手动夯锤：夯击力有限 | 气动/电动夯锤：可达到 5MPa 的夯击强度，且效率较高 |
| | 模板 | 原木/木板：简易但抗冲击能力和灵活性差 | 灵活简易的模板体系：耐冲高强度、组装灵活轻便 |
| | 材料混合 | 手工：效率低，人工耗费高 | 搅拌机：混合更加充分高效 |
| | 施工难度 | 简单易行 | 简单易行 |

资料来源：作者根据穆钧，周铁钢，王帅，王梦祎.新型夯土绿色民居建造技术指导图册 [M].北京：中国建筑工业出版社，2014：24 整理绘制。

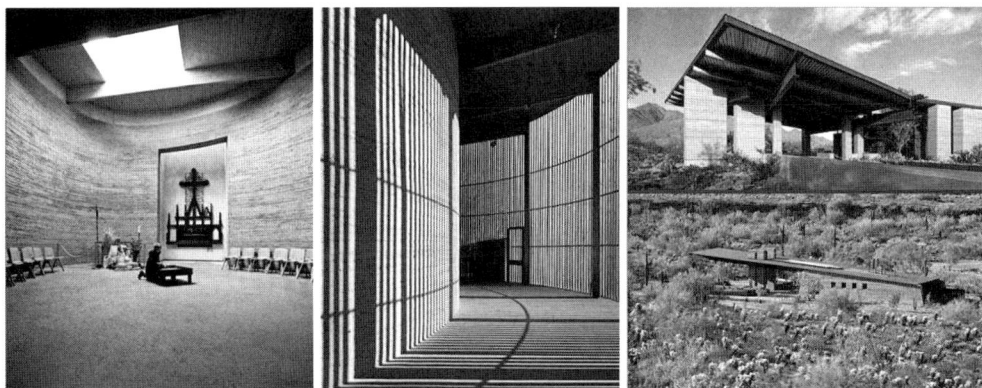

（a）Martin Rauch 建造的一个柏林小礼拜堂

（b）瑞克·乔伊的沙漠建筑

（c）穆钧教授的甘肃马岔村村民活动中心

（d）王澍教授的"瓦山"

图 8-1-5 国内外建筑师建造的现代夯土建筑样貌图

（来源：网络整理）

## 8.2　体系发展的可行性

### 8.2.1　发展界域与路径

#### 1. 发展界域

新型生土营造技艺体系已经基于传统体系架构进行了局部传承与跃升，在理论上似乎已经取得成功，但事实却会因为时代背景的差异而出现发展的分异。从时代发展的背景而言，2018年将"乡村振兴战略"实实在在地写进了国策之中；2022年习近平总书记在中共中央政治局第三十九次集体学习时强调，把中国文明历史研究引向深入，推动全党全社会增强历史自觉、坚定文化自信。目下来看，生土营造体系的发展得到了最高政策层面的支持，似乎在乡村实践中生土建筑要比城市更顺畅，但事实却恰恰相反。究其原因，与社会文化要素的影响分不开。

第一个发展界域：乡村。因为生土建筑的根源在此，有很强的落地性与传承性。很多实际存在，但近来少有新建。对于实际存在的生土建筑来自于百姓长时间经济状况的拮据，这一类百姓文化层次不高，始终挣扎在温饱的边缘线上，大多数付出了辛劳的一生，却无法与梦寐以求的家园共栖，恨之深以"穷"挂钩，爱之切以"屋"蔽身，以致对于当前所居住的生土房子的尴尬与无奈心境。

第二个发展界域：城市。城市之中对于传统生土建筑的营造可谓是刚刚开始，往往是先锋建筑师的一种语言，或者是自身风格的宣言，也或者是基于一种长远的价值认同而出现，如王澍教授的瓦山、穆钧教授的万科夯土墙体景观，这种以建筑语言表现的城市建筑与景观是城市错位文化审美所导致的共融。

然而，目下无论想在哪一个界域范围进行推广式发展，都是需要做不少研究的，尤其是在思想意识层面如何让人们能够接受生土建筑。对于乡村应该是一种原有类型（已经抛弃或者正在抛弃）的传承，对于城市则要植入一种新建筑类型。首先，对于乡村界域的发展来说，当前西北地区的经济状况是有效推广的重要基础，百姓需要一些时间来适应文化观念的重拾与沉淀。不仅需要发掘其生土营造本身的价值所在，而且需要从内心的深处真正接受可谓难度巨大。其次，对于城市界域的发展来说，生土建筑对于经济越发达的城市反而越容易被市民所接受。在这样的城市推广，生土作为错位文化、生态文化、匠艺文化等多元文化的标识被引进，人们在这样的城市对其有极大的认同；相反，在小城镇却处于发达城市与传统乡村之间，这样的聚落类型抛却传统风貌特色的束缚而言，它是很难被接受并推广发展的，因其刚刚从乡村走进城市文明的"殿堂"，感觉其更像是一个从乡村出来拼打的青年，在还没有让自己在经济上强大起来的时候，他是无颜面对家乡的父老乡亲的。这也是很多当前生土建筑的发展在乡村无法大力推广的主要思想原因，能够得到有效推广的则多是政府决策为主导的灾后重建以及精准扶贫项目。如何让乡民改变旧有观念主动接受新型生土建筑则必须要注意观念的引领以及乡村经济的关照。

**2. 发展路径**

首先，城市之中的新型生土建筑营造技艺的发展是基于多元文化的共融而介入的，其要突出城市作为经济、文化高度发展的时代背景。因此，在专业建筑师的运用下，新型生土营造技艺所呈现出的特征是科学与艺术充分结合，其发展路径则是在文化与生态等理念形成共识的背景下，所凝结出的新型建筑理论，也可以是个人宣言（图 8-2-1）。在这里，新型生土营造技艺则成为一种新时代的设计方法，其在未来的发展趋势则是会朝着更加科学化、艺术化、生态化、现代化的方向迈进，成为建筑营造技艺体系的一种多元路径的补充。不仅代表着一种时代营造的先锋与时尚，更加代表着城市聚落文明高地所拥有的博大胸怀。

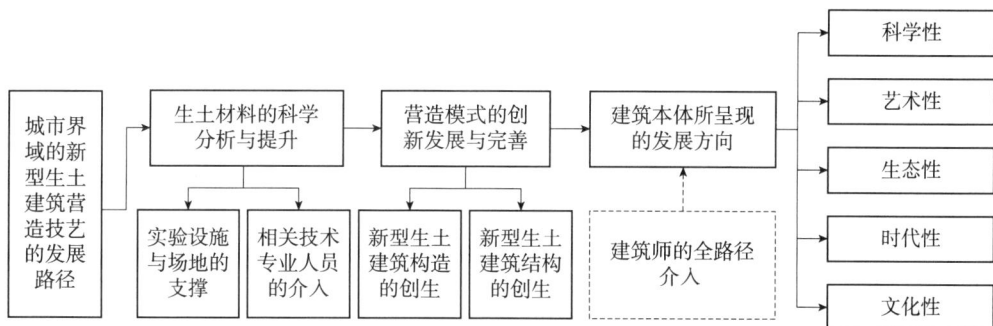

图 8-2-1　城市界域新型生土建筑营造技艺的发展路径图

其次，乡村之中的新型生土建筑营造技艺的发展是基于传统文化的传承以及乡土社会经济的现实而继续的，其要突出乡村作为经济欠发达背景下的适宜性。因此，其在专业建筑师的协助下，新型生土营造技艺所呈现出的特征是科学与适宜性的结合，其发展路径则是在地区性背景下形成的整体协调共融的乡土社会实践（图 8-2-2）。在这里，新型生土营造成为一种普适性的生活日常，其在未来的发展趋势则会朝着更加科学性、朴素性、生态性、适宜性、经济性的发展方向迈进，成为乡土社会营造实践的一种内涵式传承。不仅代表着一种历史营造的典范，更加代表着乡土聚落文明之于中国建筑文化发展的重要作用。

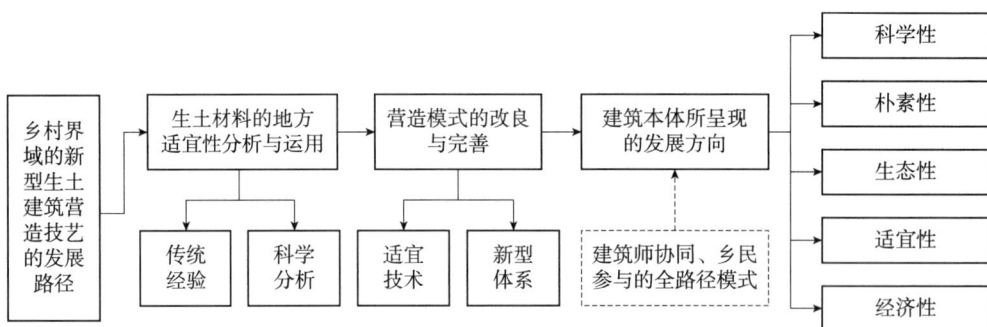

图 8-2-2　乡村界域新型生土建筑营造技艺的发展路径图

## 8.2.2　发展类型与策略

城里人常常在"乡愁"情怀的驱使下对如诗如画的乡村大加赞扬，却对于其所面临的其他问题熟视无睹。并且在文化复兴的宏大愿景之下，不知不觉中滋长出乡土情怀，在愈有教养的人群之中，就愈成为一种保守的出发点。因此，它提示我们建立一个"本土知识体系"，虽然其来自于传统，但它却是一个现代而开放的系统。它所强调的"本土"，是为了整理出知识体系——一个科学的、冷静的、非民族主义的、全方位的传统文化系统。[①] 因此，对于传统生土营造技艺体系如何能够从传统转变成为现代，从而被现代人所应用是要关注的重点方向。不能够全然地抛弃，同时也不可能完全继承，需要一种批判性的原则作为指导，厘清有哪些具体类型，针对不同类型其发展策略也不同。

首先，对于作为典型性代表的营造技艺，挖余法之窑洞营造技艺已经成为国家级的非物质文化遗产，对于这种已经以"文物式"保护进行传承的类型应该遵循非物质文化遗产传承的方式方法，不过也要根据营造技艺的特殊性进行深入的认知，看其是在理论层面或者是实践层面进行传承。如果是在理论层面进行传承，那么可以按照当前传承人的传统做法进行理论化、数字化，用来建档留存。如果是在实践层面进行传承，依然需要一种批判性的思维，有哪些不合理之处，通过科学的分析与研究进行"活态"传承，继承其优良的生态品质以及向地下空间进一步拓展的研究模式（图 8-2-3）。

其次，对于作为普适性代表的营造技艺，如夯筑法与土坯砌筑营造技艺，虽然没有成为非物质文化遗产，但是并不代表其没有存在与发展的价值，反倒是在

---

① 戴吾三 . 考工记图说 [M]. 济南：山东画报出版社，2003：总序 .

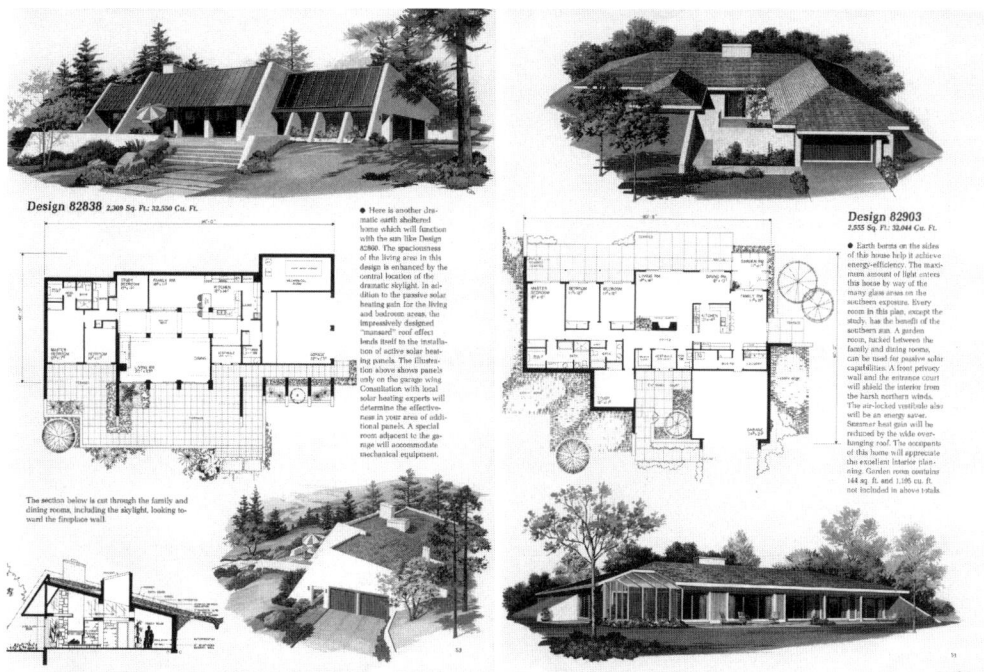

图 8-2-3　美国建造的现代掩土建筑方案图
（来源：团队提供）

传承与发展的过程中可以更加灵活，不必落入保护的窠臼。那么，第一是对于其历史价值进行研究，这也是本书进行本体系统研究的主要目的所在。第二是要在营造技艺组成要素之中进行选择与再生。从整体的角度而言，传统生土建筑结构不如现代框架式的建筑，那么似乎应该舍弃，但是应该看到致使结构不安全的并不完全是单纯的墙体，而是结构体系本身，这也是现代绿色生土建筑发展采用了现代框架式结构进行营造的根源所在。对于这一类，甄别构成要素问题，有效介入、科学传承是主要的方式方法。

## 8.2.3　发展趋势与目标

### 1.发展趋势

生土营造技艺体系框架一直处于多个要素层面的链接式演进发展过程中，不仅存在本体层面上的建构发展规律，而且存在由外部复合生态系统影响的演进机制，最终才体现在典型个案的综合表达之上。因此，当前新型生土营造技艺的发展依然是依循整个营造体系的建构逻辑，结合时代与区域发展的根本要求，作出应对体系框架发展的调整：

首先，西北地区生土营造技艺体系是历时性发展的动态过程，当下发展需要明晰新型生土营造技艺体系的历史时期的分异，就是要充分重视体系所面对的时代背景下的主要矛盾已经发生哪些改变。

其次，西北地区生土营造技艺体系是在区域内形成的共时表征，当下发展不能够脱离西北地区的地区性的根本依托，遵循地区特性所带来的综合影响，关乎区域性的要素特征与外部环境的分异。

最后，西北地区生土营造技艺体系是在整体性与系统性的分析中生成的，当下发展应该充分注重各个组成部分在内部以及外部的关联性，不能够脱节，以此为基础达成新型生土营造技艺体系的完善。

综上所述，新型生土营造技艺体系的发展趋势是以传统生土营造技艺体系的建构为基础，通过对于历史演进的探究，迎合时代建筑文明发展的需求，作出当下乃至未来发展的应对（表8-2-1）。经过对比发现，新型生土营造技艺体系在当下的科学研究、技术生产力发展的基础上，将形成以科学研究为主体的材料建构发展路径，所呈现的本体类型也将应用到各种典型公共建筑与景观之中，而不局

**新型与传统生土营造技艺体系建构比较分析表**　　　表 8-2-1

| 类别 | 组成 | 传统生土营造技艺体系 | 新型生土营造技艺体系 |
|---|---|---|---|
| 本体类型 | 挖余法 | 靠崖式窑洞、下沉式窑洞 | 地下空间 |
| | 夯筑法 | 城墙、高台、堡寨、农房等 | 博物馆、公共景观、别墅 |
| | 土坯砌筑法 | 堡寨、农房、围墙等 | 农房 |
| 历史演进 | 原始社会时期 | 建筑文明的创生 | 生态文明的畅想 |
| | 奴隶社会时期 | 墙体营造的赞歌 | 艺术文化的践行 |
| | 封建社会时期 | 乡土文化的积淀 | 城乡融合的愿景 |
| | 近现代社会时期 | 城市文明的反哺 | |
| 要素组成 | 材料 | 生土原土或者添加第一层级自然材料复合而成 | 利用物理或者化学方法对于生土进行改性 |
| | 构造 | 单一构造 | 复合构造 |
| | 工匠 | 窑匠、领夯、泥瓦匠 | 建筑师与传统工匠的组合 |
| | 工具 | 传统手工制作的以木、石与铁质为主的工具 | 新型机械化制作的以钢合金为主的电动工具 |
| 规律机制 | 内生规律 | 经验绑缚的材料建构 | 科学研究的材料建构 |
| | 外部机制 | 自然、社会与经济的复合影响形成以应对自然为第一原则的朴素生态地区性 | 在传统因应关系基础上，提升社会因应原则，形成自觉积极的生态地区性 |

资料来源：作者自制。

限于普通农房，拓展了生境发展。这是新型生土营造技艺体系针对时代背景，提升以人本为基础的社会影响要素的动力机制的结果，人们将自觉地、积极地完成区域建筑的生态可持续发展，践行时代审美所赋予的艺术文化，不仅在乡村，同时在城市也大放异彩，进而实现未来社会新型生态文明的畅想。整体研究将在坚持多学科、多角度、多层次、全方位的基础上，紧密融贯考古学和历史学等多学科进行联合攻关，进一步拓宽研究时空范围和覆盖领域，做好"以史为鉴"的现代科学转译；进一步在回答好中华文明起源、形成、发展的基本图景、内在机制以及西北地区文明演进路径等重大问题①的基础上，将区域建筑的体系可持续发展推向更加富含中国文化特色的复兴之路。

除此之外，当代乃至未来的建筑发展应该向传统生土营造的精神内涵进行学习，将这些能够为人类谋福祉的生态阵地守住：首先，面对全球的生态危机，建筑业应该秉承传统生土来自于自然、回归于自然的低碳营造理念；其次，细化到材料能够降解、在材料生产与营造的具体过程之中尽量将碳排放降到最低；最后，无论在城市还是乡村，适宜的人文引导与经济适宜性都应该考虑传统生土营造精神内涵的充分融入。

**2. 发展目标**

张钦楠先生曾在建构具有中国特色的建筑理论时说道："中国建筑理论处在动荡生成之中"②，中国原有建筑理论体系解体后，所形成的理论动荡局面，因引进国外动荡着的建筑理论而错综复杂，这对中国建筑的发展肯定是个好事。但是，也出现了最不利的现象，中国建筑理论失去了自己的语言，建筑行动失去了自己的方向。政策层面的法制与规范缺失造成新建筑营造出现滥用土地、浪费资源、自然环境恶化、历史文化环境破坏等现象，时代呼唤能够指导建筑设计走向正轨的建筑理论的回归，形成建筑营造的核心价值观。

从张先生在十年前对于营造中国特色建筑理论必要性的分析之中可以看到，新的建筑营造缺少理论作为支撑，并且与传统建筑营造已经脱节，理论体系在传统建筑大的体系的解体过程之中并未及时创立，同时因为新建筑的要素质性产生变化、以政策层面为主的外部约束机制的影响进一步加重了建筑设计产业的混乱状况，加之国外建筑理论的引进，促使中国式的建筑理论的传承与再生受到了更

---

① 来自于新华网：习近平在中共中央政治局第三十九次集体学习时强调，把中国文明历史研究引向深入，推动增强历史自觉坚定文化自信。

② 如果考虑到生产力的革命性变革——信息技术或能取代机器生产，那么，以多元化为特征的世界建筑理论的动荡现象，与前现代时期由折中主义的争论引起的多元化局面，并导致现代建筑运动的产生相比，情形何其相似。

大的限制。

俯瞰当下，中国的建筑理论发展经过近代建筑的实践正在逐渐觉醒，正欲重新向中国传统建筑营造之中汲取智慧，从而获得对于中华文明伟大复兴的真知灼见。西北地区传统生土营造技艺理论体系则是在历史演进的阶段性研究基础上才逐渐厘清的，回望历史，洞察西北地区在历史时期的每一个重要阶段，其体系发展都曾经给予地方社会无比丰厚的回馈。因此，在传统文化复兴、乡村振兴的政策背景下，时代与区域皆呼唤这一理论的回归，完善新型生土营造体系是一种情怀，更是一种对于社会的责任。西北地区传统生土营造技艺必将持续发展，在体系建构的基础上将进一步夯实其理论生成的远大目标，在真正认识"古代文明理论"的基础上，坚持古为今用、推陈出新，继承和弘扬其中的精华血脉。这不仅是对于生土营造千百年来实践的重要归纳，而且是对于当下以及未来区域建筑营造的一种文明强化，更是为建立起具有中国特色的学科体系、学术研究体系的一种方法尝试。

## 8.3　小结

目下，西北地区传统生土营造面临着时代的转型，结合西北地区传统生土营造技艺的理论体系框架，针对当下发展的改变应该进行一些辩证思考，主要改变如下：从传统转变成为现代，能够被现代人所应用是要关注的重点方向。不能够全然地抛弃，同时也不可能完全继承，需要一种批判性的原则作为指导，厘清有哪些具体类型，针对不同类型其发展策略也不同。新型的生土营造技艺体系在局部类型（夯筑法），从要素的各方面（从材料到构造、从工具到匠作）得到进一步的发展，在时代的文化复兴背景下得以跃升，并且很好地传承了传统生土营造技艺体系的精华，已经加入到现代建筑营造的大序列之中。

针对未来发展的多元可能性，新型生土营造技艺在城乡发展的困境不同，因而其发展的路径也不同；同时，典型与非典型生土营造技艺的发展策略也不同。在此基础上，西北地区传统生土营造技艺体系的理论建构将在未来的发展之中大有可为，一定要坚定其理论生成的规律以及其所拥有的巨大社会价值，只有掌握了系统的发展规律，应对于未来的发展，方能够完成可持续人居的远大目标。

# 参考文献

[1] 冯骥才. "非遗后时代"的传统村落保护 [J]. 世界遗产，2013（04）：79-83.

[2] 李钰. 陕甘宁生态脆弱地区乡村人居环境研究 [D]. 西安：西安建筑科技大学，2011.

[3] 王飒，汪江华. 传统建筑技艺内涵与当代传承方式简析 [J]. 新建筑，2012（01）：136-139.

[4] 李浈，冯珊珊. 传统营造在石库门建筑形成中的历史调适 [J]. 古建园林技术，2010（04）：38-43.

[5] 张玉瑜. 福建传统大木匠师技艺研究 [M]. 南京：东南大学出版社，2010.

[6] 罗德胤. 中国传统村落谱系建立刍议 [J]. 世界建筑，2014（06）：104-107.

[7] 北京：《北京市传统村落修缮技术导则》发布 [J]. 城市规划通讯，2018（11）：10.

[8] 吴良镛. 建筑文化与地区建筑学 [J]. 建筑与文化，2014（07）：32-35.

[9] 沈伊瓦. 古代中国建筑技术的文本情境——以《考工记》《营造法式》为例 [J]. 南方建筑，2013（02）：35-38.

[10] 吴良镛.《中国建筑文化研究文库》总序（一）：论中国建筑文化的研究与创造 [J]. 华中建筑，2002（12）：1-5.

[11] 单军. 建筑与城市的地区性：一种人居环境理念的地区建筑学研究 [M]. 北京：中国建筑工业出版社，2010.

[12] 孟祥武，王军，叶明晖，靳亦冰. 多元文化交错区传统民居建筑研究思辨 [J]. 建筑学报，2016（02）：70-73.

[13] 中华人民共和国中央人民政府网：区域地理 [EB].[2005-07-27].

[14] 张萍. 中国近代经济地理（第八卷）——西北近代经济地理 [M]. 上海：华东

师范大学出版社，2015.

[15] 金瓯卜，黄新范.国外的生土建筑[J].世界建筑，1983（01）：68-71.

[16] 穆钧，周铁钢，王帅，王梦祎.新型夯土绿色民居[M].北京：中国建筑工业出版社，2014.

[17] 赵树德.生土工程的改善与发展研究[J].西安建筑科技大学学报（自然科学版），1983（01）：93-103.

[18] 侯继尧，王军.中国窑洞[M].郑州：河南科学技术出版社，1999.

[19] 王朝霞.地域技术与建筑形态[D].重庆：重庆大学，2004.

[20] 常绍舜.从经典系统论到现代系统论[J].系统科学学报，2011（03）：1-4.

[21] 赵世瑜.传说·历史·历史记忆——从20世纪的新史学到后现代史学[J].中国社会科学，2003（02）：175-188+208.

[22] 孟祥武，王军，叶明晖，李钰.国内生土建筑研究历程与思考[J].新建筑，2018（01）：114-118.

[23] 陆元鼎.中国民居研究五十年[J].建筑学报，2007（11）：66-69.

[24] 陈薇."中国建筑研究室"（1953—1965）住宅研究的历史意义和影响[J].建筑学报，2015（04）：30-34.

[25] 李钰，王军.1934—2008：西北乡土建筑研究回顾与展望[C].第十六届中国民居学术会议论文集（上）.2008：140-145.

[26] 陈中枢，王福田.西北黄土建筑调查[J].建筑学报，1957（12）：10-27.

[27] 陈耀东，陈振声，杨开元.兰州民居简介[J].土木建筑与环境工程，1957（01）：135-148.

[28] 崔树稼.青海东部民居—庄窠[J].建筑学报，1963（01）：12-14.

[29] 韩嘉桐，袁必堃.新疆维吾尔族传统建筑的特色[J].建筑学报，1963（01）：17-22.

[30] 任震英.中国窑洞建筑的春天——坚定目标、克服困难、聚集力量为发展中国生土建筑学而奋斗——1984-1989年以来的研究报告[J].地下空间，1989（04）：7-14.

[31] 王毅红，仲继清，石以霞，权登州，岳星朝.国外生土结构研究综述[J].土木工程学报，2015（06）：81-88.

[32] Clarke Snell. Building Earthen Homes：Using the Original DIY Material[J]. Mother Earth News，2012（253）：35-38.

[33] D Zupancic，V Cristini. Earthen architecture，an evergreen type of building

method [J].Rammed Earth Conservation，2012.

[34] Zakari Mustapha，Akani Michae. Earthen Construction，as a Solution to Building Industries in Ghana[J]. Journal of Economics and Sustainable Development，2013，4（03）：190-198.

[35] Olumuyiwa Bayode Adegun，Yomi Michael Daisiowa Adedeji.Review of economic and environmental benefits of earthen materials for housing in Africa[J]. Frontiers of Architectural Research，2017，6（12）：519-528.

[36] Lola Ben-Alon，Vivian Loftness，Kent A. Harries，Gwen DiPietro，Erica Cochran Hameen. Cradle to site Life Cycle Assessment（LCA）of natural vs conventional building materials：A case study on cob earthen material[J]. Building and Environment，2019，160（08）：1-10.

[37] Ricardo Mateus，Jorge Fernandes，Elisabete R. Teixeira. Environmental Life Cycle Analysis of Earthen Building Materials[C]. Reference Module in Materials Science and Materials Engineering，2019.

[38] Philbert Nshimiyimana，Adamah Messan，Zengfeng Zhao，Luc Courard. Chemico-microstructural changes in earthen building materials containing calcium carbide residue and rice husk ash[J]. Construction and Building Materials，2019，216（08）：622-631.

[39] Polymer Research，Kyungpook National University Researchers Detail Research in Polymer Research（Performance Evaluation of Red Clay Binder with Epoxy Emulsion for Autonomous Rammed Earth Construction）[J]. Chemicals & Chemistry，2020：1758.

[40] Kim Jinsung，Choi Hyeonggi，Yoon KeunByoung，Lee DongEun. Performance Evaluation of Red Clay Binder with Epoxy Emulsion for Autonomous Rammed Earth Construction [J]. Polymers，2020，12（09）：2050.

[41] Nagaraj Honne Basanna，Shaivan Hirebelaguly Shivaprakash，Arunkumar Bhimahalli，Prasanna Kumar Parameshwarappa，Jeremie Gaudin. Role of Stabilizers and Gradation of Soil in Rammed Earth Construction [J]. Journal of Materials in Civil Engineering，2020，32（05）：0402.

[42] Emeso Beckley Ojo，Kabiru Mustapha，Ronaldo S. Teixeira，Holmer Savastano. Development of unfired earthen building materials using muscovite rich soils and alkali activators [J]. Case Studies in Construction Materials，2019，11（C）：

e00262.

[43] F. De Filippi, R. Pennacchio, L. Restuccia, S. Torres. Towards a Sustainable and Context-based Approach to Anti-seismic Retrofitting Technique for Vernacular Adobe Buildings in Colombia [J]. The International Archives of the Photogrammetry, Remote Sensing and Spatial Information Sciences, 2020, (XLIV-M-1-2020): 1089-1096.

[44] Juan C. Reyes, Raul Rincon, Luis E. Yamin, Juan F. Correal, Christiam C. Angel. Seismic retrofitting of existing earthen structures using steel plates[J]. Construction and Building Materials, 2020, 230 (C): 117039.

[45] 马丁·劳奇, 尚晋. 劳奇自宅, 施林斯, 奥地利 [J]. 世界建筑, 2017 (01): 52-59.

[46] Beria Bayizitlioğlu. Conservation and Maintenance of Earth Constructions: Yesterday and Today [J]. The Historic Environment: Policy & Practice, 2017, 8 (04): 323-354.

[47] AJ Swan, A Rteil, G Lovegrove. Sustainable Earthen and Straw Bale Construction in North American Buildings: Codes and Practice[J].Journal of Materials in Civil Engineering, 2011, 23 (06): 866-872.

[48] Horst Schroeder. Earthen Structures-Planning, Building and Construction Supervision[J]. Sustainable Building with Earth, 2016: 255-391.

[49] Juan C. Reyes, Luis E. Yamin, Cristian D. Gonzalez and Juan David Sandoval. Seismic retrofit of historical earthen buildings using steel [J]. ce/papers, 2017, 1 (02): 4542-4549.

[50] Rute Eires, Aires Camões, Said Jalali. Enhancing water resistance of earthen buildings with quicklime and oil[J].Journal of Cleaner Production, 2017 (142): 3281-3292.

[51] 林洙. 中国营造学社史略 [M]. 天津: 百花文艺出版社, 2008.

[52] 陈薇. "中国建筑研究室"(1953-1965) 住宅研究的历史意义和影响 [J]. 建筑学报, 2015 (04): 30-34.

[53] 高静. 建筑技术文化的研究 [D]. 西安: 西安建筑科技大学, 2005.

[54] Fiona MacCarthy, Anarchy and Beauty: William Morris and his Legacy 1860-1960, London: National Portrait Gallery, 2014.

[55] 肯尼思·弗兰姆普敦. 建构文化研究: 论 19 世纪和 20 世纪建筑中的建造诗

学 [M]. 王骏阳，译．北京：中国建筑工业出版社，2007.

[56] 吴尧，朱蓉．江南传统建筑构造与技术研究综述 [J]. 创意与设计，2015（01）：55-58.

[57] 华亦雄．明清江南地区工巧传统成因分析 [J]. 古建园林技术，2015（04）：22-25.

[58] 李浈．营造意为贵，匠艺能者师——泛江南地域乡土建筑营造技艺整体性研究的意义、思路与方法 [J]. 建筑学报，2016（02）：78-83.

[59] 李浈，雷冬霞．中国南方传统营造技艺区划与谱系研究——对传播学理论与方法的借鉴 [J]. 建筑遗产，2018（03）：16-21.

[60] 高洁．云南与江南传统民居大木作营造技艺的流变关系 [J]. 古建园林技术，2020（06）：52-56+67.

[61] 李汀珅，张明皓．黄淮交汇文化区乡土石砌民居营造技艺与保护发展研究 [J]. 中国名城，2021（05）：44-48.

[62] 师立华，靳亦冰，孟祥武，房琳栋．从减法到加法——黄土高原地区传统窑居建筑营造技艺演进研究 [J]. 古建园林技术，2018（01）：67-74.

[63] 任丹妮．赣西北、鄂东南地区传统民居空间形制与木作技艺的传承与演变 [D]. 武汉：华中科技大学，2010.

[64] 陈顺和．匠心独运——析闽台传统民居空间衍化与营造技艺之传承 [J]. 艺术评论，2016（10）：61-65.

[65] 李旭平．浙闽木拱廊桥保护技术初探 [J]. 四川建材，2016（07）：53-54.

[66] 吴昶．浅析咸丰、永顺两地土家吊脚楼营造技艺及传承形态的同与异 [J]. 内蒙古大学艺术学院学报，2017（04）：50-57.

[67] 张十庆．《营造法式》的技术源流及其与江南建筑的关联探析 [J]. 美术大观，2015（04）：78-83.

[68] 张十庆．东亚建筑的技术源流与样式谱系 [J]. 美术大观，2015（07）：103-105.

[69] 马全宝．江南木构架营造技艺比较研究 [D]. 北京：中国艺术研究院，2013.

[70] 刘翠林．江浙民间传统建筑瓦屋面营造工艺研究 [D]. 南京：东南大学，2017.

[71] 寿焘．徽州乡土建筑的建构体系研究 [D]. 南京：东南大学，2020.

[72] 王颢霖．中国传统营造技艺保护体系研究 [D]. 北京：中国艺术研究院，2021.

[73] 郭新志．客家围龙屋夯土墙、泥砖墙营造技艺之研究 [J]. 客家文博，2011（01）：71-79.

[74] 周俊义 . 徽州古建筑墙体营造技艺及改善保护 [D]. 合肥：合肥工业大学，2014.

[75] 谢佳艺 . 川西林盘地区传统民居墙体营造研究 [D]. 成都：西南交通大学，2016.

[76] 侯琪玮 . 皖南古村落建筑外墙立面营造技艺的分析——以查济古村为例 [J]. 长沙大学学报，2019（04）：114-117.

[77] 杜卓 . 豫西地坑院土工营造尺的发现及其价值 [J]. 中原文物，2016（03）：112-117.

[78] 李浈 . 关于传统建筑工艺遗产保护的应用体系的思考 [J]. 同济大学学报（社会科学版），2008（05）：27-32.

[79] 杨永生 . 哲匠录 [M]. 北京：中国建筑工业出版社，2005.

[80] 杨立峰 . 匠作·匠场·手风 [D]. 上海：同济大学，2006.

[81] 刘托 . 中国传统建筑营造技艺的整体保护 [J]. 中国文物科学研究，2012（04）：54-58.

[82] 郭璇，冯百权 . 传统营造技艺保存的发展现状及未来策略 [J]. 新建筑，2012（01）：140-143.

[83] 郭璇，於振亚 . 传统营造技艺的保护发展与现代化策略 [J]. 建筑与文化，2017（12）：206-208.

[84] 王旭，黄春华，高宜生 . 中国传统建筑营造技艺的保护与传承方法 [J]. 中外建筑，2017（04）：57-60.

[85] 郑小东 . 建构语境下当代中国建筑中传统材料的使用策略研究 [D]. 北京：清华大学，2012：35-36.

[86] 魏海涛 . 社会学中的机制解释——兼评《儒法国家：中国历史的新理论》[J]. 社会学评论，2017（06）：88-95.

[87] 彭玉生 . 社会科学中的因果分析 [J]. 社会学研究，2011（03）：1-33.

[88] 卡雷斯·瓦洪拉特，邓敬 . 对建构学的思考——在技艺的呈现与隐匿之间 [J]. 时代建筑，2009（05）：132-139.

[89] 荆其敏 . 生态建筑学 [J]. 建筑学报，2000（07）：6-11.

[90] 常立农 . 技术哲学 [M]. 长沙：湖南大学出版社，2003.

[91] 李万鹏 . 西北地区典型生土民居的建构研究——秦岭山地民居 [D]. 西安：西安建筑科技大学，2010.

[92] 张豪，吴雪 . 陕甘两地窑洞民居建筑保护的现实意义研究 [J]. 室内设计与装修，

2016（05）：206.

[93] 刘东生 . 黄土与环境 [J]. 科技和产业，2002（11）：29-35.

[94] 童丽萍，韩翠萍 . 黄土材料和黄土窑洞构造 [J]. 施工技术，2008（02）：107-108.

[95] 李军环 . 黄土高原窑洞民居 [J]. 国土资源，2006（03）：58-61.

[96] 王亚博 . 料姜石对豫西生土窑洞结构性能影响研究 [D]. 郑州：郑州大学，2017.

[97] 杨焜，张风亮，朱武卫，薛建阳，刘帅，戴梦轩 . 靠崖式黄土窑洞结构传力机制研究 [J]. 工业建筑，2019（01）：31-38.

[98] 魏秦 . 黄土高原人居环境营建体系的理论与实践研究 [D]. 杭州：浙江大学，2008.

[99] 肖婷，张萍，庄昭奎 . 靠崖窑窑券的技术做法和表达——以三门峡市湖滨区唐洼村为例 [J]. 绿色科技，2016（20）：124-126.

[100] 陆磊磊，穆钧，王帅 . 黄土高原地区传统民居夯筑工艺调查研究 [J]. 建筑与文化，2014（08）：82-84.

[101] 骆婧 . 甘肃地区传统夯土建筑形制区划与营造技艺研究 [D]. 兰州：兰州理工大学，2018.

[102] 李旭东 . 锁阳城夯土版筑建筑研究 [J]. 丝绸之路，2011（07）：31-33.

[103] 张虎元，赵天宇，王旭东 . 中国古代土工建造方法 [J]. 敦煌研究，2008（05）：81-90.

[104] 赵西平，赵方周，刘加平，等 . 秦岭山地民居墙体构造技术 [J]. 西安科技大学学报，2005（01）：114-117.

[105] 中国科学院自然科学史研究所 . 中国古代建筑技术史 [M]. 北京：科学出版社，2000：52.

[106] 徐舜华，孙军杰，王兰民，吴志坚 . 甘肃省土坯房空间分布特征与多因素分类方法研究 [J]. 震灾防御技术，2010（01）：125-136.

[107] 马小刚 . 陇东地区传统生土建筑建造技术调研与发展研究 [D]. 西安：长安大学，2013：52-53.

[108] 福建省城市建设局 . 土坯制作与施工 [M]. 北京：建筑工程出版社，1958：4.

[109] 江苏省建设厅科学研究所，江苏省建设厅勘察设计院 . 改进土坯性能试验的初步总结 [J]. 建筑材料工业，1965（02）：29-33.

[110] 王军 . 西北民居 [M]. 北京：中国建筑工业出版社，2009：167.

[111] 罗强.西北地区生土民居设计与营造技术研究 [D]. 重庆：重庆大学，2006：67.

[112] 刘大可.中国古建筑瓦石营法 [M]. 北京：中国建筑工业出版社，2015：59.

[113] 罗强.西北地区生土民居设计与营造技术研究 [D]. 重庆：重庆大学，2006：69.

[114] 贺龙，张文俊.土窑房与其他传统窑洞建筑体系对比研究 [J]. 内蒙古工业大学学报，2016（02）134–140.

[115] 李群，安达甄，梁梅.新疆生土建筑 [M]. 北京：中国建筑工业出版社，2014：150.

[116] 钱穆.中国历史研究方法 [M]. 北京：生活·读书·新知三联书店，2005：3.

[117] 吴良镛.中国人居史 [M]. 北京：中国建筑工业出版社，2014：8.

[118] 李小强.试论窑洞的起源时代——兼谈我国早期生土建筑的发展序列 [J]. 山西图书馆，内部资料：1–7.

[119] 钱耀鹏.窑洞式建筑的产生及其环境考古学意义 [J]. 文物，2004（03）：69–77.

[120] 中国社会科学院考古研究所甘青工作队，青海省文物考古研究所.青海民和县喇家遗址 2000 年发掘简报 [J]. 考古，2002（12）：12–25+99–100+104.

[121] 唐博豪.河套地区史前时代靠崖式窑洞初步研究 [J]. 文物春秋，2016（Z1）：3–10.

[122] 庆阳地区博物馆.甘肃省宁县阳垅遗址试掘简报 [J]. 考古，1983（10）：869–876.

[123] 景爱，苗天娥.剖析长城夯土版筑的技术方法 [J]. 中国文物科学研究，2008（02）：51–56.

[124] 傅熹年.中国科学技术史·建筑卷 [M]. 北京：科学出版社，2008：27.

[125] 赵春青，张松林，谢肃，张家强，魏新民.河南新密市新砦遗址东城墙发掘简报 [J]. 考古，2009（2）：16–31+101–103+109.

[126] 张贺君.古代夯具述论 [J]. 河南科技大学学报（社会科学版），2006（10）：17–20.

[127] 刘晓婧，陈洪海.新疆建筑工艺及建筑材料的起源——以土坯为例 [J]. 西北大学学报（自然科学版），2015（05）：850–854.

[128] 李春长，徐桂玲，曹洪勇，王龙.试论新疆鄯善洋海墓地出土的早期土坯 [J]. 吐鲁番学研究，2017（02）：104–114.

[129] 李晓扬 . 中国早期土坯建筑发展概述 [J]. 草原文物，2016（01）：78-86.

[130] 考古发现西北地区迄今为止所见年代最早的土坯建筑 [J]. 文物鉴定与鉴赏，2018（06）：76.

[131] 梁思成 . 中国建筑艺术图集 [M]. 天津：百花文艺出版社，1998：19.

[132] 杨岐黄 . 从案板等遗址看关中西部地区仰韶中晚期到龙山时代的气候变化 [J]. 草原文物，2017（01）：59-62.

[133] 西安半坡博物馆，等 . 姜寨 [M]. 北京：文物出版社，1988：70.

[134] 方李莉 . 陕北人的窑洞生活：历史、传承与变迁 [J]. 广西民族学院学报（哲学社会科学版），2003（02）：26-30.

[135] 范健泉 .《诗经·豳风·七月》"穹窒熏鼠"与"塞向墐户"相关建筑的考古学观察 [J]. 门窗，2015（09）：316.

[136] 赵艺蓬 . 晋陕高原晚商聚落新识 [J]. 中国国家博物馆馆刊，2019（10）：59-68.

[137] 李国豪 . 建苑拾英：中国古代建筑科技史料选编 [M]. 上海：同济大学出版社，1990：448.

[138] 史宝琳，Pauline SEBILLAUD. 安阳出土商文化建筑材料的初步研究 [J]. 华夏考古，2014（01）：62-71+141.

[139] 陈全方 . 周原出土文物丛谈 [J]. 人文杂志，1980（06）：90-92.

[140] 郑刚中 . 西征道里记 [M]. 北京：商务印书馆，1936.

[141] 尚海龙，刘海琴，张文芬 . 庆阳窑洞民居的文化旅游魅力 [J]. 洛阳师范学院学报，2012（06）：82-86.

[142] 李合群 . 中国古代夯土城墙基础加固技术 [J]. 北方文物，2017（04）：36-41.

[143] 唐金裕 . 西安西郊汉代建筑遗址发掘报告 [J]. 考古学报，1959（02）：45-55+151-160+183.

[144] 刘再聪 . 说河西的墼——以敦煌吐鲁番出土材料为中心 [J]. 华夏考古，2009（02）：130-140.

[145] 李诚 . 营造法式（卷3：筑基）[M]. 北京：人民出版社，2006：20.

[146] 住宅设计方案选编 [J]. 建筑学报，1966（Z1）：60-66.

[147] 陈东林 . 从灾害经济学角度对"三年自然灾害"时期的考察 [J]. 当代中国史研究，2004（01）：83-93+127.

[148] 陈东林 . 从"吃穿用计划"到"战备计划"——"三五"计划指导思想的转变过程 [J]. 当代中国史研究 . 1997（02）：65-75.

[149] 吴彤.突变论方法及其意义——系统演化路径研究 [J].内蒙古社会科学，1999（01）：26-32+39.

[150] 孙志海.自组织的社会进化理论：方法与模型 [M].北京：中国社会科学出版社，2004：76.

[151] 乔迅翔.宋代建筑营造技术基础研究 [D].南京：东南大学，2005：1.

[152] 李允鉌.华夏意匠：中国古典建筑设计原理分析 [M].天津：天津大学出版社，2005：209.

[153] 陈泳全.建造过程中人的因素 [D].北京：清华大学，2012：64-65.

[154] 杨大禹.中国传统民居的技术骨架 [J].华中建筑，1997（03）：94-99.

[155] 何苑.西北地区资源型产业发展研究 [D].兰州：兰州大学，2007：12.

[156] 刘文香，胡铁球.略论西北文化的根本特点 [J].陇东学院学报，2009（01）：95-100.

[157] 吴彤.自组织方法论论纲 [J].系统辩证学学报，2001（02）：4-10.

[158] 寿焘，仲文洲.际村的"基底"——乡村自组织营造策略研究 [J].建筑学报，2016（08）：66-73.

[159] 胡皓，楼慧心.自组织理论与社会发展研究 [M].上海：上海科技教育出版社，2002：50-51.

[160] 姚文波.历史时期董志塬地貌演变过程及其成因 [D].西安：陕西师范大学，2009：218-224.

[161] 桑广书.黄土高原历史时期地貌与土壤侵蚀演变研究 [D].西安：陕西师范大学，2003：124.

[162] 王毅荣，张强，江少波.黄土高原气候环境演变研究 [J].气象科技进展，2011（02）：38-42.

[163] 任婧宇，彭守璋，曹扬，霍晓英，陈云明.1901—2014 年黄土高原区域气候变化时空分布特征 [J].自然资源学报，2018（04）：621-633.

[164] 李智君.关山迢递：河陇历史文化地理研究 [M].上海：上海人民出版社，2011：372.

[165] 李智君.边塞农牧文化的历史互动与地域分野 [D].上海：复旦大学，2005：23-31.

[166] 郑国穆.甘南陇南地区有关茶马古道文化遗产的考察和研究：甘肃茶马古道文化线路遗产考察之一 [J].丝绸之路，2011（16）：18-27.

[167] 常青.我国风土建筑的谱系构成及传承前景概观——基于体系化的标本保

存与整体再生目标 [J]. 建筑学报，2016（10）：1-9.

[168] 孟祥武，骆婧. 北茶马古道沿线陇南传统民居类型化研究 [J]. 建筑学报，2016（S2）：38-41.

[169] 王致中，魏丽英. 融合与发展——中国西北社会经济史简论 [J]. 甘肃社会科学，1995（06）：69-72+4.

[170] 李清凌. 西北经济史 [M]. 兰州：甘肃人民出版社，1997：序言.

[171] 兰州将围绕"四类重点对象"展开农村危房改造并给予一定补助 [N]. 兰州晨报，2018-09-20.

[172] 周庆华. 黄土高原·河谷中的聚落：陕北地区人居环境空间形态模式研究 [M]. 北京：中国建筑工业出版社，2009：83.

[173] 张向炜. 谈基本建筑理论体系的建构——以五位中国现代建筑师的探索为例 [J]. 建筑学报，2007（12）：58-60.

[174] 秦佑国. 建筑、艺术与技术 [J]. 新建筑，2009（03）：115-117.

[175] 吴良镛. 七十年城市规划的回眸与展望 [J]. 城市规划，2019（09）：9-10+68.

[176] 张彤. 整体地域建筑理论框架概述 [J]. 华中建筑，1999（03）：20-26.

[177] 邹德侬，赵建波，刘丛红. 理论万象的前瞻性整合——建筑理论框架的建构和中国特色的思想平台 [J]. 建筑学报，2002（12）：4-6.

[178] 张钦楠. 建立中国特色的建筑理论体系 [J]. 建筑学报，2004（01）：21-23.

[179] 杨国忠，直长运. 论"土"在中国古代建筑中的作用与地位 [J]. 河南大学学报（社会科学版），2010（06）：94-99.

[180] 张沛，董欣，侯远志. 中国城镇化的理论与实践：西部地区发展研究与探索 [M]. 南京：东南大学出版社，2009：93.

[181] 张钦楠，张祖刚. 现代中国文脉下的建筑理论 [M]. 北京：中国建筑工业出版社，2008：11.

[182] 江海. 从系统整体论到生成整体论的方法论启示 [D]. 上海：东华大学，2013：11-12.

[183] 王路，赵辰. 改进建筑 60 秒 [J]. 世界建筑，2013（12）：126.

[184] 梅洪元，赵万民. 改进建筑 60 秒 [J]. 世界建筑，2014（06）：116.

[185] 魏春雨，华黎. 改进建筑 60 秒 [J]. 世界建筑，2014（12）：120.

[186] 叶扬，董功，俞挺. 改进建筑 60 秒 [J]. 世界建筑，2015（08）：128.

[187] 吴国源，刘克成. 中国建筑史学基础理论研究论纲 [J]. 建筑学报. 2016（03）：1-5.

[188] 崔陇鹏 . 生土建筑的发展与未来 [J]. 建筑与文化，2017（12）：11.

[189] 谢英俊，张洁，杨永悦 . 将建筑的权力还给人民——访建筑师谢英俊 [J]. 建筑技艺，2015（08）：82-90.

[190] 李晓鸿 . 关系到 70% 人类居所的思考与实践——关于谢英俊建筑师巡回展 [J]. 建筑学报，2011（04）：110-114.

[191] 戴吾三 . 考工记图说 [M]. 济南：山东画报出版社，2003：总序 .

[192] 央广网 . 把中国文明历史研究引向深入 [EB]. [2022-05-29].

# 后　记

　　停笔之际，让我再次重新审视这样一系列问题：什么是中国的建筑理论？地区建筑理论之于中国的建筑理论的重要性又在哪里？地区的建筑理论是否可以如普适理论那般指导建设实践呢？这一系列问题整整困扰了我十余年，却始终没有获得满意的答案。曾经看到单军教授的《建筑与城市的地区性：一种人居环境概念的地区建筑学研究》，让我感觉找到了些许方向，但又看到吴良镛先生在评论时所指出的要落地于中国的理论来求解于所谓的"中国特色理论"，随后看到了吴良镛先生的《中国人居史》，在对于历史的梳理之中，将浩瀚的知识体系凝练成一部体现中国人居智慧的历史巨著，不免心生敬畏。当时，我在想如何从乡村聚落的角度来阐释中国传统人居智慧的精髓，虽然它关乎百姓的生产与生活的根本，同时可能确实是作为农耕立国的中国人居的根本，但随后又认识到这种想法又摒弃了作为文明发展进程之中的城市聚落，不免又成为"另一半的人居智慧"。由于个人的想法局限，以及获取资料的限制，希冀有识之士能够对此进行系统研究，让我窥其项背！

　　到底什么是"中国的建筑理论"？当我看到师兄岳邦瑞教授的相关阐释，令我茅塞顿开。他说："建筑学的核心概念是'营造'。营造乃是人在其所居住的大地上安置自己的方式，营造的结果就是聚落（建筑）的产生。聚落（建筑）的基本特征乃是'不可移动性'，聚落（建筑）必然不能离开其所在的大地，因此必然具有'地域性'和'地点性'。"然而，对于"营造"的使用，不得不让我想起梁思成先生回国之后的一系列活动，比如对于"营造"与"建筑"的辩证讨论，还有就是参加朱启钤为研究中国传统建筑而设立的"中国营造学社"。那么，我认为：营造可以作为研究几大系统的结合点，它在其中所起的作用可能会贯穿始终，并且会剥去华丽的外衣，直至内心深处的灵魂所在。作为特殊的西北地区，能不能对其的典型材料进行介入，探讨其在历史长河之中的发展轨迹，寻求些许规律，从而架构一种属于此地的动态发展的建筑区域理论呢?

《现代中国文脉下的建筑理论》中曾讲：中国的建筑创作缺少中国特色的建筑理论加以指引，在理论建设方面，偏重于研究国外的建筑理论，缺少具有中国特色的建筑理论内容。回到地区建筑理论，张钦楠先生的《特色取胜》中的"中国特色的建筑理论"包括对于官式木作体系的形而上的文化精神，同时也包括形而下的乡土营造智慧。我认为：这形而下的智慧更能够体现中国人正确妥善地处理"人 – 地"关系的方式与方法，从而凝练出自己的建筑理论。然而，当下其核心问题正是处理"地域建设资源"与"人居营造"的关系，找到一条可持续发展的道路。师兄岳邦瑞教授的《绿洲建筑论》为这个地域资源与优势建筑提供了模板，而导师王军教授所指引的西北地区与关注的生土这一对象，不仅是对于地域资源约束下乡土智慧的微观呈现，而且更在这个偌大的区域之中形成了最为根本的营造论的宏大叙事。至此，我找到了自己的"区域建筑论"的钥匙："以西北地区广布的生土材料为基础，对其区域营造的体系关系加以阐释与揭示，观其在历史演进过程之中对于区域的营造智慧，辨其在建筑文明生成路途之中的发展经验。因此，最终的西北地区传统生土营造论得以从建筑建构的角度来揭开区域建筑论的冰山一角。"

本书是作者的博士论文改写而成，其主要内容是在我主持的两项国家自然科学基金项目以及导师王军教授主持的国家自然基金课题的相关研究工作的基础上完成的。

首先感谢导师王军教授。在 2013 年初报考王老师的博士时，我最初打算研究陇原的传统民居营造形制的源流与分异。王老师谈道：在该领域好似并没有充分体现出其典型性，研究起来深度会不够，效果也很难体现，超越起来会更难。随即提出一个对我完全陌生的领域——西北地区的生土建筑营造。2015 年 7 月 15 日，我们一起拟定了"西北地区传统乡土建筑营建技艺优化与传承研究"这样一个题目，从此拉开了研究的宏大序幕。其后的 7 年，在王老师的带领下，课题组在西北地区人居环境领域获得了多项国家级课题的资助，出版了系列研究成果。今日回视博士研究 9 年多的收获，尤其在 2019 年底二次盲审未通过到 2022 年 6 月进行学位答辩的过程之中，导师的不懈支持，促成了我对于西北地区生土营造理论架构的细致梳理，其学术视野、前瞻性的选题策略以及开拓创新精神，给予了我辈毕生受益的巨大财富。我愿首先向恩师致以最诚挚的谢意。

非常感谢西安建筑科技大学刘加平教授，在读博期间给予的关照与谅解，令我永远心存敬意；感谢西安建筑科技大学李志民教授、张沛教授、杨豪中教授、雷振东教授、王树声教授、小王军教授所给予的建议；感谢西北工业大学的刘煜教授以及同济大学的李浈教授对论文的认真评阅；感谢北京建筑大学的刘临安教授对论文的建议以及对我个人的鼓励；感谢同门师兄岳邦瑞教授与李钰教授、师姐靳亦冰教授的鼎力支持；感谢同门宋桂杰、钱利的相互陪伴；特别感谢我的研究生舍友钱紫华博士，他为后期论文的修改路径提出了宝贵的建议；感谢建筑学院陈媛老师给予的帮助。

感谢一号楼博士兄弟们的相互陪伴；还有帮助我完成论文的各位同门学友，在此一并致谢；感谢我的硕士研究生骆婧、苏醒、张莉、赵柏翔、卢晓瑞、张琪、顾国权、卢萌同学为论文所付出的努力；感谢甘肃省文物局、陇南市文旅局、住建局相关领导和朋友的大力支持。

感谢国家自然科学基金委的资助，感谢西安建筑科技大学建筑学院、研究生院、图书馆的相关工作人员给予的帮助。

感谢为本书付梓花费心血的中国建筑工业出版社唐旭主任、吴人杰编辑。

感谢支持和鼓励我的家人，感谢父母、姐姐的关切与问候，特别感谢我的妻子叶明晖女士对我学业的大力支持。

孟祥武

2024 年 10 月于金城寓所